四川小寨子沟
国家级自然保护区
全域红外相机技术应用与野生动物
及栖息地评估分析案例报告

李生强　李叶　李波
— 主编 —

四川科学技术出版社

图书在版编目（CIP）数据

四川小寨子沟国家级自然保护区全域红外相机技术应用与野生动物及栖息地评估分析案例报告 / 李生强，李叶，李波主编. -- 成都：四川科学技术出版社，2024. 12. -- ISBN 978-7-5727-1711-6

Ⅰ. TB866；X835

中国国家版本馆 CIP 数据核字第 20252ES606 号

四川小寨子沟国家级自然保护区全域红外相机技术应用与野生动物及栖息地评估分析案例报告

SICHUAN XIAOZHAIZIGOU GUOJIAJI ZIRAN BAOHUQU QUANYU HONGWAI XIANGJI JISHU YINGYONG YU YESHENG DONGWU JI QIXIDI PINGGU FENXI ANLI BAOGAO

李生强　李　叶　李　波　主编

出 品 人　程佳月
责任编辑　文景茹
策划编辑　何晓霞
营销编辑　刘　成
责任出版　欧晓春
出版发行　四川科学技术出版社
成都市锦江区三色路 238 号　邮政编码 610023
官方微博 http://weibo.com/sckjcbs
官方微信公众号 sckjcbs
传真 028-86361756
成品尺寸　170 mm × 240 mm
印　　张　17.5
字　　数　300 千
印　　刷　雅艺云印（成都）科技有限公司
版　　次　2024 年 12 月第 1 版
印　　次　2025 年 5 月第 1 次印刷
定　　价　78.00 元

ISBN 978-7-5727-1711-6

邮　　购：成都市锦江区三色路 238 号新华之星 A 座 25 层　邮政编码：610023
电　　话：028-86361770

本书编委会名单

主　　任　赵　军

副 主 任　寇含圣

主　　编　李生强　李　叶　李　波

副 主 编　彭　波　孟庆玉　贺　飞

编写人员（排名不分先后）

白东梅　房　超　伏　勇　贺　飞

黄　燕　蒋泽银　李生强　李　叶

李　波　廖光炯　孟庆玉　彭　波

任婷婷　杨　旭　张远彬

技术支持　成都筑智境然规划设计有限公司

本书使用者

（1）广大自然保护地管理者与相关工作人员。

（2）林草主管部门管理者与相关工作人员。

（3）从事野生动植物保护的相关科研人员。

（4）长期关注红外相机技术的学者。

（5）生态保护相关社会组织与民间爱好者。

（6）生态保护相关专业的学生等。

前言

经过60多年的建设和发展，我国自然保护地体系已基本形成，其在保护生物多样性等自然资源中发挥了极为重要的作用。党的十八大以来，党中央加快建立以国家公园为主体的自然保护地体系，切实加大自然生态保护力度。党的二十大报告中进一步强调了“推进美丽中国建设”“提升生态系统多样性、稳定性、持续性”。因此，亟须对现有自然保护地内生物多样性本底资源进行全面清查和物种编目评估。及时全面地掌握自然保护地内的物种资源现状是当前各级自然保护地的重要工作之一。

在野生动物资源的调查研究上，目前已不再局限于传统的样线法、样方法、痕迹法和文献资料法等调查方法。红外相机技术已被广泛应用到野生动物生态学与保护学研究中。红外相机技术在四川省的应用已有20余年，截至目前，全省已有超60个自然保护地开展了红外相机监测工作。为进一步规范红外相机监测技术的使用，提高自然保护地红外相机监测的成效，有必要寻找那些已基本实现全域监测目标的自然保护地，并将其作为典范，建立自然保护地陆生大中型野生动物红外相机全域监测的成果案例库，从而为四川省自然保护地红外相机技术的应用提供科学的参考样本。

四川小寨子沟国家级自然保护区的红外相机监测工作始于2013年，并于2017年建立了标准公里网格体系。目前，红外相机监测覆盖面积已占据整个保护区绝大部分区域，常态化监测的相机点位超200个，基本实现了保护区全域监测能效。保护区累积的红外相机监测数据量已超40万条，监测到的野生鸟兽物种超50种，取得了较好的监测成果。丰富的监测数据和对保护地陆生大中型野生动物红外相机全域监测的分析，能够综合评估保护区的管理成效。这些成果成功助力四川小寨子沟国家级自然保护区，使其成为四川省率先实现全域红外相机监测的示范保护地之一。

本书以四川小寨子沟国家级自然保护区为案例，科学地评估了该保护区多年来全域红外相机技术的应用成效，系统地分析了基于标准公里网格体系下保护区内鸟兽的物种多样性、种群动态与分布、物种日活动节律、物种丰富度及其影响因素、物种适宜栖息地等内容。本书也是四川小寨子沟国家级自然保护区开展红外相机监测工作以来首次全面的成果汇总，它有助于更加全面地掌握保护区陆生大中型野生动物的多样性、分布及栖息地现状，为后续更加科学地、有针对性地保护与管理提供科学依据。四川小寨子沟国家级自然保护区在以国家公园为主体的自然保护地体系下已经被纳入四川大熊猫国家公园范围，未来，其将贡献于以国家公园为主体的生态文明建设，为四川大熊猫国家公园发展新质生产力树立技术应用的先进典范，成为四川省自然保护地红外相机技术应用的实践样本。

本书由四川小寨子沟国家级自然保护区陆生大中型野生动物红外相机全域监测成果与分析项目（项目编号：N5107262023000112）提供经费支持。在编著过程中，衷心感谢四川大学、中国科学院成都生物研究所、西华师范大学等单位的大力支持。感谢中国林业科学院王璐博士、广西师范大学陈泽柠博士、广西民族师范学院汪国海博士、西藏大学冯彬博士在本书数据分析与模型应用上给予的大力支持。感谢出版社编辑对书稿的编辑和出版事宜给予的大力支持。感谢四川小寨子沟国家级自然保护区管理处相关人员对本书出版给予的贡献。

由于本书涉及内容较多，笔者业务水平有限，书中难免有不足之处，敬请广大读者批评指正。

《四川小寨子沟国家级自然保护区全域红外相机技术应用与野生动物及栖息地评估分析案例报告》编写组

2024 年 4 月

CONTENTS

目 录

第一章 红外相机技术的应用与发展

第一节 红外相机技术简介

很长时间以来，野生动物资源调查与评估主要依靠传统的样线法，根据调查中所见实体、足迹、粪便和采食痕迹等来确定调查对象。然而，由于野生环境往往较为复杂，多数野生动物活动隐秘，活动空间也多种多样，所以在实际野外工作中很难见到实体，并且样线法对调查人员要求较高，要求他们具有较好的辨识野生动物痕迹的能力。另外，野生动物的夜行性也给样线法的使用增加了难度，因此，该方法应用在实际野外调查工作时具有一定的难度。

红外相机技术（infrared camera technology）主要指使用由热量变化（温差）所触发的自动相机来记录在其前方经过的野生动物影像（照片或视频），并通过这些影像来识别物种在特定地点和时间出现的方法（肖治术 等，2022）。红外相机装置的核心部件是红外传感器。红外相机根据红外传感器的工作原理不同，分为主动式和被动式两种，而当前应用的红外相机主要为被动式。

相比传统的野生动物监测方法，红外相机技术对野生动物监测有明显优势。首先，红外相机技术作为一种非损伤性技术手段，避免了因采集动物标本而对动物产生伤害，同时调查人员仅在布设和收取相机之日进出野生动物活动的地方，这减少了调查中人类活动对野生动物的影响（Solberg et al., 2006）；其次，除极端天气和地形之外（如高温、高湿、极度陡峭等），该技术不易受天气和地形等环境因子的限制，可以在其他调查方法无法开展的困难环境中收集数据，并能监测到许多隐蔽性强的物种（O'Brien et al., 2010）；最后，红外相机技术已经具有快速的触发速度（通常<0.5 s）、可探测体型较

小的动物（动物体重>50 g）、伪装的外形和肉眼不可见的补光光源、使用功耗低、造型小巧且便于携带、能全天候工作等优势。因此，红外相机技术已被广泛应用于野生动物生态学和保护学的研究中，越来越多地被用作调查兽类以及林下鸟类资源的主要手段，尤其在隐秘物种、稀有物种的研究和保护方面发挥了重要作用（肖治术 等，2014；肖治术 等，2017；李晟， 2020；肖治术 等，2022）。

第二节　红外相机技术在野生动物监测中的应用与发展

一、发展历程

红外相机技术在我国野生动物调查和研究中的发展历程大致可以分为以下4个阶段，详见图1–1。

探索期（20世纪90年代）	仅在台湾和云南等省份开展少量的探索性研究
试用期（21世纪前10年）	在华南、西南、东北、西北等区域陆续开展小规模的尝试；红外相机设备多以胶片相机为主
推广期（2010年前后）	数码被动式红外相机由于具有成本显著下降、小型轻便以及拍摄质量和容量明显提升等优势，在全国各地得到有效推广
联网期（2018年以来）	以东北虎豹国家公园为代表的少数区域，组织研发了以数据自动采集、实时组网传输、可视化等为核心技术的联网实时监测信息共享服务平台，推动了我国野生动物标准化联网监测体系的建设

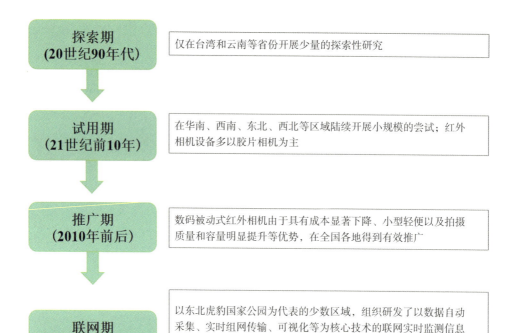

图1–1　红外相机技术在我国野生动物调查和研究中的发展历程

二、发展现状

经过几十年的发展和推广，目前我国的红外相机监测点位已经覆盖了全国所有省（区、市）。其中，四川省的监测研究点位最多，其次是云南省和陕西省，且大部分监测研究地点都在国家级或省级自然保护区内（肖治术 等，2022）。红外相机技术已经发展成为调查研究大中型兽类和林下鸟类资源的重要技术手段。该技术为掌握我国野生动物资源现状、促进生物多样性保护和恢复提供了科技支撑。

1. 区域物种新发现

通过长期的红外相机监测，不仅可以拍摄到一些稀有物种的影像，甚至还能拍摄到我国的新物种和新记录物种，或重新拍摄到一些长期未被发现的稀有物种。例如，2015年，研究人员在西藏墨脱首次发现了白颊猕猴（*Macaca leucogenys*），该物种是由中国人自己命名的灵长类新物种（Li C et al.，2015）；2019年，研究人员在云南高黎贡山区域发现的红鬣羚（*Capricornis rubidus*），为我国新记录物种（Chen Y et al.，2019）；2020年，研究人员在雅鲁藏布江大峡谷区域首次获得了野生孟加拉虎（*Panthera tigris tigris*）在中国分布的影像证据（李学友 等，2020）。

2. 区域物种编目评估

通过红外相机监测，可以发现以往采用传统调查方法时难以发现的一些物种和类群，包括以往综合科学考察报告、本底调查报告、专项调查报告等中尚未记录到的兽类和地面活动的鸟类，进而助力更新完善区域物种编目，为更新区域物种本底信息提供重要的科学数据（肖治术，2016；肖治术，2019a；李晟，2020）。例如，张德丞等（2020）在四川勿角自然保护区开展红外相机监测中记录到了2种兽类和7种鸟类，为保护区新记录；宋政等（2022）在四川小河沟自然保护区开展红外相机监测中记录到了6种鸟类，为保护区新记录；邓玥等（2022）在四川白水河自然保护区开展红外相机监测中记录到了1种兽类和5种鸟类，为保护区新记录等。

3. 物种形态学研究

野生动物的体色和体征是红外相机影像中重要的形态信息。有些物种可根据其体表斑纹的唯一性以及体征变化开展个体识别。目前，基于物种体表斑纹或体征变化来开展个体识别的研究主要围绕着体型较大的猫科动物，如虎（*Panthera tigris*）（李治霖 等，2014）、豹（*Panthera pardus*）（宋大昭 等，2014）、雪豹（*Panthera uncia*）（Zhang L et al.，2020）等，以及亚洲象（*Elephas maximus*）（杨子诚 等，2018）等物种。

同时，红外相机还记录到了罕见体色个体和色型变异的影像信息。例如，四川卧龙国家级自然保护区记录到了大熊猫（*Ailuropoda melanoleuca*）白化个体（常丽，2019）；湖北神农架国家级自然保护区拍摄到白化小麂（*Muntiacus reevesi*）（马国飞 等，2021）等。此外，通过红外相机监测还记录到一些雉类的自然杂交个体，如在四川鞍子河国家级自然保护区拍摄到了白腹锦鸡（*Chrysolophus amherstiae*）和红腹锦鸡（*C. pictus*）的自然杂交个体（史晓昀 等，2018）；在云南高黎贡山独龙江片区拍摄到了黑鹇（*Lophura leucomelanos*）和白鹇（*L. nycthemera*）的自然杂交个体等。基于拍摄到的野生动物形态学数据信息，不仅可以帮助区分不同的个体，还有助于评估野生动物个体的体征变化及健康状况。

4. 物种行为学研究

野生动物红外相机影像数据中包含有丰富的物种行为信息，可以助力开展野生动物竞争捕食（邹博研 等，2021）、种间互助（Luo K et al.，2018）、繁殖行为（如求偶、交配、抚育等）（郭洪兴 等，2019）、通信行为（侯

金 等，2020）、水源地利用（Xue Y D et al.，2018）、时空利用（韩雪松 等，2021；肖梅 等，2022）、行为谱（侯金 等，2020）等研究。此外，通过红外相机还记录了一些罕见的动物行为信息，如Wang D等（2012）利用红外相机记录了大熊猫较为罕见的食腐行为；刁鲲鹏等（2017）利用红外相机在四川唐家河国家级自然保护区记录到了野生动物的食腐行为与过程。

5. 物种生态学研究

基于红外相机监测开展的野生动物种群和群落生态学的相关研究已经涵盖了多个方面。

第一，基于红外相机监测，可以对野生动物种群和群落的时空动态及相关驱动因素进行比较分析，这也是生态学研究中的重要内容。基于红外相机监测数据，可以计算出相对多度指数（relative abundance index，RAI）、占域率、种群数量和种群密度等各种种群指标，进而评估目标物种的种群密度和相对多度。基于拍摄影像，可以利用野生动物的形态特征来区分所拍摄到的物种的性别、年龄和繁殖状态，进而分析其种群性比、社群结构、繁殖季节性等（陈尔骏 等，2022）。

第二，基于红外相机监测，可以分析动物种群的空间分布格局及其影响因素。实际应用中往往利用占域模型来深入探究生物因素（人类干扰、猎物等）和非生物因素对种群空间分布的影响，从而为珍稀濒危物种的种群管理和保护提供重要科学依据。该技术目前已在大熊猫、东北虎（*Panthera tigris altaica*）（Xiao W H et al.，2018）、雪豹（Alexander et al.，2016）等生态系统旗舰物种研究中得到应用。

第三，红外相机监测可以助力野生动物疾病的监测与发现。在复杂的野生环境和多数野生动物活动隐秘的情况下，依靠人力监测野生动物疾病的难度较大。然而，通过红外相机影像画面，可以获得野生动物疾病的相关信息。例如，刘雪华等（2018）在陕西省佛坪光头山利用红外相机发现了腿部长了肿瘤的中华扭角羚（*Budorcas tibetana*），在陕西省佛坪观音山利用红外相机发现了因皮癣而脱毛的中华斑羚（*Naemorhedus griseus*）；高风华等（2019）利用红外相机开展了血吸虫病野生动物传染源调查，发现该技术在调查血吸虫病野生动物传染源上效果显著。

第四，红外相机监测可助力分析野生动物的时空利用，已有的研究包括同营养级的竞争物种（李永东 等，2022；贾国清 等，2022；王东 等，2022）、捕食者与猎物之间（邹博研 等，2021）以及人类活动与野生动物之间的时空生态位分化和共存机制（王东 等，2022）等方面。

第五，随着统计模型的发展，基于红外相机数据，许多研究已经能够将栖息地建模并用于整个群落的评估。例如，Li X Y等（2020）基于红外相机数据，采用路径分析探讨了猎物、人类活动、环境变量与食肉类物种多样性及群落生物量间的关联后，发现人类活动可能影响食肉类的群落结构和功能；Li X Y等（2022）对横断山区45个调查样地开展了红外相机监测，他们采用群落占域模型分析后发现人类活动会导致哺乳动物的功能多样性急剧减少和夜行性行为显著改变。

第六，红外相机监测可助力开展物种间相互作用的关系研究。基于红外相机技术，研究人员已在食果动物与植物种间互作研究方面开展了部分尝试性工作并已经取得了一系列的进展。例如，Gu H F等（2017）利用红外相机、种子标签法和鼠类个体标记等方法，揭示了鼠类在取食、贮藏以及贮藏后种内和种间盗食等方面的相关行为和生态机制；Zhang Y等（2021）利用红外相机证实了三蕊兰（*Neuwiedia zollingeri* var. *singapureana*）的种子经过鸟类传播；Li H D等（2020）利用红外相机开展了树上、树下食果动物的觅食生态位分化及其在集合群落及集合网络中扮演的功能角色研究，揭示了物种功能性状和分布范围在集合网络功能维持中的关键作用。

第七，红外相机技术还可用于研究道路、铁路、高速公路等道路交通建设对野生动物及其栖息地的影响。例如，王云等（2016）应用红外相机技术监测长白山区公路对大中型兽类出现率的影响；王云等（2017）基于红外相机技术，开展了青藏高速公路格拉段野生动物通道设计参数研究；封托等（2019）利用红外相机技术开展了秦岭不同等级公路周边有蹄类动物分布规律及影响因素研究；苏宇晗等（2022）以观音山国家级自然保护区道路为例，利用红外相机技术研究了道路对野生动物丰富度的影响。

6. 助力保护管理

通过红外相机技术，可以分析野生动物种群在时间和空间上的变化，包括目标物种在何时、何处减少，导致变化的影响因素等，进而为濒危物种保护策略与行动的制定、调整提供重要科学依据。这方面，我国已经利用红外相机技术对许多重要珍稀物种和相关类群开展了大量调查研究。例如，王天明等（2020）基于长期的红外相机监测评估了东北虎与东北豹（*Panthera pardus orientalis*）的种群数量，为东北虎豹国家公园的设立和虎豹及其栖息地的跨境保护提供了重要的科学依据；Wen D S等（2022）基于长期的红外相机监测评估了东北虎豹国家公园内东北虎的容纳量，并给出了针对性的保护管理建议；Li S等（2020）通过对20世纪中期以来大熊猫分布区各保护地内豹、雪豹、狼（*Canis lupus*）和豺（*Cuon alpinus*）等4种大型食肉动物的红外相机调查数据进行分析，发现这4种大型食肉动物的分布范围均有明显下降，建议加强种群保护和恢复，以确保食物链的完整性。

红外相机技术可以助力野生动物栖息地的有效保护以及生态廊道的科学规划。例如，Shen X L等（2020）通过对卧龙国家级自然保护区、王朗国家级自然保护区、长青国家级自然保护区和古田山国家级自然保护区等4个保护区进行红外相机调查，发现旗舰物种通常有特化的栖息地需求，建议结合翔实的监测数据进一步完善保护区功能区规划，以确保实现目标保护和科学管理；Wang F等（2018）基于长期的红外相机监测，发现并非所有潜在的大熊猫生态廊道都对其他野生动物有效，并建议生态廊道建设时优先考量多物种视角。

通过红外相机技术，还可以开展人兽冲突方面的研究，进而为人为活动管控以及缓解人兽冲突提供重要数据支持和决策依据。例如，史晓昀等（2019）对邛崃山系的雪豹分布区开展红外相机监测，发现雪豹与家畜之间存在较高的冲突风险；闫京艳等（2019）在三江源国家公园开展红外相机监测，发现雪豹、棕熊（*Ursus arctos*）、狼与家畜、牧民之间存在长期性冲突。

此外，红外相机技术的广泛应用也在一定程度上促进了公众科学在我国野生动物调查和研究中的发展。随着红外相机技术的普及，除了科研院所外，国内一批民间保护团体、社区以及生态爱好者和摄影师等也开始使用红外相机作为野生动物调查和记录的工具，他们的红外相机设备投入量已具有一定规模，并且也取得了不少监测成果。例如，李飞等（2017）利用红外相机在云南盈江发现了野生马来熊（*Helarctos malayanus*）；2020年，四川凉山彝族自治州木里藏族自治县博窝乡社区人员利用红外相机拍摄到豹的活动影像等。

第三节　红外相机技术在四川自然保护地的应用与发展

一、现状

四川省的自然保护地和林业系统在国内最早把红外相机技术系统性地应用到野生动物及生物多样性监测之中。自2002年起，来自美国斯密森尼研究院和北京大学的研究人员在四川的大熊猫自然保护区（现为大熊猫国家公园）逐步推广了红外相机技术，当时推广的设备是来自美国的胶片相机。从2005年开始，数码版红外相机逐步取代老式胶片相机。由于使用成本降低、工作时间长、拍摄质量高，数码版红外相机的使用得到了快速推广。特别是通过四川省林业主管部门与科学家合作，举办红外相机使用培训班、发布红外相机监测技术规程、举办红外相机摄影比赛、开发红外相机数据库等一系列活动，以及媒体对红外相机拍摄到的大熊猫、川金丝猴（*Rhinopithecus roxellana*）、雪豹等珍稀动物视频和照片进行报道，四川各类自然保护地对使用红外相机的积极性越来越高。目前，四川已有超60个自然保护地开展红外相机监测工作。据不完全统计，四川自然保护地的红外相机投放量已超过1万台，并获得了超过1 000万份的照片和视频。四川对红外相机技术在全国范围内的推广和普及做出了良好的示范。

经过这二十多年的发展，红外相机技术已经深入到自然保护与科研监测的方方面面，无论是对单一物种研究还是兽类、鸟类多样性研究，无论是对动物种群数量研究还是行为研究，都需要红外相机的帮助。

二、面临问题与挑战

历经半个多世纪的建设和发展，中国自然保护地体系已基本形成，在保护生物多样性等自然资源中发挥了极为重要的作用。党的十八大以来，党中央加快建立以国家公园为主体的自然保护地体系，切实加大自然生态保护力度。党的二十大报告中进一步提出“推进美丽中国建设”“提升生态系统多样性、稳定性、持续性”。因此，亟须对现有保护地内生物多样性本底资源进行全面清查和物种编目评估，进而合理调整自然保护地范围并勘界立标。2017年1月，中共中央办公厅、国务院办公厅印发《大熊猫国家公园体制试点方案》，这标志着大熊猫保护工作进入国家公园时代。2021年10月12日，大熊猫国家公园正式设立。四川省作为大熊猫主要分布区之一，亟须加强对野生大熊猫及其栖息地，以及同域野生动植物的科研监测与保护工作。

红外相机技术的广泛应用可为建立以国家公园为主体的自然保护地体系建设提供可靠的技术和关键科学数据。然而，从四川省各类自然保护地来看，其应用也面临着以下一些问题。

1. 缺乏专业人员

尽管红外相机技术应用广泛，但系统使用红外相机开展科研工作的科学家并不多，科研产出率不高。在自然保护地开展红外相机监测的工作量虽然大，但大多仅停留在以捕获野生动物影像资料为主的尝试性监测上，严重缺乏专业技术人员的参与，且大多数红外相机监测工作者因缺乏理论指导而没有科学地统筹规划。

2. 监测工作不持续

自然保护地地理位置偏远、工作条件艰苦，难以留住人才，这造成专业调查监测人员严重缺乏，难以满足基本科研监测需要。局限于这些不足，大部分自然保护地的红外相机监测工作以短期项目形式开展，缺乏对长期监测研究的整体性、连续性和科学性的规划。

3. 红外相机数据挖掘得不够

由于大部分自然保护地缺乏红外相机监测技术人员，所以红外相机数据不能由专人专库管理，造成数据要么在个人手里，要么缺失。同时，大部分自然保护地对红外相机数据仅做简单物种识别以用于科教宣传，缺乏科学分析和深度挖掘，这导致红外相机数据背后的生态学价值和保护管理价值没有被体现。

4. 自然环境复杂

四川省内各类自然保护地的地形地貌相对复杂。例如，许多自然保护地内的海拔落差较大，其中唐家河国家级自然保护区内的海拔落差超过2 400 m，王朗国家级自然保护区内的海拔落差超过3 000 m，卧龙国家级自然保护区内的海拔落差超过4 000 m，这对红外相机的安放、使用寿命影响较大。

三、发展思路与展望

1. 将红外相机技术更广泛地应用于自然保护地的科研和监测工作中

受调查技术、人力和物力等方面限制，以往自然保护地进行综合科考和专项调查时的调查范围和时间有限，导致多数类群的本底资源及其变化缺乏有效的清查与评估，真实性有待考证，而通过红外相机技术获得的影像资料可以佐证物种的真实存在，包括证实分布与记录新分布等。另外，传统调查技术和方法存在主观性强、重复性差，难以在区域和大尺度上形成相对统一的抽样标准，获得的数据质量不稳定等问题。红外相机技术的科学运用能够实现定时、定点和定量的调查和监测，更有利于保证调查和监测数据的连续性、可比性和有效性，未来对于该技术的应用依旧值得提倡。

2. 推动红外相机数据管理信息化平台建设

2002年至今，各自然保护地已积累了大量红外相机数据，这些数据虽已进行初步归类和适当整理，但没有满足有效集成、动态更新与科学管理的需求。加之，各自然保护地仍在加强红外相机监测工作，未来将积累更多的数据，海量数据的存储与管理应用问题亟待解决。鉴于此，2018年四川省林业和草原局主导研发了“四川自然保护区红外相机数据管理信息化平台”，该平台实现了“录（自动提取、实时校验）、存（多点备份、无感同步）、查（多维设定、便捷检索）”等基础功能以及“管（多级管理、数据隔离）、析（生态算法、动态生成）、策（发掘问题、提供方案）”等核心功能，未来该平台还将致力于实现物种辅助鉴定、空拍照片筛选剔除以及自动识别等功能。该平台的研发应用能有效解决各类自然保护地红外相机监测数据的科学存储与专业分析问题，同时便于四川省成效评估与统一管理。

3. 红外相机技术需要不断完善提升

目前，使用红外相机在野外开展调查监测工作中，数据的采集更多的是依靠人力。物联网自动传输等自动化程度更高的数据采集手段因成本高、技术不成熟、应用设备自身对环境存在干扰等因素而难以在短时期实现。如何实现红外相机对数据的科学、高效、精准采集，在未来仍需关注。另外，在红外相机数据的分析处理上，目前依靠信息平台建设能做到自动归类，但关键物种的识别信息仍需人工处理，未来如何实现对红外相机数据的智能识别鉴定与更深入的智能分析，依旧需要提升技术。

4. 推动红外相机监测体系建立

基于目前红外相机技术的科学应用与发展趋势，未来对该技术的应用必将取得可喜的成效。在继续以信息平台为载体来优化红外相机数据管理分析的基础上，四川可建立规范的红外相机监测体系，以实现监测布局的网格化、数据管理标准化、数据挖掘智能化、生态分析自动化。利用红外相机技术，在省级层面建立标准监测网络，通过平台进行科学管理和监测数据专业分析，从而实现统一的数据管理要求和数据挖掘解决方案。这不仅简化监测工作形式，提高工作效率，还极大地展现保护成效。

第二章

红外相机野外布设与数据分析方案

第一节 红外相机野外布设方案的科学规划

一、红外相机野外布设类型与安装方式

红外相机野外布设类型大体可以分为以下3种：随机布设、重点布设、全域布设（见图2-1）。

1. 随机布设

随机布设一般按照简单抽样方式进行。该布设类型一般是针对尚未开展过红外相机监测工作的自然保护地，或者自然保护地野生动物红外相机监测初期。结合日常巡护监测线路，采取简单的、无规律性的随机布设，能快速获取监测区域内野生动物的红外相机影像资料。

2. 重点布设

重点布设一般按照阵列抽样方式进行。按照一定的调查网格将保护地划分为若干调查单元，选择野生动物活动频繁的网格区域进行重点布设。

重点布设在监测工作中实用性强，获取的数据科学性高，有助于在一定程度上评估物种的种群数量和分布。

3. 全域布设

全域布设通常按照网格抽样方式进行。全域布设的工作量较大，一般先按照一定的调查网格将保护地划分为若干调查单元，每个调查网格内预设1~2个

监测位点，每个位点上安装1~2台红外相机。在自然环境条件允许和人力、物力资源充足的自然保护地可采取全域布设方式开展红外相机监测工作，这样可以保证获得的监测数据更具科学性、有效性和全面性。

随机布设　　重点布设　　全域布设

图2-1　红外相机野外布设常见类型示意图

红外相机野外的安装方式需要根据监测目的进行调整。一般来讲，每个监测位点只安装1台红外相机。然而，当有特殊监测需求时，如需要快速捕获野生动物的活动影像、增加拍摄到精美影像的概率、力求结合影像辅助识别物种个体等，可以在同一监测位点的不同角度安装2台甚至多台红外相机。红外相机野外安装示例图如图2–2所示。

一个监测点只安放1台红外相机　　一个监测点安放2台红外相机

图2-2　红外相机野外安装示例图

二、常用红外相机监测方案及相关分析

红外相机监测方案可根据监测对象和目标进行灵活设置。常用的监测方案包括本底监测方案、常态化监测方案、针对性监测方案等。

1. 本底监测方案

本底监测方案主要用于完成对整个保护地（监测样区）野生动物本底资源的清查，详细地掌握所在区域内野生动物资源的变化格局以及影响其变化的重要因子，可为制订野生动物常态监测计划和管理保护措施提供重要参考依据。

本底监测方案的监测时间：通常在1~2年内完成。根据保护地面积、相机数量、野外工作难度等综合衡量，可以持续进行，也可以每5年或10年重复一次。

本底监测方案的监测范围：尽量覆盖整个保护地，将整个保护地网格化，并对所有监测网格进行编号，每个监测网格面积为1 km^2。

本底监测方案的布设类型：按照每1 km^2（监测网格）布设1台红外相机的密度进行监测，保证每个网格都有全年的监测数据。

本底监测方案的相机数量：相机数量应与监测网格数量相当，应尽量兼顾到保护地的大部分区域。当相机数量较少时，可以将其在不同监测网格之间进行轮换。

补充介绍：Mokany K等（2013）曾通过群落物种模拟演示α和β多样性随抽样面积变化的情况并用真实物种进行了验证后，指出抽样面积不足可能会丢失物种组成随环境梯度变化的信息，降低对总体多样性判断的准确性，同时指出抽样面积至少是整个研究区域的10%时才能对α和β多样性做出可信度较高的统计推断。利用红外相机本底监测方案来监测保护地时，实际应用中的监测覆盖区域一般不低于整个保护地总面积的30%。

2. 常态化监测方案

该方案的目的在于掌握保护地（监测样区）野生动物资源的动态变化以及野生动物的生态系统服务功能，可以基于常态化监测评价气候变化以及人类活动对野生动物资源的各种影响。值得注意的是，常态化监测不是全面监测，而是掌握各个监测区域内野生动物资源变化的基本情况，确保定时、定点和定量，以实现监测数据的连续性、可比性和有效性。

常态化监测方案的监测时间：每年都开展，至少完成3个月的监测。面积小的保护地最好做到常年持续监测。

常态化监测方案的监测范围：以保护地为监测范围，将整个保护地网格化，每个网格面积为1 km^2，确定代表性的监测区域，并对监测区域内的网格进行编号，原则上讲不低于60个监测网格。

常态化监测方案的布设类型：按照每1 km^2（监测网格）布设1台红外相机的密度进行监测，尽量保证每年每个网格至少有3个月的监测数据。

常态化监测方案的相机数量：尽量兼顾保护地内重点监测区域，相机数量最好不低于60台。

3. 针对性监测方案

常见的针对性监测方案大致包括以下几种类型：针对物种多样性的监测、针对单一物种或类群物种活动节律的监测、针对物种种群数量与分布的监测、针对典型兽类物种的监测、针对地栖性鸟类物种的监测、针对其他特定监测目的的监测等。

1）针对物种多样性的监测

利用红外相机对某一自然保护地的兽类和鸟类资源开展监测，在红外相机布设上按照公里网格的布设密度并采取重点布设的方式进行。典型案例如刘佳等（2018）利用红外相机对贵州茂兰国家级自然保护区的兽类和鸟类资源进行初步监测；赵定等（2021）利用红外相机对四川雪宝顶国家级自然保护区的野生兽类和鸟类开展红外初步监测等。针对物种多样性的监测的红外相机野外布设如图2-3所示。

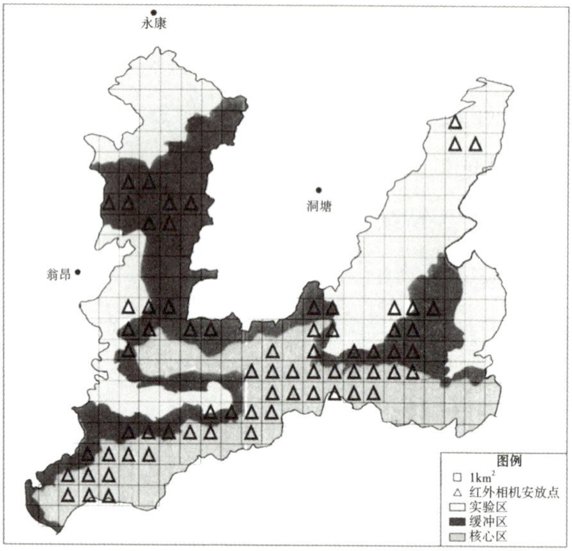

引自刘佳等（2018）

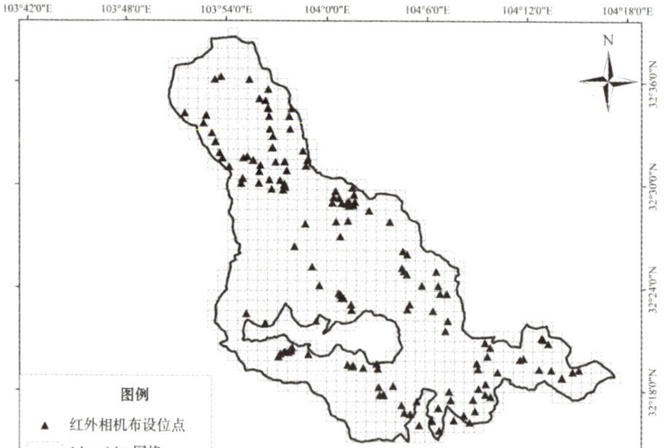

引自赵定等（2021）

图2-3　针对物种多样性的监测的红外相机野外布设示例图

2）针对单一物种或类群物种活动节律的监测

红外相机监测可以助力研究野生动物的活动节律。通常情况下，为了研究单一物种或类群物种的活动节律，在红外相机野外布设上往往参照公里网格标准，选择目标物种重点分布区域进行布设，即选择重点分布区域并对该区域进行网格化，然后按照公里网格的抽样密度进行布设。典型的案例如李建亮等（2020）基于红外相机技术分析极旱荒漠有蹄类动物的活动节律；姚维等（2021）利用红外相机研究同域分布的鼬獾（*Melogale moschata*）和食蟹獴（*Herpestes urva*）的活动节律等。针对单一物种或类群物种活动节律的监测的红外相机野外布设示例图如图2–4所示。

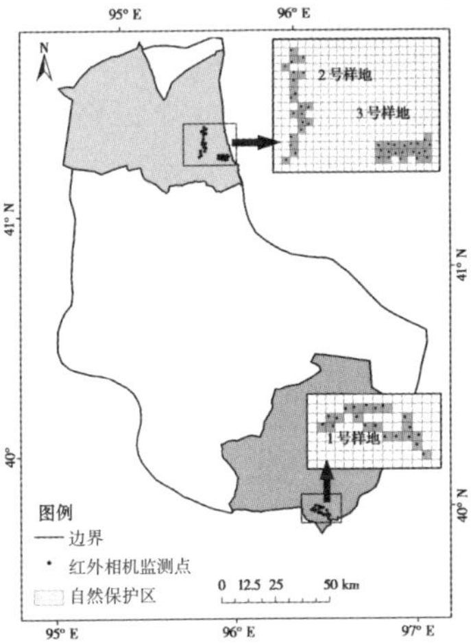

引自李建亮等（2020）

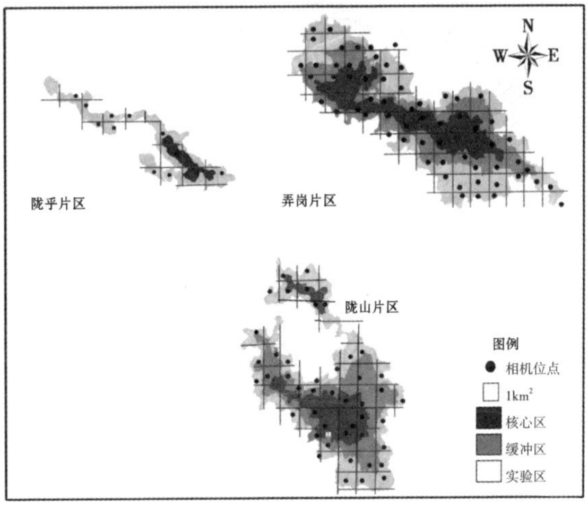

引自姚维等（2021）

图2–4 针对单一物种或类群物种活动节律的监测的红外相机野外布设示例图

3）针对物种种群数量与分布的监测

红外相机监测可以助力评估目标物种的种群数量与分布。针对这种监测方案，红外相机野外布设可以在样线调查的基础上，重点兼顾目标物种的关键分布区和重要栖息地，可以按照公里网格密度进行布设，也可以重点布设在关键分布区的范围内。典型的案例如肖文宏等（2014）利用红外相机监测吉林珲春东北虎国家级自然保护区东北虎、东北豹，以及有蹄类猎物的多度与分布；李生强等（2017）利用红外相机辅助评估广西藏酋猴（*Macaca thibetana*）的种群数量、分布及威胁因素；杨子诚等（2018）利用红外相机开展亚洲象个体识别和种群数量的研究等。针对物种种群数量与分布的监测的红外相机野外布设示例图如图2-5所示。

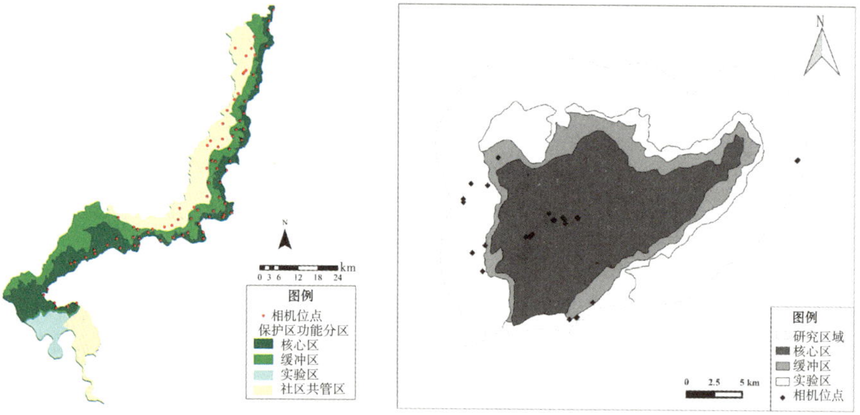

引自肖文宏等（2014）　　引自杨子诚等（2018）

图2-5　针对物种种群数量与分布的监测的红外相机野外布设示例图

4）针对典型兽类物种的监测

在针对典型兽类物种开展红外相机监测工作时，需要重点考虑物种的家域范围、日漫游距离以及活动习性等，进而对红外相机野外布设密度和安装方式进行灵活调整。针对体型较大且活动范围较广的物种，红外相机的布设网格可随之增大，如李治霖等（2014）利用红外相机对吉林珲春东北虎国家级自然保护区春化、马滴达两个区域的大型猫科动物及其猎物开展监测并探讨了相关种群评估方法，监测中针对大型猫科动物的相机密度达到1对/25 km^2。目前，利用红外相机开展灵长类物种的监测研究已有部分被报道。针对灵长类物种监测时，红外相机的布设方式有所不同。余梁哥等（2013）利用红外相机对云南省屏边苗族自治县大围山倭蜂猴（*Nycticebus pygmaeus*）、蜂猴（*Nycticebus bengalensis*）及其他同域兽类开展了监测研究。红外相机根据猴子的生活习性，选择安放在藤类植物较多且果实较多的地点；一般安放在较高大的树木上，离地面有4~6 m的高度。

总体而言，针对典型兽类物种的监测，需要结合目标物种的家域范围、活动习性等情况合理调整布设密度和安装方式。针对典型兽类物种的监测的红外相机野外布设示例图如图2-6所示。

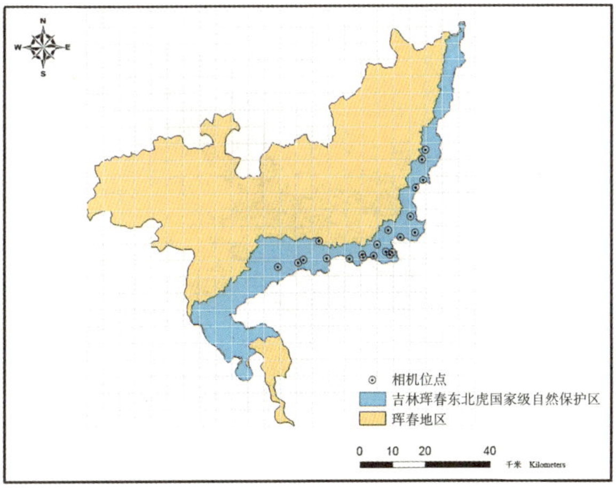

引自李治霖等（2014）

引自余梁哥等（2013）

图2-6　针对典型兽类物种的监测的红外相机野外布设示例图

5）针对地栖性鸟类物种的监测

针对地栖性鸟类物种的监测主要围绕地栖性雉类物种开展。与大中型兽类物种不同，地栖性雉类物种的活动范围相对较小。因此，在针对地栖性雉类物种开展红外相机监测时，红外相机布设网格往往相对较小，布设区域以主要活动区和关键栖息地为主。例如，赵玉泽等（2013）利用红外相机对湖北省广水市蔡河镇的野生白冠长尾雉（*Syrmaticus reevesii*）开展监测时，红外相机布设在主要活动区内，相邻红外相机位点间隔200 m，同时根据拍摄效果不定期更换红外相机位置和拍摄方向；程松林等（2015）利用红外相机对江西武夷山国家级自然保护区黄腹角雉（*Tragopan caboti*）昼间行为开展监测时，在红外相机布设上充分考虑了各海拔梯度和代表性植被类型：每200 m海拔区间的监测位点不少于4个，每个监测位点的监测时间不短于8个月，相邻红外相机位点的间距不少于1 km。针对地栖性雉类物种的监测的红外相机野外布设示例图如图2-7所示。

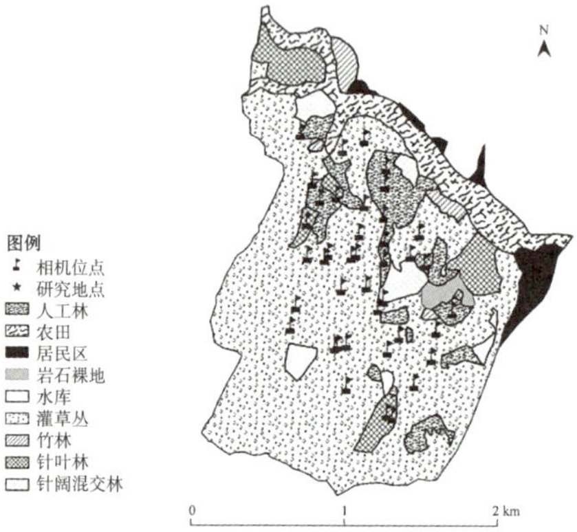

引自赵玉泽等（2013）

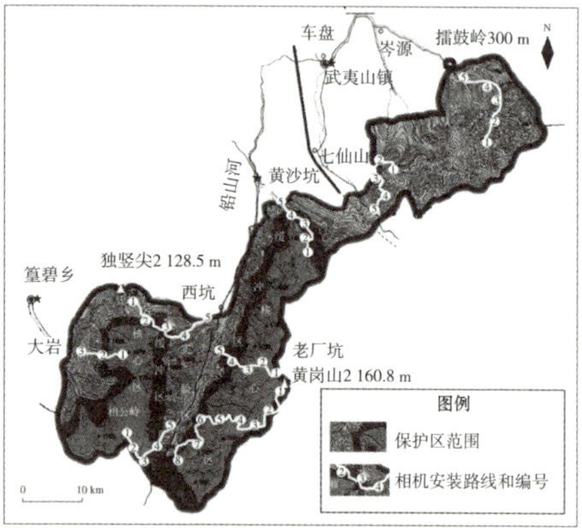

引自程松林等（2015）

图2-7　针对地栖性鸟类物种的监测的红外相机野外布设示例图

6）针对其他特定监测目的的监测

这里主要介绍2个针对其他特定监测目的的典型案例：干扰因子监测研究和食果动物与植物的互作关系监测研究。

利用红外相机在特定区域内开展人为活动干扰因子的监测，可基于监测结果分析干扰因子的时空动态，进而为针对性保护管理策略的优化调整提供科学依据。例如，黄蜂等（2017）利用红外相机对拖乌山大熊猫廊道人为活动干扰的空间与时间分布格局开展监测研究，其红外相机野外布设按照标准公里网格进行，调查覆盖范围包括拖乌山大熊猫廊道及周边区域（见图2-8）。

随着红外相机的不断发展和广泛应用，有研究人员有效地拓展了红外相机的应用范围，开发了树栖红外相机方法。浙江大学生命科学学院丁平教授联合华东师范大学斯幸峰教授在浙江千岛湖22个陆桥岛屿上开展了树栖红外相机方法监测食果动物与植物互作可行性的验证工作，验证了树栖红外相机方法在陆桥岛屿上大规模监测食果动物与植物互作的可行性，并根据互作发生的概率首次提出了一个划分互作等级的框架（Chen et al.，2021）。

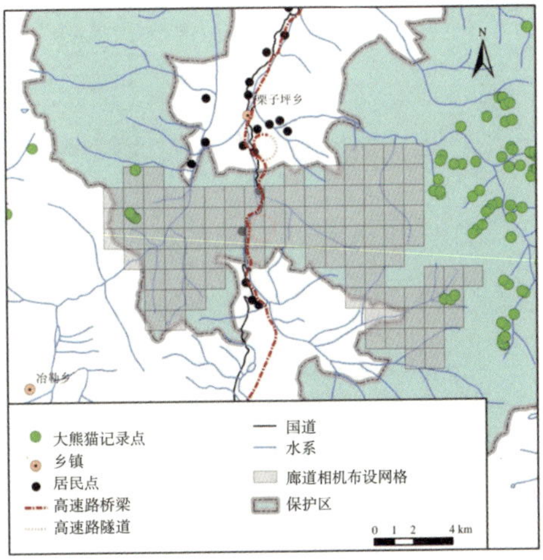

引自黄蜂等（2017）

图2-8　针对其他特定监测目的的监测示例图

三、自然保护地红外相机监测方案的规划步骤与重点流程

自然保护地红外相机监测方案的规划步骤与重点流程如图2-9所示。

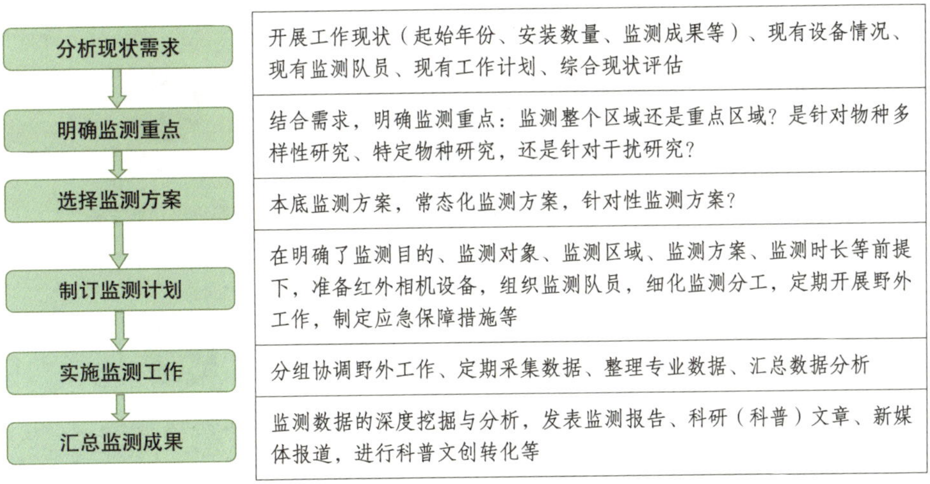

图2-9　自然保护地红外相机监测方案的规划步骤与重点流程

四、红外相机野外安装的技能技巧与注意事项

1. 红外相机野外安装的技能技巧

红外相机野外安装的技能技巧包括红外相机野外安装选点、红外相机安装高度与角度选择、红外相机设备的调试等多个方面。

1）红外相机野外安装选点

针对不同监测对象和目的，红外相机野外安装的位点会有所不同。选择合适的红外相机野外安装位点，对于提高野生动物拍摄概率、提升监测成效、保障监测成果至关重要。

针对野生动物多样性监测而言，图2-10所示的6处特殊位置是红外相机野外安装选点时重点考虑的。尤其对于才开始利用红外相机开展监测的保护地，由于保护地内监测人员的技能水平可能有限，优先考虑在下面6处特殊位置安装红外相机，将有助于提高监测成效和锻炼监测思维，从而使他们逐步做到有想法、有远见地安放红外相机。

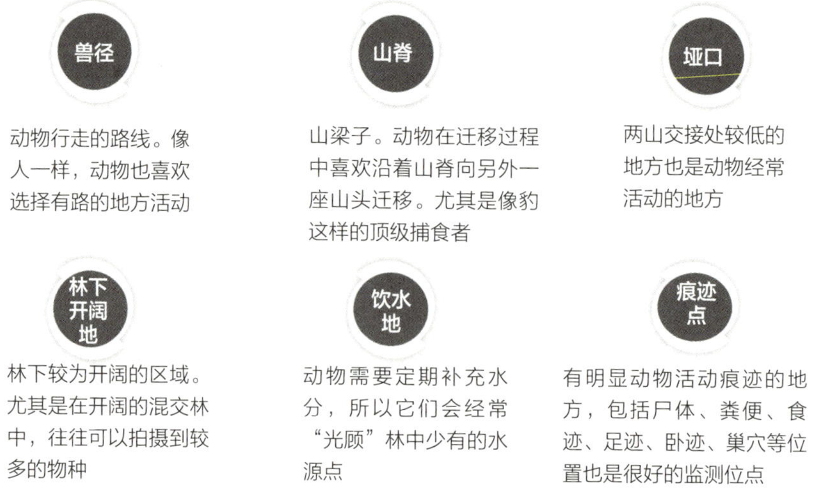

兽径
动物行走的路线。像人一样，动物也喜欢选择有路的地方活动
山脊
山梁子。动物在迁移过程中喜欢沿着山脊向另外一座山头迁移。尤其是像豹这样的顶级捕食者
垭口
两山交接处较低的地方也是动物经常活动的地方
林下开阔地
林下较为开阔的区域。尤其是在开阔的混交林中，往往可以拍摄到较多的物种
饮水地
动物需要定期补充水分，所以它们会经常“光顾”林中少有的水源点
痕迹点
有明显动物活动痕迹的地方，包括尸体、粪便、食迹、足迹、卧迹、巢穴等位置也是很好的监测位点

图2-10　针对野生动物多样性的监测可重点考虑的6处特殊安装位置

与针对野生动物多样性的监测不同，在针对特定物种进行监测时还需要结合物种的特殊性进行多重考虑，包括生境偏好、习性特征和食物资源等。以雪豹调查为例，根据生境偏好：主要选择林线以上高山带、裸岩、流石滩、高山草甸和林缘地带等；根据食物资源：以生活在高海拔的岩羊为主，同时也会食用一些动物的尸体；根据活动习性：主要在山脊、垭口活动，也喜欢在高山崖壁、大石头上进行领域标记和发情标记等（详见图2-11）。

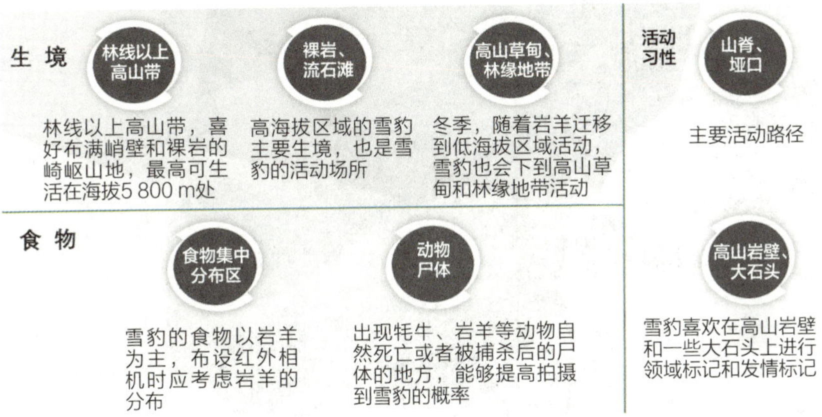

图2-11　针对雪豹进行监测时可重点考虑的红外相机安装位置

2）红外相机野外安装高度选择

选择红外相机野外安装的高度时需要综合考量野生动物体型的大小、安装位置杂草与杂灌高度、地形坡度等。红外相机一般安装在距离地面0.6~1.3 m高度。由于野外环境的复杂性，具体高度还需根据实际情况进行调整。红外相机野外安装高度展示图见图2-12。

图2-12　红外相机野外安装高度展示图

3）红外相机野外安装角度选择

红外相机野外安装角度的选择应确保监测视野方向与兽径方向成一定锐角，这样有助于拍摄到目标物种的侧身。最佳聚焦点距离机身4~5 m（详见图2-13）。地面不平整时，需要结合上、下坡位以及坡度情况灵活调整相机机身角度，以保证机身镜头方向与地面坡面方向平行且能兼顾地面拍摄。

图2-13　红外相机野外安装角度示意图

4）红外相机设备的调试

针对野生动物多样性的监测，常用的红外相机参数如下。

（1）建议使用16 G以上的SD存储卡。

（2）模式设置：设置为“拍照+录像”。

（3）图像尺寸：设置为“5 M及以上”。

（4）录像尺寸：设置为“1 080 P及以上”。

（5）设置时钟：年、月、日、时、分都要按照手机或者手表来，日期一定要设置准确。

（6）照片张数：设置为“3张”。

（7）录像长度：设置为10~15 s，不宜太长。

（8）时间间隔：设置为“1 s”。

（9）灵敏度：一般为设置“中”。

（10）时间戳：设置为“开”。

（11）定时设置：设置为“关”。

（12）定时设置2：设置为“关”。

（13）密码设置：设置为“关”。

（14）编号设置：可以根据使用情况设定。

（15）定时拍照：设置为“关”。

（16）声音：指相机按键声音，可以不管。

（17）循环储存：设置为“关”。

（18）LED亮度：默认就行。

（19）GPS：需要输入时，先选择“开”，然后点击“OK”进入设定。

（20）出厂设置：无须操作。

值得一提的是，在实际应用中应结合监测对象、目标、实地生境的不同，对红外相机的参数进行调整。例如，在针对高山雪豹的监测时，为了尽量不漏拍，红外相机的时间间隔可以更改为“0”；而针对某些具有特殊宣传需求的拍摄时，红外相机的拍摄模式可以只选择“录像”，录像长度也可以根据需求进行调整。

2. 红外相机野外安装的注意事项

（1）可以利用ArcGIS软件、奥维软件等，根据预设网格或位点来划定野外大致路线，以为野外安装工作导航。

（2）在实地野外布设过程中，需要利用GPS、奥维、巡护终端等软件及设备记录野外安装航迹和安装位点，以为后续数据采集导航。

（3）在野外布设红外相机时，相邻监测位点之间应尽量保持一定距离，进而保证监测数据的独立性与有效性。

（4）尽量选择在拍摄范围内较为开阔的地方安装红外相机，以避免灌丛、杂草等遮挡拍摄视野。

（5）在野外安装红外相机时，须让相机镜头略微向地面倾斜，以保证试拍情况下，画面中地面部分和地上（天空）部分各占一定比例，切勿将镜头朝着天空拍摄或垂直地面拍摄。

（6）在野外安装红外相机时，建议将拍摄区域内的杂草、灌丛做适当清理，以避免杂草、灌丛遮挡拍摄视野。

（7）应尽量将红外相机机身及镜头朝向南北方向，以避免阳光直射。

（8）如果遇到石壁生境，可以顺着石壁方向拍摄，千万不要面对石壁拍摄，因为石壁在阳光照射下会发热反光，这会导致红外相机误拍。

（9）野外安装完毕准备离开时，一定要检查红外相机是否开机，要确保红外相机为开机状态。

（10）对机身进行伪装可有效减少红外相机丢失的风险，但千万不能让伪装物遮挡补光灯、镜头、感应器等。只对机身背后和侧身进行伪装，相机正前方不要设置伪装物。

第二节　四川自然保护红外相机数据管理信息化平台研发与推广应用

一、平台的研发背景

自20世纪90年代中期以来，红外相机技术便逐步应用到我国的野生动物保护与研究中，且该技术在我国各级自然保护地发展得十分迅速。仅以四川省为例，四川省目前已有60余个自然保护地开展了红外相机监测工作。据不完全统计，四川省投入的被动式红外触发相机的数量已超过1万台，并获得了超过1 000万份的照片和视频。然而，许多自然保护地的红外相机数据管理现状不容乐观，面临着如下困境：①红外数据海量，对存储空间需求较大；②存储方式原始，数据易错乱或丢失；③数据分析方式落后；④数据挖掘空白，难以体现监测价值等。为了科学地存储和管理海量的红外相机数据，专业、高效地完成数据鉴定和科学分析，并将分析结果及时地反馈给研究者和管理者，从而有效地满足自然保护地红外相机监测工作者、上级管理者以及研究人员的综合使用需求，在四川省林业和草原局支持下，成都兴艾技术团队联合相关科研技术单位于2018年组织研发了四川自然保护红外相机数据管理系统。该系统以四川自然保护红外相机数据管理信息化平台（Sichuan nature conservation infrared camera data management system，CDMS）（见图2-14）为核心，以专业团队为技术支撑。CDMS在研发设计上兼顾了各类型自然保护地的使用需求，同时吸纳了不同数据库和数据信息平台的功能优点。目前CDMS主要为四川省各自然保护地提供交互式使用，集成了红外相机数据的规范存储、科学管理、智能查询、生态分析和可视化展示等功能。CDMS的研发旨在促进野生动物红外相机影像素材转化为有效数据，并在专业团队的支持下实现数据的高效分析和深度挖掘，为野生动物研究、保护与管理、科普宣教等提供重要的技术与管理支持。

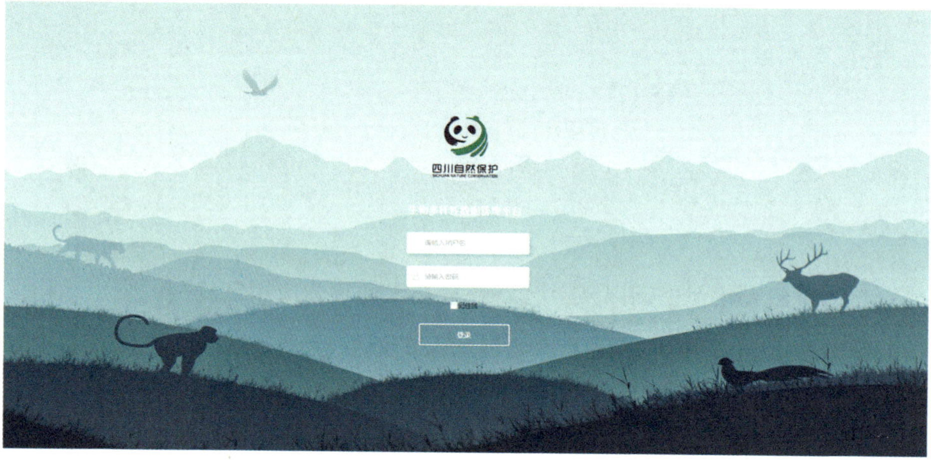

图2-14　CDMS登录界面

二、CDMS的主要功能

CDMS兼顾了多层级、多用户的使用需求，根据使用权限将用户划分为超级用户、系统用户、管理员和录入员等4类，不同层级用户对应不同的功能模块。

（1）超级用户：以四川省林业和草原局为主体，可以直接查询并下载四川省所有的数据分析结果，统管四川省红外相机监测数据。其功能模块在设计上以统计分析为主，包括红外相机监测情况、物种变化趋势、干扰与物种分布关系、一键式建议报告4个方面。其中，可以通过平台一键式分析，掌握四川省红外相机监测工作开展情况、物种在时间和空间上的动态变化、干扰因子对野生动物分布的影响情况，以及获得有针对性的保护管理建议，从而有效转变传统管理模式，提高管理效率。

（2）系统用户：以专业团队为主体，负责CDMS运营维护与功能模块的优化和调整，并统管四川省用户数据库、保护地信息数据库及物种名录数据库。其中，物种名录数据库可以结合CDMS使用中的具体情况进行补充和完善。

（3）管理员用户：以自然保护地红外相机监测工作负责人为主，可以查询、浏览、下载本保护地的红外相机数据和直接查看数据分析结果。其功能模块主要包括用户管理、设备管理、数据管理和数据分析4个方面。

（4）录入员用户：以自然保护地红外相机数据录入人员为主，仅开放数据录入功能，包括影像文件上传和物种信息鉴别等功能。

CDMS的主要功能分为“录、存、查”等基础功能和“管、析、策”等核心功能，包括相机设备信息、监测项目信息、监测位点信息及红外相机数据的高效录入、科学存储、智能查询、规范管理、专业剖析以及辅助决策等多种功能（见图2-15）。

图2-15　CDMS主要功能示意图

三、CDMS的推广应用情况

CDMS于2018年6月正式上线，使用用户已涉及40多个自然保护地，覆盖了岷山，邛崃山，凉山，大、小相岭等山系。目前上传到CDMS的数据超过1000万条，已经完成物种信息识别的数据超过900万条，已鉴定出50余种兽类和80余种鸟类。CDMS为《中国自然保护地红外相机物种编目评估报告》的编写提供了大相岭、千佛山、小寨子沟、九顶山、白河、栗子坪、雪宝顶、勿角和察青松多等多个自然保护地的红外相机物种编目评估资料，同时还助力发表与多个自然保护地相关的红外相机数据方面的科研论文，这些自然保护地如四川千佛山国家级自然保护区（蒋忠军　等，2019）、四川勿角省级自然保护区（张德丞　等，2020）、四川九顶山省级自然保护区（张鑫　等，2020）、四川大相岭省级自然保护区（刘鹏　等，2020）、四川雪宝顶国家级自然保护区（赵定　等，2021）、四川察青松多白唇鹿国家级自然保护区（罗华林　等，2021）、四川冶勒省级自然保护区（杨旭　等，2022）、四川小河沟省级自然保护区（宋政　等，2022）、四川贡嘎山国家级自然保护区（李永东　等，2022；贾国清　等，2022）、四川唐家河国家级自然保护区（肖梅　等，2022）、四川白水河国家级自然保护区（邓玥　等，2022）、四川小寨子沟国家级自然保护区（彭波　等，2022）、四川申果庄省级自然保护区（陈云梅　等，2022；徐凉燕　等，2023）、四川老君山国家级自然保护区（陈本平　等，2023）等。

现阶段，为了在以国家公园为主体的自然保护地体系下构建新的自然资源调查监测体系，亟须查清我国各类自然资源的“家底”及其变化情况。CDMS的数据收集和科学分析功能将为自然资源的科学评价提供重要的数据支撑和技术保障，还可进一步推动调查监测成果的广泛共享和社会化服务。CDMS已为各类型自然保护地相关保护与管理工作的开展提供了便利，如CDMS对红外相机数据的科学存储、管理与分析可改变传统工作模式，大大提高工作效率；CDMS的科学智能分析，可为众多自然保护地红外相机的监测布局、监测成效评估、物种保护与社区可持续管理机制的建立等保护管理工作提供科学建议和数据支撑。此外，基于CDMS对监测数据的快速提取功能，众多自然保护地开发研制了多样化的科普宣教产品，如科普影像素材、专题画册等。随着海量数据的逐渐积累，CDMS将提高公众参与度，推动公民科学的发展。未来，在公众持续参与的情况下，CDMS将公民科学与人工智能（artificial intelligence，AI）相结合，从而助力红外相机影像资料的科学分析与价值挖掘，使生态保护工作产生更广泛的社会效应。

四、利用CDMS完成红外相机监测数据的管理与分析的流程

利用CDMS完成红外相机监测数据的管理与分析的流程如图2-16所示。

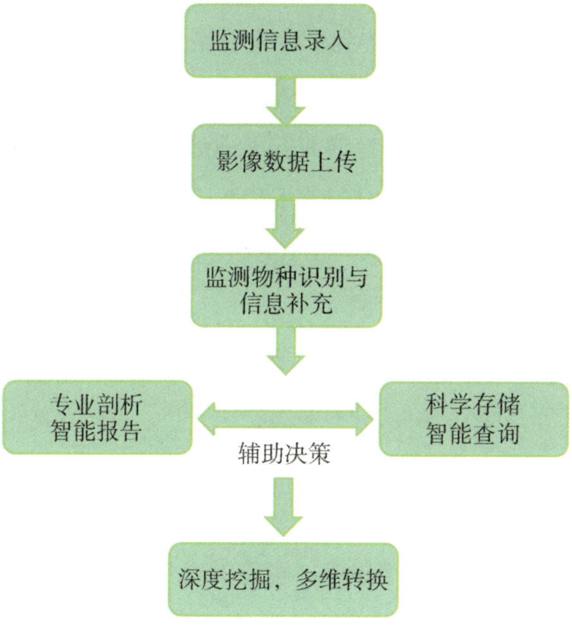

图2-16　利用CDMS完成红外相机监测数据的管理与分析流程示意图

1. 监测信息录入

监测信息录入是指监测项目信息的录入以及野外安装红外相机的信息记录

表格的整理与录入。

监测项目信息的录入在“监测项目管理”功能下完成。信息录入后有助于后期对不同红外相机监测项目的管理，能够以项目形式实现智能查询与分析。

野外安装红外相机的信息记录表格的整理与录入在“相机位点管理”功能下完成，需要严格按照信息记录表格详细录入相机位点的经纬度、海拔、生境类型、坡位、坡度、坡形、坡向、水源类型与距离、干扰因子等信息。待监测数据完成鉴定后，可以以位点形式实现智能查询与分析。

2. 影像数据上传

影像数据上传是指严格按照对应项目、对应相机位点，将拍摄的红外相机影像数据（照片和视频）上传到平台中。平台对上传的影像文件数量没有限制，一般情况下以4~6个月为周期采集的数据量，即便达到30 G（数据量超5 000条）也能一次性上传。平台能兼容不同品牌红外相机拍摄的不同格式类型（包括JPEG、AVI、H.264、MP4等）的影像文件。此外，平台具有“影像数据指纹性识别”特性，后台能自动过滤重复性文件，可有效杜绝同一文件重复上传，避免数据混乱。

注意：上传影像数据时，对应的监测项目和相机位点不能弄错，一旦弄错会直接影响后期的智能分析。

3. 监测物种识别与信息补充

CDMS采用了统一的物种名录库，可有效避免同物异名、异物同名、俗名和学名混淆等情况，实现数据的标准化管理。物种名录库暂由四川省内常见的兽类与鸟类数据库组成。兽类物种的分类参照《中国兽类分类与分布》（魏辅文，2022），鸟类物种的分类参照《中国鸟类分类与分布名录（第四版）》（郑光美，2023）。物种名录库会结合平台实际应用中的具体情况进行更新。

在进行物种识别与信息补充的过程中，需要注意以下细节。

（1）对于初次进行鉴定的影像资料，需要先在鉴定界面的左上方图片状态处选择“未鉴别”，用以查询某个相机位点下需要开展鉴定的影像数据。“无动物”选项用于后期查看该位点有多少空拍记录；“有不确定动物”选项用于后期核查或者完善之前的鉴定记录；“有已识别动物”选项用于后期查看该位点拍摄的动物的情况。

（2）鉴定界面正下方的“分组探测时间间隔”选项，主要用于对大量影像资料进行批量鉴定。用户在实际工作中可以自行调节间隔时间。

（3）在鉴定过程中，设计了对照片和视频评分的选项，设计该选项的目的主要是方便后期快速查看优质照片。

（4）在进行物种鉴定时，物种名称的填写有联想功能，只需输入关键字即可。

（5）如果一个影像文件中出现了2种或者多种野生动物，就可点击鉴定界面右侧“温度”选项下方的“增加物种”选项，即可增加识别物种。

（6）在鉴定界面上除了需要标注物种名称外，还需要对影像画面中物种的数量、行为进行标记，某些特殊信息还可以在备注栏中进行补充。

4. 科学存储，智能查询

待监测影像数据完成了识别鉴定和信息补充之后，就可以利用“影像文件管理”功能实现对监测数据的科学存储和智能查询。使用该功能时可以根据监测项目名称、物种名称、项目位点名称、鉴定状态、拍摄日常、拍摄物种科研价值评分、拍摄影像画质评分、拍摄日期、影像文件类型等条件进行筛选，实现精准查询。

5. 专业剖析，智能报告

数据分析模块是CDMS的核心部分，在研发设计上分为基础分析功能、高阶分析功能以及决策辅助功能，并涉及红外相机状态、野生动物信息以及人类活动信息3个方面。基础分析功能：对红外相机自身的布设情况、运行状态、野生动物多样性、拍摄情况、干扰类型和频次等进行初步分析；高阶分析功能：在基础分析功能上增加了物种多样性、种群、干扰等时空动态，并分析干扰与野生动物种群间的关联影响；决策辅助功能：基于相机状态、野生动物信息、人类活动信息等衍生出的对监测日程管理、相机布设方案优化、关键区识别物种预警和干扰管控等方面的建议。

现阶段的基础分析功能主要包括相机状态分析、物种多样性分析、相对丰度分析、人类活动干扰分析等。用户可以一键式生成带有统计表格、统计图、结合WebGiS 的可视化展示图和文字的分析报告。

在利用数据分析模块时，可以根据监测项目、监测时间、相机位点等条件开展一键式智能分析并生成分析报告。

6. 深度挖掘，多维转换

CDMS基于其强大的存储、管理、分析等能力，可以对监测影像和数据进行深度挖掘，专业剖析监测数据的生态学价值，进行科研与宣传的转换。

科研上，可以利用CDMS撰写专业报告、科研论文、学术著作等。

宣传上，可以将CDMS快速筛选出的高科研价值、高拍摄画质的影像，用于媒体报道；可以在CDMS智能化分析基础上，撰写推文，然后在微信公众号等新媒体上推广，也可以从中选择好的题材来撰写科普文章；还可以把从中筛选出的精美影像剪辑成科普宣传短片或制作成红外影像图册等。

第三节　常用的评估指标和数据分析模型

一、抽样强度评估

红外相机技术是研究野生动物的重要工具，其中取样强度的充分性对于数据的可靠性和科学性至关重要。研究人员常利用稀疏化物种累积曲线评估取样量是否充分。稀疏化物种累积曲线是一种用于估计物种多样性和评估抽样效率的工具。它通过随机抽取样本，记录物种出现的频率，然后重复这个过程多次，最终生成一条曲线。这条曲线展示了不同抽样强度下捕获的物种数量，帮助研究人员判断是否已经充分抽样。

1. 稀疏化物种累积曲线的主要绘制方法

（1）利用软件Excel或Origin进行绘制。收集红外相机监测数据，包括每个相机位点记录的物种和对应的有效相机工作日；针对不同的抽样强度（通常以抽样次数或有效相机工作日为单位），计算每次抽样的物种数量；利用软件Excel或Origin绘制抽样次数、有效相机工作日与物种数量之间的曲线。

（2）利用R语言中的vegan包或iNEXT包进行绘制。在R语言中，可以使用vegan包中的specaccum函数来绘制稀疏化物种累积曲线。首先，导入监测数据并将其转化为适当的格式；然后使用specaccum函数计算不同抽样次数下的物种累积情况；最后利用绘图函数绘制稀疏化物种累积曲线。此外，也可以使用iNEXT包进一步评估物种多样性的丰富度和抽样强度。

2. 观察稀疏化物种累积曲线应注意的几个方面

（1）曲线的饱和性：如果曲线在一定的抽样次数时趋于平稳，表示取样量相对充分，可以捕捉到大部分物种。

（2）曲线的斜率：较陡峭的曲线表示物种多样性差异较大，可能需要更多的抽样次数来稳定结果。

（3）曲线的置信区间：某些软件会提供曲线的置信区间，其可帮助判断结果的可靠性。

通过对稀疏化物种累积曲线的评估，研究人员可以更好地了解野生动物监测数据的充分性，并决定是否需要增加抽样强度，从而更全面地理解物种多样性。

二、物种种群相对多度与分布

1. 相对多度指数（relative abundance index，RAI）

RAI也被称为拍摄率，指某一调查区域内每100个有效相机工作日所获得的某个物种在所有相机监测位点下的独立有效记录数。该指数常被用来分析红外相机拍摄到的鸟兽物种的相对种群数量。其计算公式为：

$$\mathrm{RAI} = A_i / T \times 100$$

式中，A_i表示第i类（i = 1，2，3，…）动物的独立有效记录（照片或视频）数，T表示总的有效相机工作日（O'Connell et al.，2011；肖治术，2019b）。有效相机工作日和独立有效记录的定义如下。

（1）有效相机工作日：将单一监测位点下的1台或多台红外相机看作一个整体，将多台红外相机同时持续正常工作或单独1台红外相机持续正常工作24 h记为1个有效相机工作日。

（2）独立有效记录：将单一监测位点下1台或多台正常工作的红外相机拍

摄的数据视为1个独立的有效监测点数据集，将其中同种个体的相邻拍摄时间间隔至少为30 min的有效记录（照片或视频）定义为独立有效记录（O’Brien et al.，2010）。

基于RAI，可进一步拓展分析不同时间、不同地点之间物种种群相对数量的差异性。例如，可以通过计算不同年度的拍摄率（year capture rate， YCR）和不同区块的拍摄率（functional area capture rate，FCR）来分析鸟兽物种拍摄率的时空变化（李生强，2017；邓玥 等，2022）。其计算公式为：

$$\mathrm{YCR} = n_y / T_y \times 100\%$$

$$\mathrm{FCR} = N_f / T_f \times 100\%$$

式中，y代表年度，n_y代表不同年度下鸟兽物种的独立有效记录数，T_y代表不同年度下的有效相机工作日；f代表不同区块，N_f代表不同区块下鸟兽物种的独立有效记录数，T_f代表不同区块下的有效相机工作日。

2. 位点占有率（site occupancy，SO）

位点占有率是指拍到某物种的相机位点数占所有正常工作的相机位点数的百分率。计算公式为：

$$\mathrm{SO}=S_i / S \times 100\%$$

式中，S_i表示拍到第i类（i=1，2，3，…）动物的相机位点数；S表示所有正常工作的相机位点数（肖治术，2019b）。

3. 网格占有率（grid occupancy，GO）

网格占有率表示拍到某物种的网格单元数占所有正常工作的网格单元数的百分率。将研究区域按照公里网格进行划分，网格面积通常为1 km × 1 km。常规监测下，往往在每个网格内设置1个监测位点并布设1台红外相机。特殊监测需求下，如在开展高山雪豹调查时，网格面积大小可灵活调整为5 km × 5 km，同时在网格内可设置2~3个甚至更多的监测位点。其计算公式为：

$$\mathrm{GO} = G_i / G \times 100\%$$

式中，G_i表示拍到第i种（i = 1，2，3，…）动物的网格单元数，G表示红外相机覆盖的网格单元总数（肖治术，2019b）。

4. 分布区重叠指数（distribution overlap index，DOI）

以相同的分布网格作为重叠分布区，将相同的分布网格数占两者合计分布网格数的比值定义为分布区重叠指数。该指数常被用来分析目标物种与其主要猎物或干扰因子之间的分布关系。其计算公式为：

$$\mathrm{DOI}=N_i / (AN_i - N_i) \times 100\%$$

式中，N_i表示第i类（i=1，2，3，…）目标物种与其主要猎物或干扰因子分布相同的网格数；AN_i表示第i类（i=1，2，3，…）目标物种与其主要猎物或干扰因子单独分布网格数的累加值（李生强 等，2024）。

5. 野生动物图片指数（wildlife picture index，WPI）

WPI是O'Brien等（2010）提出的用于估计大中型野生动物相对多度的综合指标。WPI的计算主要基于红外相机监测数据，应用域模型估计群落中每个物种在一段时间内的占域率。例如，对于WPI的计算：要先算出这个调查点k上所有物种（n个）在j时间内的占域率；然后分别算出这些物种与调查起始所有物种占域率的比值；最后取这些比值的几何平均值，这个值就是该调查点在这个时间的WPI。一般情况下，采用调查起始年作为计算WPI的参考基线。（Beaudrot et al.，2016）。其计算公式为：

$$\mathrm{WPI}_{jk} = \sqrt[n]{\prod_{i=1}^{n} O_{ijk}}$$

$$O_{ijk} = \frac{\Psi_{ijk}}{\Psi_{i1k}}$$

式中，O_{ijk}表示调查点k的物种i在时间j的相对占域率；Ψ_{ijk}表示调查点k的物种i在时间j的占域率；Ψ_{i1k}表示调查点k的物种i在调查起始时间的占域率。

6. 物种丰富度分布图

基于对监测数据的分析，可利用ArcGIS软件绘制出能够展示研究区域内野生动物丰富度分布情况的示意图。常用的方法有以下2种。

（1）基于分布位点进行绘制。第一，详细统计研究区域内每个有效相机位点拍摄的物种种类数；第二，完善相机安放位点坐标统计表，给每个相机位点添加赋值（补充拍摄到的物种数）；第三，将相机安放位点加载到ArcGIS软件上；第四，利用每个位点对应的拍摄物种数进行分类，将每个位点图标大小分级展示，以圈的大小来表示物种种类数量的差异。如图2-17所示。

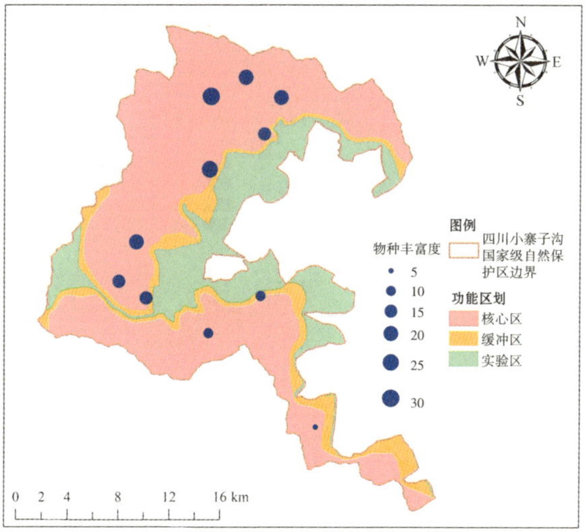

图2-17　基于分布位点绘制的研究区域物种丰富度分布图

（2）基于分布网格进行绘制。第一，将研究区域划分为标准的监测网格，若按照标准公里网格进行监测，则网格大小为1 km × 1 km。若基于大熊猫重点区域监测网格进行监测，则网格大小为1.414 km × 1.414 km（约2 km^2），以此类推。第二，结合每个有效相机位点的空间分布，详细统计每个监测网格中的拍摄物种数。第三，根据监测网格中的拍摄物种数对监测网格进行分类、分级展示，可用监测网格颜色的深浅程度来表示不同监测网格中物种种类数量的差异。

实际应用中也可以用分布位点来统计，在每个监测网格中取1个位点来统计物种数量，然后利用ArcGIS软件中的空间连接工具Spatial Join创建位点数据与监测网格的串联关系，最后对生成的串连关系图层进行分级展示，并调整颜色。示例如图2-18所示。

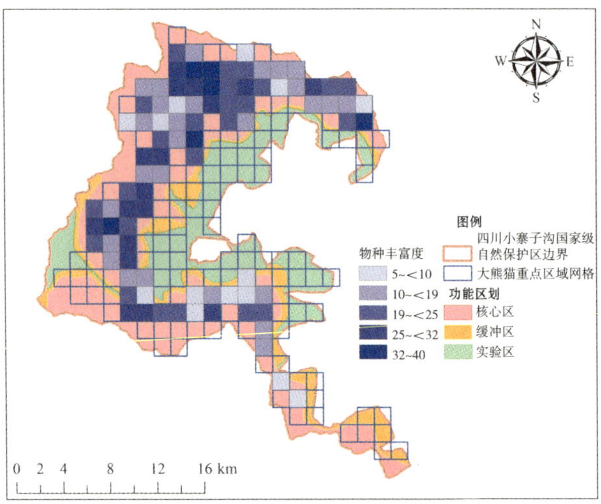

图2-18　基于分布网格绘制的研究区域物种丰富度分布图

7. 单一物种分布密度图

可根据某一物种在每个分布位点下的独立有效记录数或者计算的某一物种在每个分布位点下的RAI绘制单一物种分布密度图。常用的方法有以下3种。

（1）基于分布位点进行绘制。第一，详细统计研究区域内每个有效相机位点拍摄到的某一物种的独立有效记录数和每个有效相机位点的工作日，从而进一步计算某一物种在每个分布位点下的RAI。第二，完善某一物种分布位点坐标统计表，给每个分布位点添加赋值（补充每个分布位点下的RAI）。第三，将物种分布位点加载到ArcGIS软件上。第四，利用物种分布位点对应的RAI对物种分布位点进行分类，将每个位点图标分级展示，以圈的大小来表示物种种类数量的差异。其出图效果与图2-17类似。

（2）基于分布网格进行绘制。第一，将研究区域划分为标准的监测网格。第二，结合每个有效相机位点的空间分布，详细统计每个监测网格中的某一物种的独立有效记录数和每个有效监测网格的工作日，从而进一步计算某一物种在每个监测网格中的RAI。第三，根据监测网格中某一物种的RAI对监测网格进行分类、分级展示，可用监测网格颜色的深浅程度来表示不同监测网格中物种种类数量的差异。

实际应用中也可以用分布位点来统计，在每个监测网格中取1个位点来统计某一物种的独立有效记录数和每个有效监测网格的工作日，从而进一步计算某一物种在每个监测网格中的RAI，然后利用ArcGIS软件中的空间连接工具Spatial Join创建位点数据与监测网格的串联关系，最后对生成的串联关系图层进行分级展示，并调整颜色。其出图效果与图2-18类似。

（3）基于核密度估计方法进行绘制。此方法是基于物种分布位点进行分析，不必分析每个位点上的拍摄情况，实际应用中也不局限于红外相机拍摄位点，而是将监测过程中发现的所有物种分布位点一并进行统计。该方法的绘制步骤为：首先将某一物种所有分布位点加载到ArcGIS软件中；然后利用Kernel Density功能对分布位点进行聚集密度分析；最后根据聚集密度将整个研究区域划分为极低、低、中、高、极高5类密度聚集区域（也可展示密度区间），其中聚集密度最高的区域为种群聚集中心。如图2-19所示。

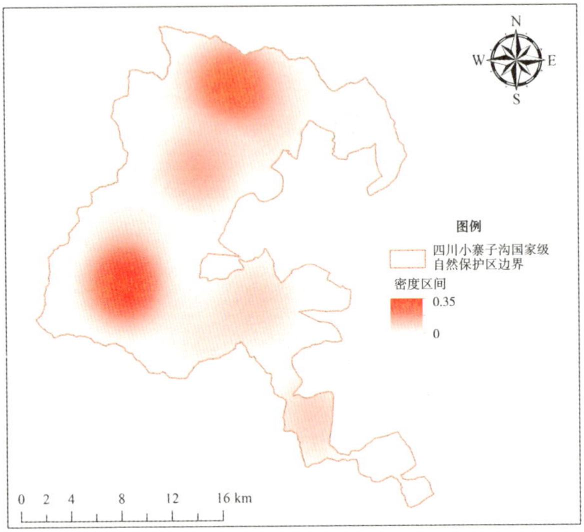

图2-19　基于核密度估计方法绘制的研究区域物种丰富度分布图

三、物种多样性相关指数

1. 物种丰富度指数

物种丰富度指数是最简单、最古老的物种多样性测度指标，主要关注的是生物群落中存在的物种数量。物种丰富度指数并没有一个标准的计算公式，因为有多种指标都可以用来评估或计算物种丰富度。以下是一些常用的指标及其计算方法。

（1）物种数量：这是最简单的指标，直接计算某个区域或样本中的物种总数即可。例如，研究区域中共拍摄到10种不同的野生动物，则该研究区域的物种丰富度为10。

（2）Margalef丰富度指数：该指数于1958年提出，其计算公式为：

$$D_{\mathrm{Ma}} = \frac{(S-1)}{\ln N}$$

式中，D_{Ma} 表示Margalef丰富度指数，S表示物种数量，N表示样本中所有个体的总数（马克平，1994）。

（3）Menhinick丰富度指数：该指数于1964年提出，其计算公式为：

$$D_{\mathrm{Me}} = \frac{S}{\sqrt{N}}$$

式中，D_{Me} 表示Menhinick丰富度指数，S表示物种数量，N表示样本中所有个体的总数（马克平，1994）。

（4）Monk丰富度指数：该指数于1966年提出，其计算公式为：

$$D_{\mathrm{Mo}} = \frac{S}{N}$$

式中，D_{Mo}表示Monk丰富度指数，S表示物种数量，N表示样本中所有个体的总数（马克平，1994）。

（5）Gleason丰富度指数：该指数于1992年提出，其计算公式为：

$$D_{\mathrm{Gl}} = \frac{S}{\ln A}$$

式中，D_{Gl} 表示Gleason丰富度指数，S表示物种数量，A表示样方面积（马克平，1994）。

2. 辛普森多样性指数

辛普森多样性指数又称优势度指数，最早于1912年由Gini提出，1949年由Simpson正式公布，可对多样性的反面即集中性进行度量。该指数是在群落的类群组成基础上进一步推算出来用以表达群落组成状况的指标。辛普森多样性指数越大，生物群落内不同种类生物数量分布越不均匀，优势生物的生态功能越突出。假设物种i的个体数占群落中总个体数的比例为P_i，那么随机抽取物种i两个个体的概率就是P_i^2。如果将群落中全部物种的概率合起来，就可以得到辛普森多样性指数D，其计算公式为：

$$D = 1 - \sum_{i=1}^{S} P_i^2$$

式中，S表示物种数量。辛普森多样性指数的最小值是0，最大值是（$1-\frac{1}{S}$）。最小值时全部个体均属于同一个种，最大值时每个个体分别属于不同的种（马克平 等，1994）。

3. 香农-维纳多样性指数

1948年香农和维纳在他们的著作*The Mathematical Theory of Communication*中首次提出香农–维纳多样性指数，该指数是一种常用的测量群落异质性的指数。如果群落中每一个体都属于不同的种，则香农–维纳多样性指数就最大；如果群落中每一个体都属于同一种，则香农–维纳多样性指数就最小。香农–维纳多样性指数的计算公式如下：

$$H' = -\sum_{i=1}^{S} P_i \ln P_i$$

式中，H'表示香农–维纳多样性指数，S表示物种数目，P_i表示第i种物种在样本中的相对丰度（即在样本中的比例）。在红外相机监测中可以将P_i视为第i种兽类或鸟类的独立有效照片数占独立有效照片总数的比例（马克平 等，1994）。

4. Pielou均匀度指数

Pielou（1969）把均匀度（J）定义为群落的实测多样性（H'）与最大多样性（H'_{max}，即在给定物种S下的完全均匀群落的多样性）的比例。常用的Pielou均匀度指数是基于香农–维纳多样性指数进行计算，计算公式为：

$$J = \frac{H'}{H'_{max}}$$

$$J_{\max} = \frac{-\sum P_i \log P_i}{\log S}$$

5. G-F指数

该指数于1999年由蒋志刚和纪力强提出。利用在生物普查中得到的鸟类和兽类名录，再基于信息测度的香农–维纳多样性指数，可以计算出属间的多样性（G指数）、科间的多样性（F指数）以及标准化的G–F指数。如果一个地区仅有1个物种或仅有几个不同科的物种，则定义该地区的G–F指数为0（蒋志刚 等，1999）。其计算公式为：

$$D_{\mathrm{F}} = -\sum_{k=1}^{m} D_{\mathrm{FK}}$$

$$D_{\mathrm{FK}} = -\sum_{i=1}^{n} P_i \ln P_i$$

式中，D_{F}表示F指数，D_{FK}表示一个特定的科（K）的F指数，n为物种名录中K科中的属数，m为物种名录中的科数。

$$D_{\mathrm{G}} = -\sum_{i=1}^{P} q_{\mathrm{j}} \ln q_{\mathrm{j}}$$

式中，D_{G}表示G指数，P表示物种名录中的属数。$q_{\mathrm{j}} = \frac{S_{\mathrm{j}}}{S}$中，$S$为物种名录中的物种数，$S_{\mathrm{j}}$为物种名录中j属的物种数。

$$D_{\mathrm{G-F}} = 1 - \frac{D_{\mathrm{G}}}{D_{\mathrm{F}}}$$

6. 种相似性系数

种相似性系数或称为Jaccard系数。Jaccard（1901）首次提出这一概念和运算关系式，用以研究不同地区物种区系的亲缘程度。其计算公式为：

$S_{\mathrm{J}} = c/(A+B-c) \times 100\%$或者 $S_{\mathrm{J}} = c/(a+b+c) \times 100\%$

式中，S_J为种相似性系数，A为甲地区全部种数，B为乙地区全部种数，c为两个地区共有的种数，a为甲地区独有种数，b为乙地区独有种数，A、B、c均不含世界种和外来种。

1948年Sprenson对Jaccard提出的公式进行了修正，提出了种相似性系数的另一种计算公式，计算公式如下。

$$S_S = [2c / (A+B)] \times 100\%$$

式中，S_S表示种相似性系数。

Sprenson充分论证了该公式，结论是该公式更符合统计学理论，因此该计算公式被广泛应用。

这里需要指出的是，种相似性系数同两个区系中的种的存在度有关，因此其数值是以定量形式反映区系间地理分布、起源发生等方面的定性关系。在此基础上，每一种的优势度等级、数量等是两个地区区系定量比较的基础数据。要想更深入地分析，还需要结合科、属的相似分析及对专科、专属及其他地理成分的研究。

四、物种日活动节律分析

哺乳动物的活动类型可以分为以下4种（原宝东 等，2011）。

（1）夜行型：夜晚活动。

（2）夜行晨昏型：主要在夜晚活动，在晨昏有2个活动高峰。

（3）昼行晨昏型：主要在白天活动，在晨昏有2个活动高峰。

（4）昼行型：白天活动。

目前关于物种日活动节律的分析方法有2种：基于时间段相对多度来分析；基于核密度估计方法来分析。

1. 基于时间段相对多度来分析

以每2 h为间隔计算各个时间段的相对多度指数（time-period relative abundance index，TRAI），进而分析某种动物的日活动节律。其计算公式为：

$$TRAI = T_{ij} / N_i \times 100$$

式中，T_{ij} 代表第 i 类（i=1，2，3，…）动物在第 j 时间段（j=1，2，3，…）出现的独立有效记录数，N_i 代表第 i 类动物的独立有效记录总数。

同时，以晚上8点到次日早上6点作为夜间参考时间段，计算出夜间相对多度指数（Night-time relative abundance index，NRAI），进而分析物种的夜行性。其计算公式为：

$$NRAI = D_i / N_i \times 100$$

式中，D_i表示第i类（i=1，2，3，…）动物在夜间时间段出现的独立有效记录数；N_i表示第i类动物的独立有效记录总数（Azlan et al.，2006；武鹏峰 等，2012）。如图2-20所示。

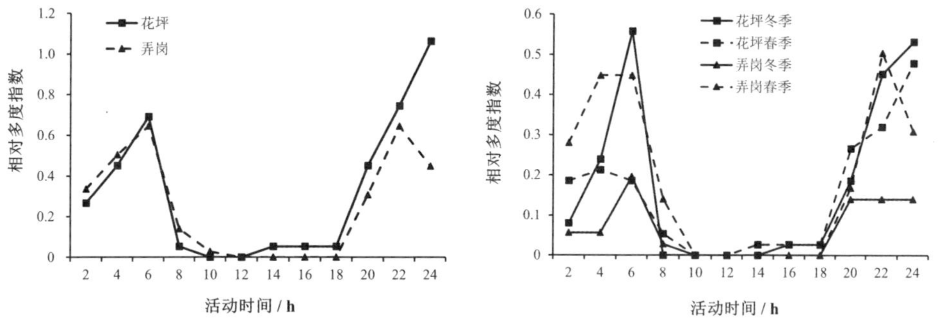

图2-20　鼬獾的日活动节律比较

2. 基于核密度估计方法来分析

该方法假设目标物种的行为活动呈24 h周期性连续分布，目标物种的行为事件的有效记录为连续分布中获得的随机样本。该方法根据数据样本本身分析数据分布特征，在数据分析中不对数据分布外加任何假设（Ridout & Linkie，2009）。该方法主要利用R语言中的overlap包（Meredith & Ridout， 2014）和activity包（Rowcliffe，2016）来绘制核密度曲线图。其中，横轴代表时间，纵轴代表该时间点上目标物种被探测到的概率（肖梅 等，2022）。利用R语言对日活动节律数据进行分析的具体流程如下。

（1）将独立有效记录的时间转化为弧度数据。首先将原始时间数据（时:分: 秒）转为小数（数值范围0~1），然后再转化为弧度数据。

（2）导入overlap包，用densityPlot()函数来绘制单物种的核密度曲线图。曲线的平滑度由densityPlot()函数的adjust参数调整（adjust≥1时为默认值，绘制平滑曲线；adjust<1时，绘制螺旋曲线）。根据Ridout和Linkie（2009）的模拟结果，建议用adjust= 0.8计算Δ1，adjust=1计算Δ4。

（3）采用重叠指数来比较单一物种不同季节或者同一季节不同物种间的日活动节律重叠程度，利用activity包的overlapEst()函数来绘制日活动节律的重叠图，并利用该函数的分布曲线重叠面积比（当分布曲线重叠面积比为0时，表示完全分离；当分布曲线重叠面积比为1时，表示完全重叠）来表示具体的重叠程度（Azevedo et al.，2018）。

（4）利用activity包中的compareCkern()函数的Wald test对物种日活动节律进行概率检验，将循环检测设定为1 000次（Rowcliffe，2016），以此来分析日活动节律的差异性。重叠指数根据不同季节选取较小的样本数来计算，当样本量＜50时采用Dhat 1值，当样本量＞75时采用Dhat 4值（Azevedo et al.，2018）。所有检验的差异显著水平设定为$P<0.05$。如图2-21所示（陈立军 等，2019）。

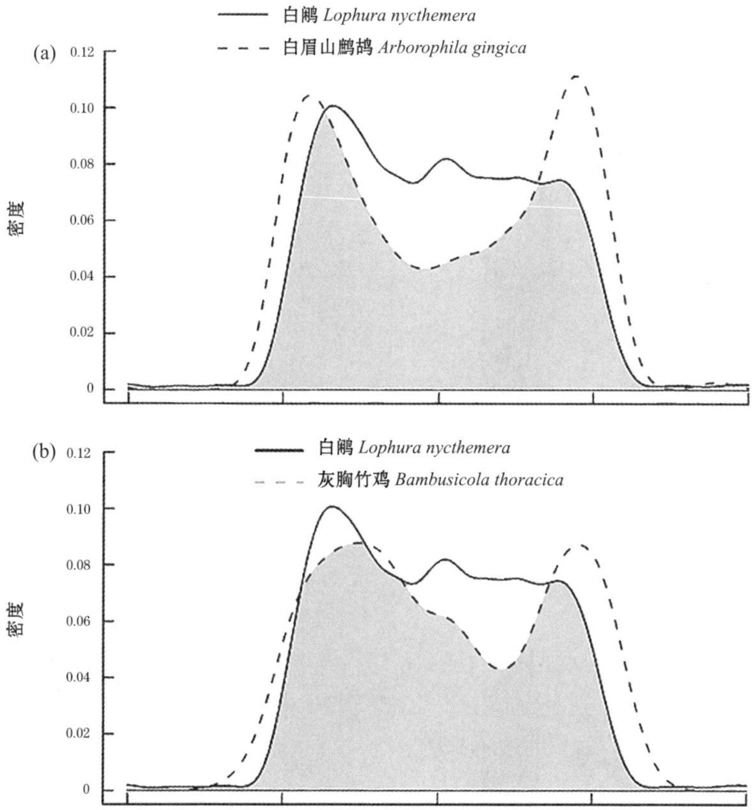

图2-21　广东车八岭国家级自然保护区白鹇和白眉山鹧鸪、白鹇和灰胸竹鸡的日活动节律曲线比较（灰色为重叠区域）

值得注意的是，上述由核密度估计方法初步绘制的核密度曲线图虽能代表某一物种的日活动节律，但在评估物种活动高峰上存在一定缺陷，主要表现在难以准确评估出物种日活动高峰持续时间。因此，已有不少学者利用条件密度等值线图来确定物种的活动高峰。条件密度等值线图是利用R语言中的circular包的modal. region函数来绘制的。通常以50%的内核阈值来计算活动比例集中的周期并以此来表征活动高峰期（Oliveira-Santos et al.，2013；肖梅 等，2022）。如图2-22所示。

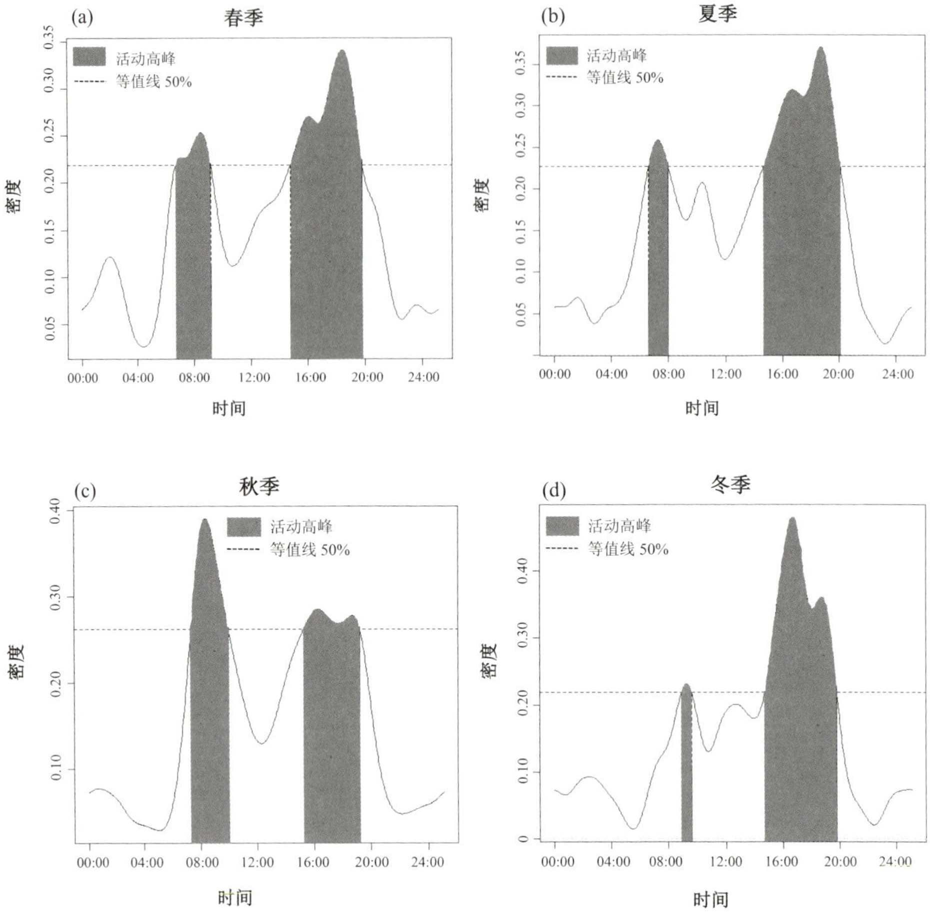

图2-22　四川羚牛（*Budorcas tibetanus*）不同季节下的日活动节律比较

五、占域模型介绍

1. 基本理论

占域模型主要用于评估某个物种在不完全探测情况下的探测率和实际栖息地占域率（MacKenzie et al.，2006）。

典型的占域研究包括确定整体样本和选择样本单元，其基于选择的样本单元开展调查并得出结论（MacKenzie & Royle，2005）。占域研究在野外的实现方式是开展重复的“探测到-未探测到”调查，该调查是基于位点水平的计数。在占域研究中，探测到目标物种的位点的占域状态是确定的，但对于未探测到目标物种的位点的占域状态是不确定的（物种有“出现”和“不出现”两种可能）。当探测率未被整合到“探测-未探测到”的模型中时，由于计数（物种被探测到的位点数量）和所关注的参数（占据率）之间的关系未知，因此结论的可信度将大大降低。

在传统的占域模型中探测到的物种位点所占百分比因存在一些未知多变的因素而有偏差（Bailey et al.，2004），这往往阻碍了真实占据率的获取，从而影响对物种分布状态变化的准确评估。现代的占域模型明确地处理了未探测到的情况，并且尽量对占据率和相关的动态参数提供无偏的估计（MacKenzie et al.，2006）。MacKenzie等（2002）基于最大似然法构建了一种占域模型，其基本思路是通过对研究区域的单元样本多次调查，记录目标物种是否被探测到（探测到记为“1”，未探测到记为“0”），并构建每个抽样单元的探测历史。例如，抽样单元i通过5次探测建立的探测历史为“00101”，考虑探测率的不完全性，该历史记录的探测概率（P_r）为：

$$P_r(00101)=\Psi(1-p_1)(1-p_2)\,p_3\,(1-p_4)\,p_5$$

其中，ψ表示占域率，p_1、p_2、p_3、p_4、p_5分别表示5次的探测率。

对于探测历史为“00000”，可能有两种原因：一种是该样本单元被目标物种占据，但在调查期间没有探测到，另一种可能就是该单元未被占据。该探测历史的概率可以表示为：

$$P_r(00000)=\Psi(1-p_1)(1-p_2)(1-p_3)(1-p_4)(1-p_5)+(1-\psi)$$

占域模型通常用最大似然法求解，如果占域概率受环境因素的影响，该模型可以表示为：

$$\text{Logit}(\Psi_i)=\beta_0+\beta_1x_{i1}+\beta_1x_{i2}+\cdots+\beta_Ux_{iU}$$

其中，ψ_i表示采样单元i的占域概率，x_{i1}，x_{i2}，…，x_{iU}分别表示U个协变

量，β_0，β_1，…，β_U为相应协变量的回归系数，用来衡量协变量对占域概率的影响程度。

占域模型解决了探测不完全的问题，收集数据的过程也相对简单，只需要“观测到－未观测到”数据，并且取样形式多样，数据来源广泛。可以直接观测动物或观测代表物种出现的一些指标（如粪便、足迹等）。此外，占域调查比收集多度或密度信息需要投入的时间和经费少，更容易在不同空间尺度上开展物种分布格局研究，是一种经济有效的模型方法（肖治术，2019b；肖文宏 等，2019）。

2. 基于占域模型框架的红外相机监测工作的流程

1）红外相机野外布设

在占域模型架构下，红外相机要遵循随机布设原则或架设在最易观测到目标物种的位置，相机之间的最小空间间距应大于目标物种的活动家域。野外布设红外相机前，最好通过模拟提前确定需要投入的位点数量和重复调查次数（MacKenzie & Royle，2005）。一般而言，研究区域布设的红外相机总位点数最少保证40个，理想情况下应多于100个（Shannon et al.，2014）。对于大多数易观测的物种，每个位点的有效相机工作日应保证不少于30个，若观测率小于0.05，每个位点应至少保证80个有效相机工作日。对于大多数物种来说，它们的总有效相机工作日应多于1 000个，稀少或观测率较低的物种应多于5 000个（Wearn & Glover-Kapfer，2017）。调查周期依目标物种而定，理想情况下应小于6个月，以满足种群封闭条件。

2）建立观测历史

定期采集野外监测数据并完成数据整理、分析和物种识别鉴定。在此基础上提取占域模型数据分析所需要的信息，必需的信息包括物种名称、拍摄位点和日期。根据重复采样的次数，将以上数据转化为以采样单元（即样点或网格）为行名，以重复调查次数为列名的0－1（未探测到－探测到）格式的数据。另外，可结合实际情况提取影响占域率和探测率的协变量信息，如相机型号、调查时间、森林类型、海拔、坡度等信息（肖治术，2019b；肖文宏 等，2019）。

3）监测数据分析

最大似然法是占域模型数据分析常用的统计方法，常用参数化自助法来检验模型的拟合优度，用赤池信息量准则进行模型选择（MacKenzie & Bailey，2004）。复杂的模型通常需要用基于贝叶斯理论的BUGS编程语言，用贝叶斯*p*值和查看后验分布来检验模型适合度，用偏差信息量准则进行模型选择，常用的软件有WinBUGS和JAGS（MacKenzie et al.，2017）。

六、栖息地评估模型

目前，基于3S技术［地理信息系统（GIS）、遥感（RS）、全球定位系统（GPS）的统称和集成］以及数学统计方法等发展而来的栖息地评估模型和相关分析方法已经很多了，它们大体上可以分为3类：机理模型、回归模型和生态位模型。

1. 机理模型

机理模型以生态气候模型（又称气候动态模型）和栖息地适宜度指数（habitat suitability index，HSI）模型为代表。

其中生态气候模型最早应用在澳大利亚，用来预测农业害虫的适生区，以预防农业害虫。目前其主要用于对林业有害昆虫、外来入侵物种（昆虫和植物）的适生区进行预测。生态气候模型主要基于物种已知的分布区及其生物学数据来运行，首先在CLIMEX 3.0软件中设定物种适生区预测的初始参数值，然后根据其已知分布区（一般将原产地作为物种适宜发生地）作为参数调整的依据，对模型运算结果和现有地理分布进行反复比对，使预测的潜在地理分布范围与实际地理分布情况达到最大程度的拟合，接着确认影响物种在地理分布的生态气候参数体系，运算模型后获得生态气候指数，导入ArcGIS软件，最终生成物种的适生区分布图。例如，徐强等（2023）利用生态气候模型评估了密花豚草在全球及在我国的适生范围和适生程度。

HSI模型由美国鱼类和野生动物署于20世纪80年代提出。HSI模型通常针对目标物种，假设该物种的丰富度与栖息地环境因子间存在着响应关系，从而评估栖息地适宜度。栖息地适宜度指数有单变量格式、二元格式和多变量格式3种格式。HSI模型首先利用回归模型对物种的各个环境因子进行分析，得到栖息地指数，然后利用平均算法将各个环境因子的栖息地指数整合成一个综合的指标，最终以0~1的数值来表示物种的适宜生境。例如，夏继红等（2022）以浙江省龙游县社阳溪厚唇光唇鱼（*Acrossocheilus labiatus*）为代表性鱼类，利用广义可加模型和HSI模型，构建了社阳溪厚唇光唇鱼生境适宜性评估模型，并分析其生境适宜性阈值范围及分区。

2. 回归模型

回归模型主要有广义可加模型和逻辑斯蒂回归模型，尤其以逻辑斯蒂回归模型为代表。

广义可加模型是分析生态学空间格局的重要方法之一，它能应用非参数的方法检测数据结构，找出其中规律，进而得到较好的预测结果。由于其具有能直接处理响应变量与多个解释变量之间的非线性关系的优点，因此被广泛应用于探究种群分布的时空特征及其与环境因子之间的关系。例如，张西阳等（2015）首次利用广义可加模型分析了珠江口中华白海豚（*Sousa chinensis*）密度分布与海水水质因子的关系。

逻辑斯蒂回归模型主要对物种利用–非利用的分类因变量进行建模分析，其预测值的概率为0~1。如果利用的概率为P，则非利用的概率为（$1-P$）。逻辑斯蒂回归模型的变量可以同时包含连续变量（如距居民点距离）和分类变量（如植被类型、土地利用类型等）。该模型对变量的使用较为灵活，适用性也较广（赵青山 等，2013）。最终基于逻辑斯蒂回归模型的参数结果可以了解单个变量的影响效果（正面影响还是负面影响）和影响大小。例如，葛志勇（2012）利用逻辑斯蒂回归模型分析了吉林黄泥河国家级自然保护区内野猪（*Sus scrofa*）和狍（*Capreolus pygargus*）冬季栖息地选择中的关键环境因子；邹丽丽等（2012）基于逻辑斯蒂回归模型，对香港米埔–后海湾湿地中鹭科水鸟栖息地与环境因子的关系进行了分析。

3. 生态位模型

在生态系统中，物种所需的生境最小阈值被视为物种的生态位。生态位模型以物种自身较稳定的特有生态位为前提，仅需要物种的利用数据，并基于该数据点，对与这个点有关联的环境变量参数进行分析，从而预测该物种的潜在地理分布。目前，生态位模型主要有基于遗传算法的规则组合模型、分类回归树模型、生态位因子分析模型、生物气候分析和预测系统模型，以及最大熵（maximum entropy，MaxEnt）模型等。生态位模型现被广泛应用于生境选择、分布区预测、外来物种入侵风险预测、气候变化对物种的分布影响预测等多个方面。

基于遗传算法的规则组合模型可以利用Desktop GARP软件实现。Desktop GARP软件共有4种规则类型：Atomic、Range、Negated Range和Logistic regression，可以选择单个规则、组合多个规则或者用全部规则进行分析。例如，马德龙等（2022）利用基于遗传算法的规则组合模型对斑体花蜱在中国的适生区进行了预测。

分类回归树模型是被广泛用来模拟分析物种分布的生态位模型，也是被广泛用来模拟分析气候变化对物种分布影响的方法。在该模型的分析中，首先根据物种目前分布范围与部分基准气候情景数据求出模型参数，再利用基准气候情境模拟物种在当前气候条件下的分布，并与观测分布对比评估模拟效果。分类回归树模型模拟计算出的物种分布信息以概率形式呈现，一般参考国际上的做法，以概率大于0.5作为物种存在的标准，以概率小于0.5作为物种不存在的标准。例如，吴建国（2011）利用分类回归树模型，采用A2和B2气候情景，分析了气候变化对百花蒿、红砂、灌木亚菊、灌木小甘菊、戈壁藜、瓣鳞花和白梭梭等7种荒漠植物分布范围及空间格局的影响。

生态位因子分析模型是一种应用较广的生态位模型，它只需要“物种出现点”数据就可以模拟和预测物种栖息地适宜度。生态位因子分析模型中使用了3个重要参数包括边界值、特异值和耐受值，来解释物种的生态位特征。生态位因子分析模型可以在Biomapper 4.0软件中运行，生态位因子分析模型的得分矩阵中第一个因子为边际因子，其他因子为特异因子。该矩阵中数字的绝对值大小表示每个变量对各因子的贡献率。其中，边际因子的贡献率被称为边际系数，解释了该物种的所有边际性；特异因子的贡献率被称为特异系数，解释了该物种的特异性。最后采用中位数算法提取累计贡献率达到需求的前*n*个因子生成栖息地适宜度分布图。例如，林柳等（2015）结合3S技术，应用生态位因子分析模型对西双版纳亚洲象的栖息地状况开展了研究。

生物气候分析和预测系统模型是一种开发较早的分布区预测模型，具有算法简单、易于操作、通用性好等优点，被广泛用于预测物种分布和研究环境因子对物种分布的影响。在应用中，可采用DIVA-GIS软件中耦合的生物气候分析和预测系统模拟物种的潜在分布区。生物气候分析和预测系统的主要假设是生物只能生存、定殖在那些与它当前分布区的气候相匹配的地方。通过数字高程模型（digital elevation model，DEM）计算出研究物种的生物气候网格。如果物种已知分布点的气候变量落在该物种生存的气候网格之内，那么这个地区就被认为是适合物种生存的地方。根据每个网格中所有环境变量的得分，生物气候分析和预测系统将预测结果分为非适生（0）、低适生（＞0~＜2.5%）、中度适生（2.5%~＜5%）、高度适生（5%~＜10%）、极适生（10%~＜20%）、最适生（20%~39%）6个等级。例如，张兴旺等（2014）利用生物气候分析和预测系统对麻栎在中国的地理分布及潜在分布区进行了预测研究。

MaxEnt模型是目前应用得非常广泛的一种生态位模型。它具有对样本量需求少、对有少量位点偏差的数据耐受度高和预测精度高等优点。由于仅需要物种的分布位置和环境背景数据，MaxEnt模型就可以对物种分布区进行预测，因此该模型被广泛用于动植物保护、入侵物种防控、气候变化对物种分布的影响等诸多研究领域中。在应用中，需要先利用ArcMap软件对物种分布位点和环境因子数据进行处理，包括筛选有效分布位点和转换相关图层等；然后分析环境因子之间的相关性，若相关性系数的绝对值大于0.75，则根据模型预运行结果，保留贡献率大、剔除贡献率小的环境因素，并将贡献率小于1%的环境因素一并剔除；最后利用MaxEnt软件运行模型，并将模型结果导入ArcMap软件以制作物种适宜分布区示意图。例如，杨福成等（2024）基于MaxEnt模型对鸳鸯（*Aix galericulata*）的潜在越冬分布区进行了预测研究。

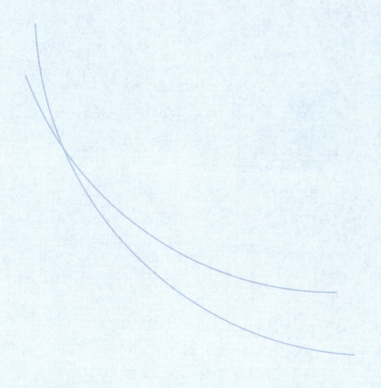

第三章 四川小寨子沟国家级自然保护区概况

四川小寨子沟国家级自然保护区（其分布详见图3-1）地处生物多样性丰富的岷山山系，位于绵阳市北川羌族自治县境内。该保护区于1979年建立，2013年晋升为国家级自然保护区，是以大熊猫、川金丝猴等珍稀濒危野生动物及其栖息地为主要保护对象的“森林和野生动物类型”自然保护区。四川小寨子沟国家级自然保护区的地理位置为东经103°45′~104°05′，北纬31°50′~32°10′，总面积为44 384.7 hm²，其中核心区为29 764.38 hm²，缓冲区为4 882.32 hm²，实验区为9 738.00 hm²，属中型自然保护区。

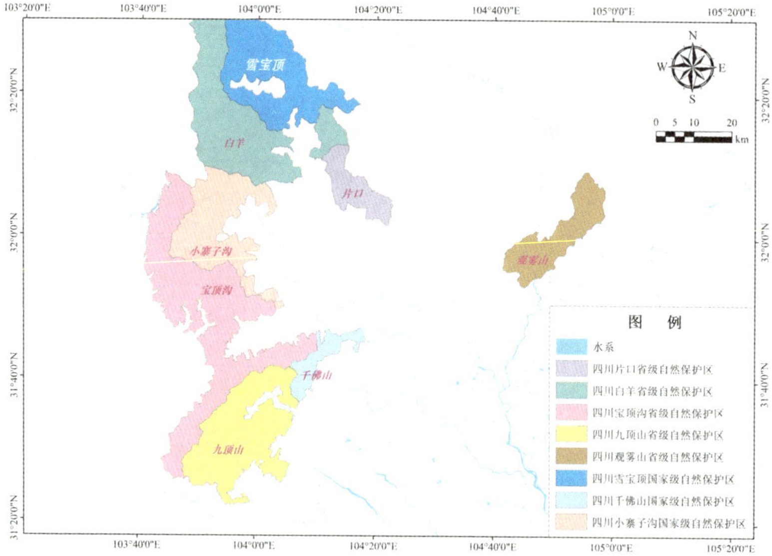

图3-1　四川小寨子沟国家级自然保护区分布示意图

第一节　历史沿革

1979年，四川小寨子沟国家级自然保护区（注：当时并不为这个名字）经四川省革命委员会①川革函〔1979〕35号文批准建立。同年7月，四川省林业局（现四川省林业和草原局）将《关于请求解决自然保护区管理机构及人员编制的报告》（川林组〔1979〕92号）上报四川省革命委员会，同年9月，四川省革命委员会办公厅发文川革办函〔1979〕34号，同意保护区管理机构为“四川北川小寨子沟保护区管理站”，站址设在小寨子沟沟口蔡家坪，为区（科）级事业单位，并确定省、县林业局共同管理，以省为主的管理体制编制8人。

1988年北编发（88）字第22号文，核定事业编制9人。

1991年北编发〔1991〕48号文，从四川北川小寨子沟保护区管理站调出2人到种苗站，四川北川小寨子沟保护区管理站实有编制7人。1991年北川县人民政府（现北川羌族自治县人民政府）完成了对保护区林地的定权发证工作。

1995年，北川县人民政府以北府函〔1995〕32号文进一步明确保护区的经营管理范围，以北林国证〔1995〕2号文重新颁发林权证，面积为7 691 hm^2。

1995年，保护区完成小寨子沟总体规划，根据总体规划中的机构设置，四川北川小寨子沟保护区管理站更名为四川小寨子沟自然保护区管理处，为副科级事业单位，其事业经费由财政解决。

1998年，青片河林业局停止采伐，企业改制。2000年，北川县人民政府发文请示四川省人民政府把青片河旅游局经营的森林范围扩入保护区，四川省人

① 1979年该机构被撤销。

民政府以川办函〔2000〕79号文正式批准把青片河林业局经营的范围扩入保护区，保护区总面积扩大至44 384.7 hm^2。

2005年，北川县机构编制委员会（现为中共北川羌族自治县委机构编制委员会）发文北编发〔2005〕2号，明确四川小寨子沟自然保护区管理处为副科级事业单位，核定事业编制40人，行政上隶属北川羌族自治县林业局管理，业务上受四川省、绵阳市林业行政主管部门领导。

2013年，国务院办公厅发文国办发〔2013〕48号，明确小寨子沟自然保护区晋升为国家级自然保护区。

2014年，绵阳市机构编制委员会以绵编发〔2014〕6号，确认四川小寨子沟国家级自然保护区的管理机构为四川小寨子沟国家级自然保护区管理处，是北川羌族自治县人民政府直属事业单位，其中主任1名（按副县级领导干部高配）。

2020年7月31日上午，大熊猫国家公园绵阳管理分局北川管理总站及内设基层管护站在四川小寨子沟国家级自然保护区管理处正式挂牌，四川小寨子沟国家级自然保护区被纳入大熊猫国家公园。

2021年10月，大熊猫国家公园正式设立，四川小寨子沟国家级自然保护区被正式并入大熊猫国家公园，是大熊猫国家公园北川片区的核心区域。

第二节　自然环境

一、地形地貌

四川小寨子沟国家级自然保护区的地质分区有巴颜喀拉秦岭区、马尔康分区和金川小区。保护区的地层发育较全，厚度大，化石稀少，具地槽型沉积建造特征。保护区内出露的岩层有志留系、泥盆系、石炭系、二叠系及三叠系等地层。

四川小寨子沟国家级自然保护区西属岷山山系，东属龙门山脉。岷山山脉区域为四川盆地向青藏高原过渡的峡谷地带，地势由西北向东南倾斜；龙门山脉区域的地势由东北向西南，呈梳状倾斜。该保护区内大部分为海拔2 500~4 000 m的中山和海拔4 000 m以上的高山。保护区内山地切割剧烈致使山高坡陡、河谷幽深，坡度一般在30°以上。保护区内最低处为花桥村，海拔为1 160 m，最高峰为插旗山，海拔为4 769 m，相对高差为3 609 m。

二、土壤情况

保护区内土壤的成土母质以变质千枚岩为主。保护区内地势高差悬殊，气候和生物带谱发生垂直更替，土壤类型也随之发生变化，形成垂直地带性分布，自下而上为黄壤、山地黄棕壤、棕壤、暗棕壤、亚高山草甸土、高山草甸土、高山寒漠土。黄壤分布于海拔1 100~1 500 m的河谷地带，以粗骨性黄壤为主；山地黄棕壤分布于海拔1 450（1 500）~2 100（2 300）m的林地；棕壤和暗棕壤分布于海拔2 200（2 300）~3 000（3 200）m的林地；亚高山草甸土分布于海拔3 100（3 200）~3 700（3 800）m的高山灌丛、亚高山草甸；高山草甸土分布于海拔 3 700（3 800）~4 000 m的高山草甸；高山寒漠土则分布于海拔4 000 m以上，如插旗山、和尚头等地。

三、水文情况

四川小寨子沟国家级自然保护区的水文属长江水系，为通口河一级支流、涪江二级支流、嘉陵江三级支流，区内河流为青片河。青片河有两处主要源头，尚午河（西源）发源于青片乡插旗山，沿途有凌冰沟、瓦西沟、小寨子沟10余条溪流汇入；正河（北源）发源于青片乡老满山，沿途有小弯沟、板棚子沟等溪流汇入。保护区的水位落差约800 m，沿途河谷幽深、河床狭窄、水流湍急，两河交汇处多年平均流量为14.1 m^3/s，枯水期为3.5 m^3/s，洪峰最高期可达90 m^3/s。

四、气候情况

四川小寨子沟国家级自然保护区的气候属北亚热带湿润季风气候类型。

（1）气温。保护区内年平均气温72~112℃，≥10℃的积温达4 500℃，最高气温25℃左右，最低气温-15℃左右，霜期从10月到翌年4月。境内皆山，气温随海拔升高而降低，形成了5个垂直气候带：海拔1 100~1 500 m的低中山，气温11.2~14.8℃，为山地暖温带；海拔1 500~2 300 m的低中山，气温7.2~11.2℃，为山地温带；海拔2 300~3 200 m的低中山、中山，最高气温仅10℃，为山地寒温带；海拔3 200~4 000 m的山岭地带，最高气温在10℃以下，为山地亚寒带；海拔4 000 m以上的高山上部，最高气温不到5℃，属山地寒带。

（2）光照。保护区内年平均日照时间为1 111.5 h，日照率为25%左右。一年中各月的日照时间与气温基本同步变化，7月日照时间最长，1月日照时间最短。

（3）太阳辐射。保护区内太阳辐射值年平均为349.03 kJ/cm^2。保护区内一年中太阳辐射值最高时为8月，其值为44.83 kJ/cm^2，最低月为16.76 kJ/cm^2，最高值约为最低值的2.67倍。

（4）降水。保护区内的降水量在月、季上分布极不均匀，夏季常形成大量降雨，且多为暴雨。全年平均降水量800 mm。降水量与气温变化大体同步，形成冬干、春旱、夏洪、秋涝的气候规律。7—10月降水量大，蒸发量小，为湿季；其余各月蒸发量大于降水量，为干季。降水主要为降雨，其次还有降雪。因为区内最低海拔为1 100 m（降雪下限在海拔900 m以下），所以冬季降雪时有发生。随着海拔的升高积雪时间逐渐延长，在海拔4 000 m以上的山岭，每年积雪时间长达7~8个月。

（5）风。冬、春季寒潮来临时，保护区内的山口和山脊常有大风。在春末及夏季，常有地方性天气引起的阵发性大风，每年2~3次，多在局部地域发生。

五、植被概况

四川小寨子沟国家级自然保护区的植被属于：亚热带常绿阔叶林区—川东盆地及西南山地常绿阔叶林地带—盆边西部中山植被地区—龙门山植被小区。

龙门山植被小区位于四川盆地西部边缘山地的北段，大部分处于龙门山地，地势西北高东南低，山谷深切。由于该植被小区纬度偏北和偏离雨屏中心，水热条件相对较差，光照条件较好，因此常绿树种中壳斗科的细叶青冈、曼青冈等，樟科的油樟、卵叶钓樟以及楠木、小果润楠、黑壳楠、木姜子等较多，其中尤以樟科的钓樟属和木姜子属的植物分布较普遍。在常绿阔叶林分布范围内，向阳干燥的坡地上还有较大面积次生的低山落叶阔叶林分布。在常绿落叶阔叶混交林中，常绿树种中曼青冈和巴东栎占优势，落叶树种以领春木、胡桃楸等为主。在亚高山常绿针叶林的下部，针叶树种主要为铁杉，其次有一定数量的华山松。亚高山常绿针叶林上部的树种组成种类较为复杂，岷江冷杉、冷杉分布面积大而且广泛，云杉属植物主要是麦吊云杉和大果青等。栽培作物集中分布在海拔1 600 m以下的河谷两边，主要为玉米、马铃薯和豆类。

保护区的自然植被共被划分为5个植被型组，即阔叶林、针叶林、灌丛和草甸与高山稀疏植被；11个植被型，即亚热带山地常绿阔叶林、亚热带山地落叶阔叶与常绿阔叶混交林、亚热带落叶阔叶林、亚热带竹林、亚热带针叶落叶阔叶混交林、亚热带常绿针叶林、亚高山灌丛、高山灌丛、亚高山草甸、高山草甸和高山流石滩植被；17个群系组，即低山偏湿性常绿阔叶林、低山常绿落叶阔叶混交林、低中山杂木落叶阔叶林、亚高山桦木落叶阔叶林、中山亚高山竹林、亚高山针叶落叶阔叶混交林、亚高山铁杉林、亚高山云杉林、亚高山冷杉林、亚高山常绿阔叶灌丛、亚高山落叶阔叶灌丛、高山常绿阔叶灌丛、高山落叶阔叶灌丛、高山常绿针叶灌丛、亚高山杂类草草甸、高山杂类草草甸和流石滩风毛菊与红景天植被。

第三节　自然资源

一、野生植物概况

根据《四川小寨子沟国家级自然保护区综合科学考察报告（2015年）》可知，保护区内的野生植物共262科882属2 150种。其中，低等植物中的大型真菌有39科79属125种，高等植物有223科803属2 025种。

参照《国家重点保护野生植物名录（2021年）》，保护区内共有25种国家重点保护野生植物，包括银杏、红豆杉、珙桐（*Davidia involucrata*）3种国家一级保护野生植物以及巴山榧、西康天女花、连香树、水青树、红花绿绒蒿等22种国家二级保护野生植物。

二、野生动物概况

根据《四川小寨子沟国家级自然保护区综合科学考察报告（2015年）》可知，保护区内的野生动物共515种。其中，鱼类有2目4科9种，两栖类有2目9科30种，爬行类有2目8科29种，鸟类有17目58科333种，兽类有7目28科114种。

参照《国家重点保护野生动物名录（2021年）》，保护区内有84种国家重点保护野生动物。其中属于国家一级保护野生鸟类的有绿尾虹雉（*Lophophorus lhuysii*）、斑尾榛鸡（*Tetrastes sewerzowi*）、胡兀鹫（*Gypaetus barbatus*）等7种，属于国家一级保护野生兽类的有大熊猫、川金丝猴、中华扭角羚等12种；属于国家二级保护野生鸟类的有血雉（*Ithaginis cruentus*）、红腹锦鸡、红腹角雉（*Tragopan temminckii*）等48种，属于国家二级保护野生兽类的有猕猴（*Macaca mulatta*）、藏酋猴、亚洲黑熊（*Ursus thibetanus*）、小熊猫（*Ailurus fulgens*）等17种。

第四章

红外相机技术在四川小寨子沟国家级自然保护区的应用与发展

第一节　监测设备与监测网格

四川小寨子沟国家级自然保护区的红外相机监测工作始于2013年。2013—2016年，保护区主要在野生动物活动较为频繁的重点区域进行监测试点，此期间布设方式以随机布设为主，重点捕获野生动物活动影像。2017年，保护区建立了标准公里网格体系并开始按照标准公里网格抽样方案进行布设，逐步增加了红外相机投入量并扩大了监测面积。

自2017年以来，保护区累计采购红外相机425台，其中2017年采购了50台，2018年采购了25台，2019年采购了100台，2020年没有采购，2021年采购了150台，2022年没有采购，2023年采购了100台。同时，保护区内红外相机布设位点逐年增加，截至2023年布设的监测位点累计322个（不含重复），累计覆盖197个1 km × 1 km网格（详见图4-1和图4-2）。其中，2017年布设了50个，2018年布设了52个，2019年布设了108个，2020年布设了183个，2021年布设了227个，2022年布设了153个，2023年布设了142个（详见表4-1）。目前，保护区红外相机监测覆盖面积已占据整个保护区的绝大部分区域，而常态化监测的相机位点达200个，基本实现了保护区全域监测能效。

表4-1　2017—2023年四川小寨子沟国家级自然保护区采购的红外相机数量及其布设的监测位点

年份	采购的红外相机数量/台	布设的监测位点/个
2017年	50	50
2018年	25	52
2019年	100	108
2020年	0	183
2021年	150	227

续表

年份	采购的红外相机数量/台	布设的监测位点/个
2022年	0	153
2023年	100	142
合计	425	322（不重复）

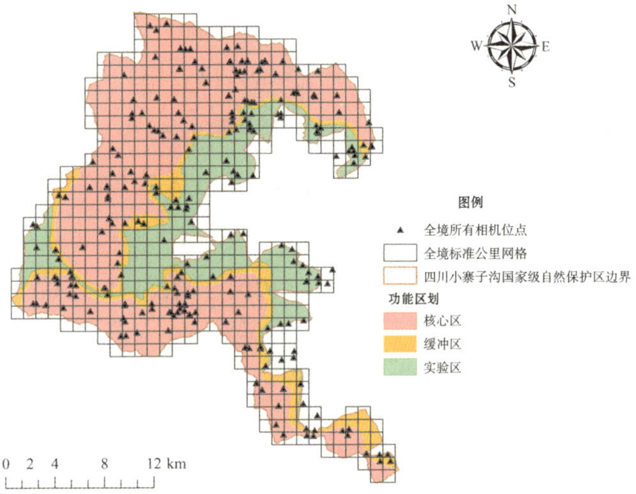

图4-1　四川小寨子沟国家级自然保护区全域红外相机监测位点分布图

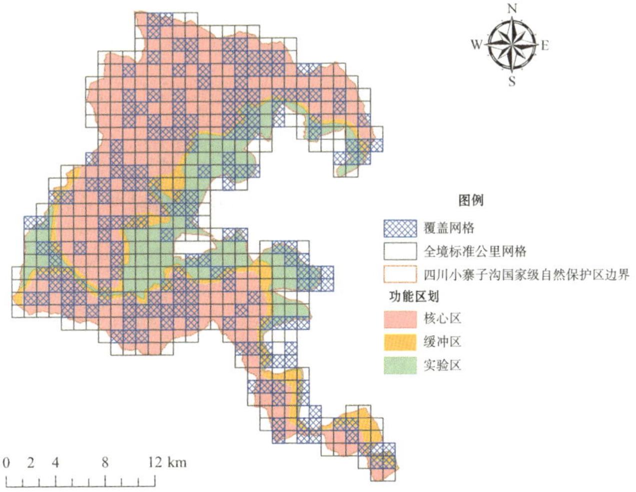

图4-2　四川小寨子沟国家级自然保护区全域红外相机监测覆盖网格示意图

第二节　监测数据与监测物种

目前，四川小寨子沟国家级自然保护区已收集约43.5万条红外相机数据且全部上传到CDMS中，包括约32.6万张照片以及约10.9万段视频。保护区内布设的红外相机现已基本覆盖了保护区的大部分区域，监测位点兼顾了8种栖息地类型，但主要集中在针阔叶混交林和落叶阔叶与常绿阔叶混交林这两种生境，而在其他生境分布较少；监测的海拔区间为2 000~3 500 m。经初步分析，保护区内的红外相机已记录到陆生脊椎动物7目22科53种，其中兽类4目13科22种，鸟类3目9科31种，包括大熊猫、川金丝猴、中华扭角羚、林麝（*Moschus berezovskii*）、红喉雉鹑（*Tetraophasis obscurus*）、绿尾虹雉等6种国家一级保护野生动物以及藏酋猴、猕猴、亚洲黑熊、赤狐（*Vulpes vulpes*）、黄喉貂（*Martes flavigula*）、豹猫（*Prionailurus bengalensis*）、毛冠鹿（*Elaphodus cephalophus*）、中华鬣羚（*Capricornis milneedwardsii*）、中华斑羚、岩羊、红腹角雉、血雉、红腹锦鸡、藏雪鸡（*Tetraogallus tibetanus*）、勺鸡（*Pucrasia macrolopha*）、大噪鹛（*Garrulax maximus*）、橙翅噪鹛（*Trochalopteron elliotii*）、红翅噪鹛（*Trochalopteron formosum*）、斑背噪鹛（*Garrulax lunulatus*）、眼纹噪鹛（*Garrulax ocellatus*）等20种国家二级保护野生动物。这些红外相机监测记录充分展现了保护区丰富的物种多样性。

总体上看，四川小寨子沟国家级自然保护区的红外相机监测工作起步较早，监测工作持续多年且已经建立了标准监测体系，监测覆盖面积较广，积累了保护区内大量野生动物的珍贵红外相机影像资料，客观反映出区内良好的野生动物资源现状，红外相机监测工作取得了较好的成效。

第五章

四川小寨子沟国家级自然保护区全域红外相机技术应用与野生动物及栖息地评估分析方案

第一节　监测目标、内容与对象

一、监测目标

深度结合四川小寨子沟国家级自然保护区历年来野生动物监测实际情况，以保护区全境陆生大中型野生动物及栖息地状况、人为活动干扰等为主要监测对象，基于红外相机技术和卫星遥感等先进技术手段，科学制定并优化保护区内陆生大中型野生动物及其栖息地质量的全境监测与评估技术方案，科学分析保护区内红外相机技术的应用成效（包括陆生大中型野生动物及栖息地现状与动态、主要影响因素等），为四川省保护地红外相机技术的应用提供科学参考样本。

二、监测内容

以四川小寨子沟国家级自然保护区全境陆生大中型野生动物红外相机监测以及栖息地卫星遥感监测作为主要监测内容，基于监测数据和历史调查成果数据资料，综合评估保护区全境陆生大中型野生动物的种群、行为、群落特征、栖息地、干扰因子、年度动态变化和主要影响因素等，为进一步优化保护管理策略和完善生态科研监测体系提供重要的技术支撑。

三、监测对象

以四川小寨子沟国家级自然保护区全境陆生大中型野生动物、栖息地状况和人为活动干扰等为主要监测对象。其中，重点监测对象包括以下几类。

（1）保护区主要保护对象中涉及的物种。

（2）《国家重点保护野生动物名录》中的物种。

（3）《四川省重点保护野生动物名录》中的物种。

（4）《国际自然保护联盟濒危物种红色名录》（又称《IUCN红色名录》）中易危（vulnerable，VU）等级以上的物种以及CITES附录Ⅰ、Ⅱ、Ⅲ中的物种。

（5）具有保护区特色，对于保护区有重要意义的物种。

第二节　全域红外相机监测方案

以四川小寨子沟国家级自然保护区全境为实施单元，同时结合2017年以来的监测实况和野生动物活动痕迹，并特在保护区外围区域增设了部分监测位点。利用ArcGIS 10.4软件制作1 km×1 km的标准公里网格图，共计550个网格（见图5-1），对每个网格进行统一编号。每个公里网格内预设1个监测位点并布设1台红外相机。数据采集周期为4~6个月，数据采集时更换已经损坏的相机，同时结合拍摄效果对相机安放位点以及机身安放角度进行科学调整，最

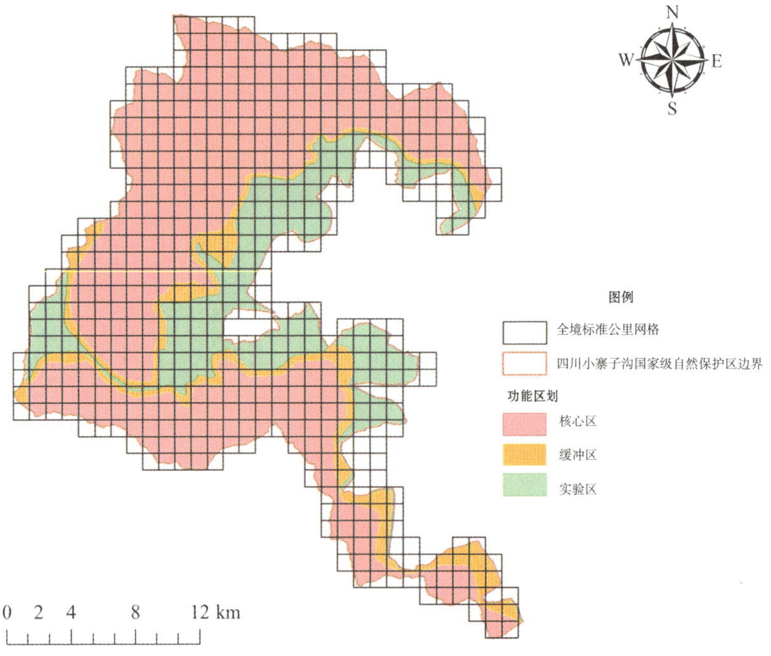

图5-1　四川小寨子沟国家级自然保护区全域红外相机监测网格分布图

后更换SD卡和电池并详细记录安放位点的坐标、海拔以及生境等信息。保护区于2017年7月建立了标准公里网格体系并开始按照标准公里网格抽样方案逐步实施。截至2023年12月，保护区全境及部分外围区域的有效相机监测位点达322个，覆盖标准公里网格167个。

将所有监测数据统一按照监测年份分类归档，每一年份的归档数据包括每个相机位点拍摄的影像数据（照片及视频）和对应的坐标、海拔及生境等信息。每次收回来的数据需要及时归档整理，并在1个月内上传到CDMS上（杨彪 等，2021），并利用该平台在3个月内完成数据的分析鉴定。分析鉴定工作包括物种分布坐标确定、物种识别、性别判定，以及种群数量、物种行为、生境类型、坡位、坡形、坡度、坡向、水源类型、水源距离分析等。

第三节　野生动物及栖息地综合评估方案

一、综合评估内容

野生动物及栖息地的综合评估内容主要包括陆生大中型野生动物的种群、陆生大中型野生动物多样性和栖息地质量。

1. 陆生大中型野生动物的种群

陆生大中型野生动物具有种群数量往往相对较少，对栖息地质量要求较高，容易受到人类活动和环境的影响，种群下降或灭绝的风险较大等特征（Di Marco et al.，2014；Benitez-Lopez et al.，2017；Keinath et al.，2017），并且多数大中型兽类和地栖性鸟类（主要是雉类）多为国家重点保护物种或稀有物种。陆生大中型野生动物常作为生物多样性评价中的指示物种与关键物种，它们的存在、缺失或丰富度变化等常被用来反映生态系统的变化和环境的变化等。

2. 陆生大中型野生动物多样性

陆生大中型野生动物的多样性与生态系统功能及服务有直接关系，大中型哺乳动物与植物之间的相互作用会影响区域生物量和物质循环过程（Dirzo et al.，2014）。野生动物多样性的调查难度较大，不同动物类群的调查工作常常受到调查技术的限制，因此相关调查很难覆盖到所有类群。评价区域内野生动物的多样性主要依靠样线调查和历史资料数据，评价工作具有一定局限性。在野生鸟兽物种资源监测与研究中，相比于传统的调查方法，红外相机技术具有一定优势（O’Connell et al.，2011；肖治术 等，2014）。随着红外相机技术在我国森林动态监测样地以及各类自然保护地的应用和推广，利用该技术来构建保护地以及区域鸟兽物种动态监测体系已十分普遍（李晟 等，2014；肖治术，2016，2019a），其监测成果有效地助力了我国野生动物红外相机监测网络的建设与发展（肖治术 等，2017；李晟， 2020）。本书拟评估的动物类群主要是利用红外相机技术监测的大中型野生动物类群，包括大中型兽类和地栖性鸟类。

3. 栖息地质量

良好的栖息地质量是维持生物多样性和生态系统功能与服务的重要基础。栖息地质量的评估内容主要包括栖息地异质性、栖息地的组成与结构、人类活动干扰3个方面。

（1）栖息地异质性：包括栖息地面积、形状、破碎化程度等，是维持生物多样性的重要基础。

（2）栖息地的组成与结构：包括土地利用类型与植被类型的分布、面积等。栖息地类型多样和结构复杂的森林群落通常能支持更丰富的生物多样性，因此栖息地组成与结构的复杂程度往往决定了物种多样性程度（Culbert et al.，2013）。

（3）人类活动干扰：其是作为环境压力指标来评估环境状况变化情况，主要是评估栖息地内及周边人类活动强度的变化，包括交通道路、旅游开发等。

二、综合评估指标

生物多样性监测指标是指能反映生物多样性现状和变化趋势的，以及能反映区域生物多样性质量的综合指标。本书参考了《生物多样性公约》中关于生物多样性的评估指标体系，采用“压力–状态–响应”指标系统模型（Hammond & Institute，1995），同时借鉴了肖治术（2019b）在广东车八岭国家级自然保护区开展野生动物及栖息地的调查与评估研究的经验，结合本研究区域陆生大中型野生动物及栖息地监测内容，制定了包括动物种群、动物群落和栖息地质量3个方面的评估指标体系。

1. 动物种群

关于动物种群这个方面，主要围绕着陆生大中型野生动物开展评估，分析研究区域内物种的个体和种群特征、种群数量、分布范围等。其具体评估内容、监测指标及数据来源如表5–1所示。

表5–1　针对动物种群的评估内容、监测指标及数据来源

评估内容	监测指标	数据来源
种群数量	RAI、集群数量、种群密度等	红外相机数据
分布范围	SO、GO、栖息地占域率等	
个体和种群特征	种群结构（性别、成幼）、繁殖情况、集群大小、日活动节律、行为时间分配等	

2. 动物群落

关于动物群落这个方面，同样主要围绕着陆生大中型野生动物开展评估，分析研究区域内野生动物群落尺度的变化，评估内容主要包括物种丰富度、红色名录指数、WPI以及野生动物生物量等。

其中，物种丰富度可反映研究区域内所有监测到的野生动物的种类；红色名录指数可反映群落中物种的濒危状态发生变化的相对速率，其主要基于物种

的种群和分布范围的大小以及物种在《IUCN红色名录》中的濒危等级的变化趋势进行确定；WPI可反映群落水平上多物种栖息地占域率的几何平均数；野生动物生物量是反映群落物种变化的主要内容，其主要基于物种的数量、密度或体重来计算（Galetti et al.，2017）。其具体评估内容、监测指标及数据来源如表5-2所示。

表5-2　针对动物群落的评估内容、监测指标及数据来源

评估内容	监测指标	数据来源
物种丰富度	物种种类数量	红外相机数据
红色名录指数	物种种类数量	
WPI	时间和空间尺度上生态位重叠度	
野生动物生物量	时间和空间尺度上物种丰富度	

3. 栖息地质量

关于栖息地质量这个方面，评估内容主要包括栖息地的结构特征、植被特征、气候特征和干扰因子等内容。可以通过卫星遥感技术和已有的相关数据库来获取评估数据。

其中，栖息地结构特征的监测指标主要包括栖息地斑块的类型、数量、面积及破碎化指数等；植被特征的监测指标主要包括净初级生产力（net primary production，NPP）、归一化植被指数（normalized differential vegetation index，NDVI）、增强型植被指数（enhanced vegetation index，EVI）、植被类型（不同植被类型分布范围、面积和占比）以及土地利用类型（不同类型土地的分布范围、面积和占比）等；气候特征的监测指标主要包括温度和降水量等；干扰因子的监测指标主要包括基础设施建筑面积、交通道路和人类活动等。

针对栖息地质量的评估内容、监测指标及数据来源如表5-3所示。

表5-3　针对栖息地质量的评估内容、监测指标及数据来源

评估内容	监测指标	数据来源
结构特征	栖息地斑块的类型、数量、面积及破碎化指数等	遥感解析
植被特征	NPP、NDVI、EVI	遥感解析
	植被类型、土地利用类型	遥感解析
气候特征	温度和降水量等	遥感解析
干扰因子	基础设施建筑面积、交通道路和人类活动等	地面监测、遥感解析

三、综合评估方法

于丹丹等（2017）在开展生物多样性与生态系统服务评估指标与方法的研究时，总结了3类针对生物多样性保护评估的方法，这3类方法分别是基于观测数据的统计分析、Meta分析和模型模拟。此外，肖治术（2019b）在广东车八岭国家级自然保护区开展的野生动物及栖息地调查与评估研究中指出生物多样性质量必然与野生动植物以及栖息地的分布、数量、面积和质量相关，而这些因素往往具备时、空等多重属性，因此将遥感技术、地理信息系统技术、位置导航信息融合的3S分析法可以应用到区域生物多样性的综合评估中。这4类综合评估方法的具体介绍如下。

1. 基于观测数据的统计分析

目前，该方法主要用于对生物多样性和生态系统服务评估框架所涉及的多源数据的综合分析，构建生态系统服务与功能的生产函数，检验生物多样性与生态系统服务之间的相关关系，并量化生态系统服务之间的权衡关系。

2. Meta分析

Meta分析是近年来生物多样性和生态学系统服务评估研究中较为常用的统

计方法，其优势在于对涉及较大区域、多样点的数据采用一致的方式收集和综合分析，并将单个的统计分析结果链接到生态系统模型中。目前，Meta分析已被用于探讨驱动要素（如气候变化、土地利用变化、外来物种入侵等）对生物多样性和生态系统服务的影响，尤其是被用于探讨土地利用变化对生物多样性、营养循环、食物供给服务的影响。

3. 模型模拟

模型模拟主要用于评估、模拟和预测影响生物多样性和生态系统的驱动力、驱动力对生物多样性和生态系统的影响，以及驱动力、生物多样性和生态系统变化对生态系统服务及其价值的影响。因此，利用相关评估模型，结合相关的参数指标，将多种生态参数、野生动物活动指标等加入到分析模型中后可以得到适宜栖息地的分布情况、各个因子对不同野生动物的影响程度等，从而反映出栖息地的生态功能以及野生动物的生存状况。

4. 3S分析法

利用卫星遥感技术，结合地面监测，可获得野生动物分布点、活动轨迹、栖息地、植被类型等重要参数，然后将这些参数进行叠加分析，进而形成对野生动物的综合评估。

四、评估技术路线

基于综合评估指标和评估方法思路，结合生物多样性历史资料，可以总结出区域大中型野生动物及其栖息地质量监测与评估的技术路线。在生物多样性及栖息地时空动态的评估上，需要选择参考基线。时间尺度的参考基线一般以历史数据或长期调查的起始年份数据为基准。栖息地质量的参考基线可以通过不同年份的卫星遥感数据和模型推算获得。评估区域大中型野生动物及其栖息地质量的变化趋势时，主要通过比较大中型野生动物及其栖息地的当前数据与历史数据或长期调查的起始年份数据的大小。当比值大于1时则说明区域大中型野生动物及其栖息地质量有上升趋势；当比值等于或趋近于1时则说明区域大中型野生动物及其栖息地质量相对稳定；当比值小于1时则说明区域大中型野生动物及其栖息地质量有下降趋势。

五、常用栖息地质量评估方案

1. 全域栖息地质量评估方案

可以利用卫星遥感数据分析全域栖息地质量：收集保护区及周边区域的卫星遥感数据，包括土地利用、植被特征、人类活动等参数，基于对长时间序列、多空间尺度遥感数据的综合分析，进而对栖息地现状、动态变化、变化方向和未来发展趋势作出研判。

1）卫星遥感数据的获取

目前可以从多种渠道获得卫星遥感数据，如中国科学院计算机网络信息中心的地理空间数据云（https://www.gscloud.cn）、美国航空航天局的MODIS网站（https://modis.gsfc.nasa.gov/）、美国地质勘探局的LandsatLook网站（https://Landsatlook.usgs.gov/）、航天世景公司官网（https://www.spacewillinfo.com）、盛世华遥公司官网（https://www.3s-map.com/sy）等。卫星遥感数据的空间分辨率包括1 km、500 m、100 m、30 m、10 m、1 m等，可以下载从20世纪80年代至今的数据。

2）栖息地质量综合评估

就针对单一监测指标而言，如EVI，可以基于长时间序列数据的年度EVI均值，计算出EVI变化的标准差，从而获得EVI的正常波动范围，并以此作为参考线来衡量栖息地质量的变化。其计算公式为：

$$\sigma = \sqrt{\frac{\sum_{i=1}^{N}(\mathrm{EVI}_i - \mathrm{EVI})^2}{N-1}}$$

式中，N表示年份；EVI表示年度的EVI均值；σ表示标准差；i表示求和的计数变量，从1开始，每次增加1，直到N结束。

如果针对多个监测指标，就需要通过多个监测指标以及权重来构建栖息地质量评估模型，进而衡量栖息地质量。其计算公式为：

$$Q=P_1\times\omega_1+P_2\times\omega_2\cdots+P_n\times\omega_n$$

式中，Q表示栖息地质量；P表示栖息地质量监测指标；ω表示指标权重系数；n=1，2，3，…其表示监测指标的数量。

可以将栖息地质量评估结果与历史栖息地质量进行比较，进而评估出栖息地质量的变化趋势。值得一提的是，栖息地质量的评估不仅可以从时间序列上进行，还可以从空间尺度上进行，从空间尺度上进行比较时是以区域内的栖息地波动范围作为参考基线。以土地利用的变化（土地利用类型及面积变化）为例，选择时间序列上的两个不同时期，分析比较目标栖息地和区域内土地利用类型及面积的变化。如果目标栖息地面积变化的比例超过区域内面积变化的比例，相对于区域内栖息地质量而言，目标栖息地质量有所下降；反之则有所提升。

2. 部分重点保护物种与优势物种栖息地质量评估方案

MaxEnt模型作为一种遵循最大熵原理和生态位理论的模型方法，它能够在只有物种分布点记录的情况下，根据环境变量图层建立起物种的多维生态位模型，并在大空间尺度上预测未完全调查区域的物种栖息地分布情况和栖息地质量（Phillips & Miroslav，2008）。已有研究证明，MaxEnt模型在预测准确性（Elith et al.，2006）、空间转移性（Tuanmu et al.，2011）和样本量需求量（Costa et al.，2010）等方面具有明显优势。因此，本书以MaxEnt模型为例，介绍基于该模型开展保护区内部分重点保护物种与优势物种栖息地质量评估的具体方法和思路（见图5-2）。

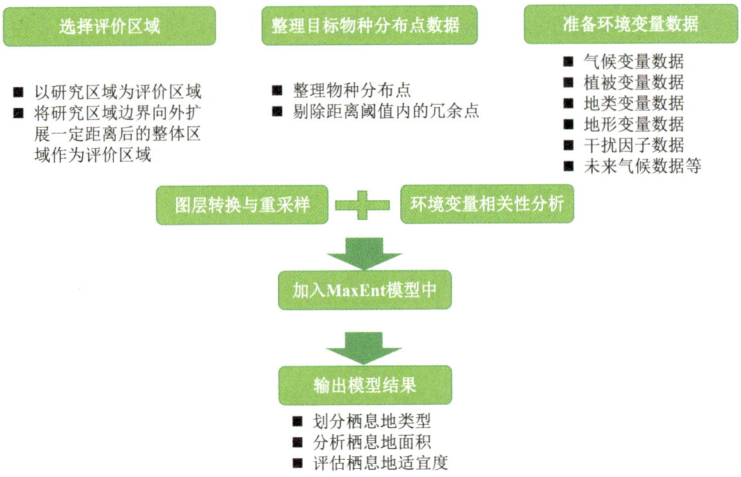

图5-2　部分重点保护物种与优势物种栖息地质量评估的具体方法和思路

1）选择评价区域

以四川小寨子沟国家级自然保护区为例，可直接采用保护区范围图层作为评价区域。然而，为了综合评估保护区及其周边区域目标物种的栖息地质量，可将保护区边界向外扩展一定距离后的整体区域作为评价区域。例如，对保护区边界向外扩展约3 km后的区域（东经103.710°~104.109°，北纬31.801°~32.194°）进行栖息地评估模型分析，然后基于模型结果来计算保护区范围内目标物种的栖息地面积。

2）收集、整理目标物种的分布点数据

认真收集、整理目标物种的分布点数据，数据可以来源于样线调查、红外相机监测记录点等。物种分布点距离过近的话，可能会引发空间自相关问题，从而影响模型预测的精度（齐增湘 等，2011），因此需要对物种分布点进行筛选。筛选过程中，一般需要结合目标物种的活动家域范围来确定距离阈值。以大熊猫为例，已有研究显示野外大熊猫的活动家域范围为3.9~6.2 km^2

（胡锦矗 等，1985；Hull et al.，2015），以此评估大熊猫的活动半径为1.125~2.750 km，所以取2 km为距离阈值，进而剔除距离小于2 km的冗余点。筛选物种分布点的方法有多种，常用的方法有：①利用ENMTools工具中的Trim duplicate occurrences功能，可确保一个环境数据像元内最多有一个分布点。②利用Buffer工具对分布点进行分析，然后剔除冗余点。③利用SDM toolbox v2.5工具中的Spatially rarefy occurrence data for SDMs（reduce spatial autocorrelation）功能剔除空间自相关的分布点。

3）准备环境变量数据

环境变量数据需要结合目标物种的栖息地研究经验进行选择。通常情况下会将地形、植被、气候和人为干扰等多种潜在影响目标物种栖息地质量的环境变量作为MaxEnt模型的备选变量。陆生大中型野生动物栖息地质量评价中常用的备选环境变量如表5-4所示。

各类环境变量数据的来源如下。

（1）气候变量数据。气候对物种的分布、生存和繁殖等都有着直接影响（Guisan & Zimmermann，2000），其数据常被用于物种的地理分布预测和栖息地质量评价。19个气候变量数据可以从WorldClim数据库（http://www.worldclim.org/）下载得到（选择30"空间分辨率精度的图层）（Hijmans， et al.，2005）。

利用MaxEnt模型开展未来不同气候情景下目标物种栖息地预测时，需要准备气候变量数据。可以从WorldClim数据库下载BCC-CSM2-MR气象模型提供的未来的生物气候数据，精度选择最高，其中未来气候数据包括的辐射强度分别为2.6 W/m^2、4.5 W/m^2、6.0 W/m^2、8.5 W/m^{2}的4种温室气体排放场景，典型浓度途径分别对应为RCP2.6、RCP4.5、RCP6.0、RCP8.5。最终可以利用MaxEnt模型分别对未来3个不同时期、4种温室气体排放场景下的目标物种栖息地进行预测分析。

表5-4 陆生大中型野生动物栖息地质量评价中常用的备选环境变量

类别	环境变量	描述	原始分辨率
气候变量	bio1	年平均温度	1 km
	bio2	昼夜温差月均值	1 km
	bio3	等温性[（Bio2/Bio7）×100]	1 km
	bio4	温度季节性变化标准差	1 km
	bio5	最暖月最高温	1 km
	bio6	最冷月最低温	1 km
	bio7	年温度变化范围	1 km
气候变量	bio8	最湿季度平均温度	1 km
	bio9	最干季度平均温度	1 km
	bio10	最暖季度平均温度	1 km
	bio11	最冷季度平均温度	1 km
	bio12	年均降水量	1 km
	bio13	最湿月降水量	1 km
	bio14	最干月降水量	1 km
	bio15	降水量变异系数	1 km
	bio16	最湿季度降水量	1 km
	bio17	最干季度降水量	1 km
	bio18	最暖季度降水量	1 km
	bio19	最冷季度降水量	1 km
植被变量	evi_max	年最大EVI	250 m
	evi_min	年最低EVI	250 m
	evi_mean	年均EVI	250 m
	evi_std	年均EVI标准差	250 m
	evi_range	年EVI变幅	250 m
	vegetation	植被类型	30 m
	ndvi	NDVI	30 m

续表

类别	环境变量	描述	原始分辨率
地类变量	dilei	地表覆盖类型	30 m
地形变量	alt	海拔高度	30 m
	aspect	坡向（实际坡向减180°的绝对值）	30 m
	slope	坡度	30 m
	d-river	距最近河流的距离	提取
干扰因子	d-resident	距最近居民点的距离	提取
	d-road	距最近公路的距离	提取

（2）植被变量数据可以从以下多种渠道获取。

①利用多渠道获取卫星遥感影像，然后利用遥感图像处理软件ERDAS IMAGINE 9.2对研究区域的遥感影像进行非监督分类，最后根据开展实地调查时所记录的植被类型作为参考点对非监督分类结果进行分类定义，将区域内的植被划分为针叶林、针阔叶混交林、阔叶林、灌丛及草甸等植被类型。

②在Land Processes Distributed Active Archive Center网站下载研究区域的植被指数16天合成产品（可以选择某一年的全年数据），共23景影像，分辨率为250 m × 250 m。

③直接在中国科学院资源环境科学与数据中心官网中下载植被类型、NDVI等数据集。其中，植被类型数据的分辨率选择1 km，NDVI数据的分辨率选择30 m × 30 m。EVI数据可以从地球大数据科学工程官网下载，分辨率选择30 m × 30 m。

（3）地类变量数据。地类变量数据可以直接从地球大数据科学工程官网下载，数据分辨率为30 m × 30 m。

（4）地形变量数据。DEM数据可以从中国科学院数据库或中国科学院资源环境科学与数据中心官网等渠道下载，分辨率选择30 m × 30 m。通过ArcGIS中的空间分析工具从DEM数据图层中提取得到研究区域内的坡度数据图层和坡向数据图层。由于坡向主要通过改变阳光照射来影响动物的生长活动，而坡向数据又为圆周变量，因此对坡向数据采取提取值减去180° 后取绝对值处理，以此来反映各栅格对正南阳坡的靠近程度。水系图层可来源于全国地理信息资源目录服务系统（https://www.webmap.cn/），该系统的版本为2019年，由国家基础地理信息中心发布，比例尺为1:250 000。利用ArcGIS中的空间分析插件，可计算出河流图层的欧氏距离并生成研究区域内每一栅格距最近河流的距离图层。

（5）干扰因子数据。人类的活动会对动物栖息地产生影响，其中居住和交通的影响最为直接和强烈。可以利用ArcGIS中的空间分析插件，计算出公路图层和居民点图层的欧氏距离以分别反映各栅格距离其最近公路和居民的距离。公路和居民点数据可从全国地理信息资源目录服务系统下载。居民点数据主要包括该区域范围内的普通房屋，可以结合实地调查，对用于模型的居民点数据进行核实。公路数据包括了高速、国道、省道、县道、乡道、街道等的数据，结合实地调查，可保留主要道路（如高速、国道、省道、县道、乡道、街道）的数据用于最终模型分析。

4）图层转换与重采样、环境变量相关性分析及加入MaxEnt模型中

在ArcGIS中将选择用于模型的环境变量图层进行重采样，统一为30 m × 30 m，统一投影坐标系为WGS-1984-UTM-Zone-48N，并将图层边界统一，然后将所有环境变量图层转化为MaxEnt软件需要的ASCII格式。

为避免环境变量的空间共线性对MaxEnt模型准确性的影响（Parolo et al., 2008），需对所有环境变量进行Pearson相关性分析，当多个变量的相关系数的绝对值大于0.75或0.80时，仅保留其中一个环境变量，其余删除。相关性分析方法有多种，常用的方法有：①先在MaxEnt软件中进行预试验，确定用于模型分析的环境变量对目标物种适生区预测结果的贡献率，然后在ArcGIS中加载目标物种的分布点数据，利用采样工具提取相应的气候数据。将提取的数据在SPSS软件中进行相关性分析，保留相关性指数$r<|0.75|$的变量，若$r\geq|0.75|$，则优先选择预试验中贡献率较大的变量（王剑颖 等，2023）。②利用ArcGIS

中的波段集统计工具将所有环境因子图层进行相关性分析，然后根据相关性分析结果，保留相关性指数$r<|0.75|$的变量。

使用MaxEnt软件建立模型。将可进行模型评估的目标物种分布点数据和筛选得到的环境变量数据导入MaxEnt软件中，随机选取75%的分布点作为训练数据集用于建立模型，剩余25%的目标物种分布点作为检验数据集用于模型验证，其余设置保持为默认。为保证模型结果的稳定性，一般进行10次或20次自举法重复。通过MaxEnt软件内建的Jackknife检验和响应曲线分析模型中各环境变量的相对重要性及其对目标物种栖息地适宜性的影响。MaxEnt软件运行界面如图5-3所示。

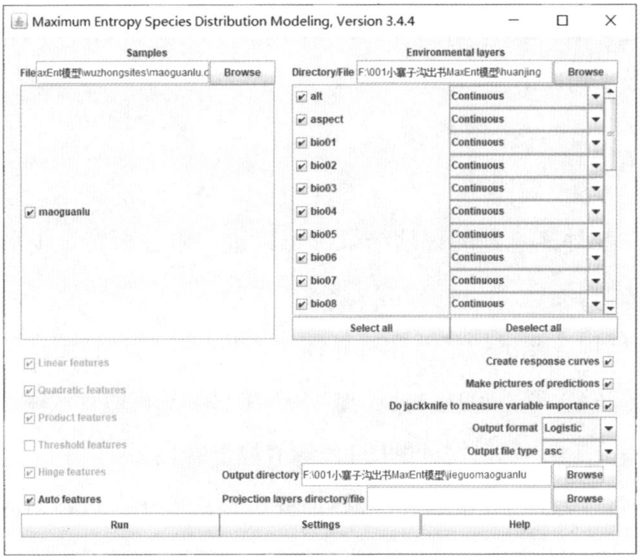

图5-3　MaxEnt软件运行界面

以受试者操作特征曲线（又称ROC曲线）下的面积（area under curve，AUC）对模型结果的优劣进行评价。其评判标准为：AUC在0.5~<0.6时为失败；在0.6~<0.7时为较差；在0.7~<0.8时为一般；在0.8~<0.9时为好；在0.9~1.0时为优（Swets，1998）。

5）输出模型结果

根据10次或20次重复后MaxEnt模型输出的平均HSI，对研究区域目标物种栖息地的质量进行评价。模型输出结果的文件格式为“avg.asc”，需要将输出结果导入ArcMap软件中进行重分类，重分类的标准目前主要有2种：①以Natural Breaks（Jenks）法将目标物种的HSI（MaxEnt阈值）进行分类，依据MaxEnt模型最大约登指数及TPT平衡阈值（balance training omission， predicted area and threshold value logistic threshold）对模型预测分布图进行重分类，将栖息地划分为适宜栖息地、次适宜栖息地、潜在栖息地和非栖息地（侯宁 等，2014）或者划分为高适生区、中适生区、低适生区、非适生区（王剑颖 等，2023）。②采用自然间断点法进行重分类（王剑颖 等，2023；杨福成 等，2024）。

最后，基于重分类结果，利用ArcGIS软件计算出研究区域内目标物种的栖息地面积以及平均HSI。

3. 补充拓展

基于单一物种栖息地的评估结果，可以进一步分析特定类群物种的栖息地。具体方法如下：

（1）根据均等测试敏感性和特异性阈值将每一物种预测结果分为适宜区与不适宜区（马星 等，2021；吕环鑫 等，2023）。将适宜区栅格值保留，不适宜区栅格值设为0，每一物种的HSI，数值位于0~1。

（2）将每一物种的适宜区进行叠加分析及标准化，可在ArcGIS软件中利用自然间断点法将适宜性区域分为低适宜、中适宜、高适宜三级。

（3）结合第一步操作结果，将适宜性区域分为不适宜、低适宜、中适宜、高适宜四级。

（4）将适宜性结果叠加在一起，利用自然间断点法获得所有物种的适宜性等级分布图。同时，根据特定类群物种最终得到的HSI对其适宜性等级进行划分，得到不同适宜性等级划分的阈值范围。

第六章

四川小寨子沟国家级自然保护区全域红外相机技术应用成效

第一节　抽样强度评估

在红外相机监测工作中，通常利用绘制的物种丰富度累积曲线来评估监测工作抽样强度的充分性。下面介绍3种常用的绘制物种丰富度累积曲线的方法。

方法一：利用Excel绘制平滑散点图累积曲线（见图6–1）。

方法二：利用Excel绘制散点图并生成趋势曲线（见图6–2）。

方法三：利用R语言vegan包中的specaccum函数来制作稀疏化物种累积曲线（见图6–3）。

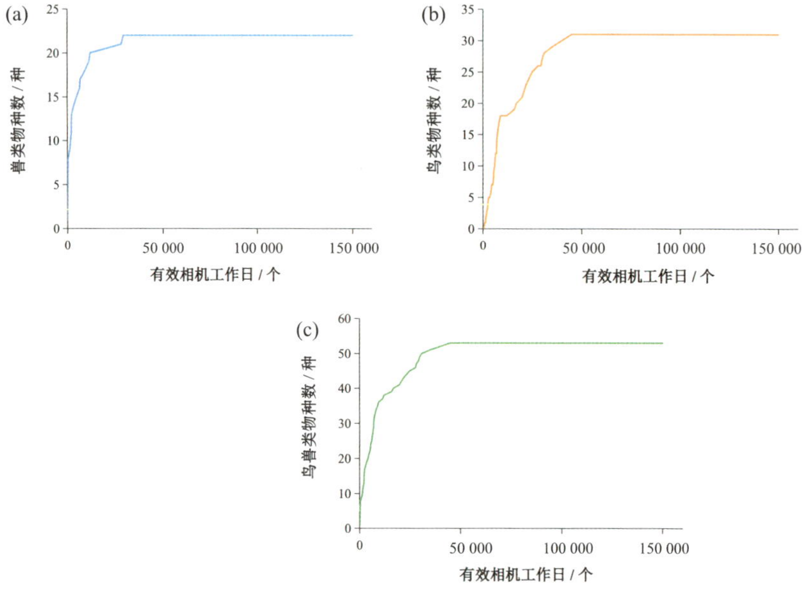

图6–1　基于方法一绘制的平滑散点图累积曲线

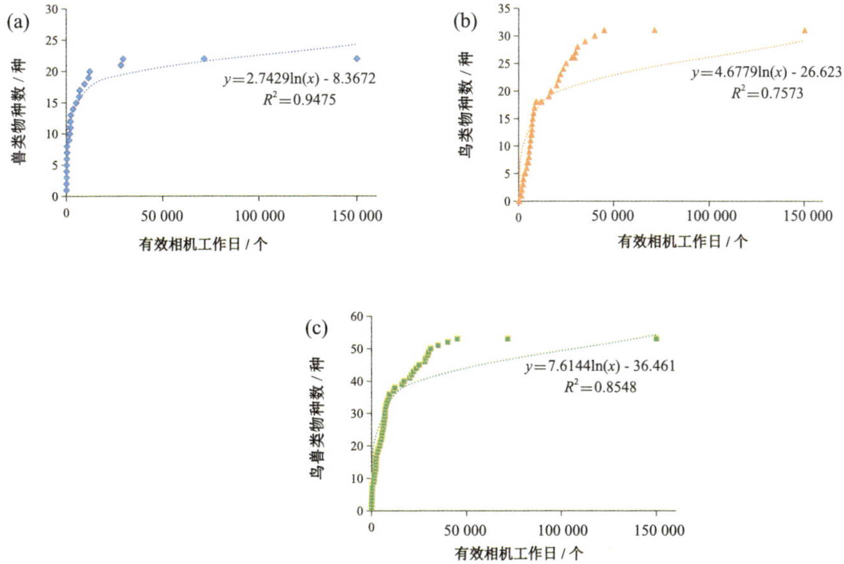

图6-2　基于方法二绘制的散点图和趋势曲线

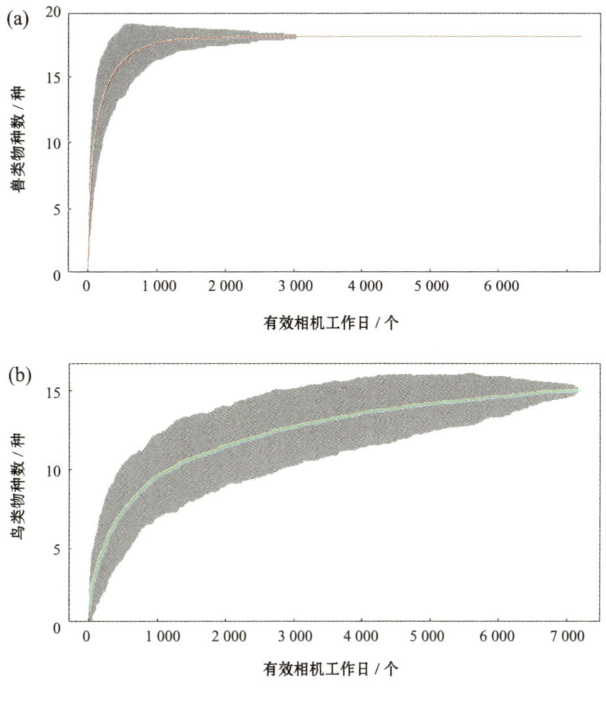

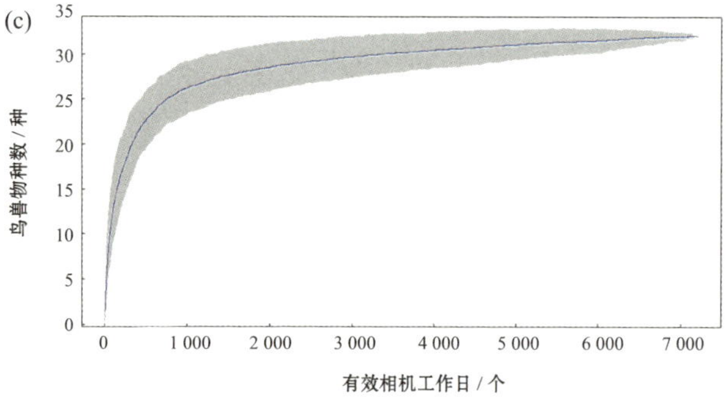

图6-3 基于方法三绘制的稀疏化物种累积曲线

一、结果分析

通过上述3种方法绘制的曲线均能一定程度上体现抽样强度。

基于图6-1（a）可知，兽类物种数在12 000个有效相机工作日之前快速增加，在近30 000个有效相机工作日时达到饱和，这表明兽类取样较为充分。基于图6-1（b）可知，鸟类物种数在50 000个有效相机工作日之前持续增加，之后虽趋于平稳，但考虑到红外相机自身的局限性，所以针对鸟类物种而言，目前拍摄到的物种数可能低于实际存在的物种数，因此需要进一步增加取样量。基于图6-1（c）可知，鸟兽物种数受到鸟类物种数的影响，其曲线与鸟类曲线类似。

基于图6-2（a）可知，兽类物种数在12 000个有效相机工作日之前快速增加，之后增加速率降低，并逐渐趋近于平缓，这表明兽类取样较为充分。基于图6-2（b）可知，鸟类物种数在20 000个有效相机工作日之前快速增加，之后仍保持缓慢增长，这说明鸟类还需要进一步增加取样量。总曲线（兽+鸟）与鸟类曲线类似［见图6-2（c）］。

基于图6-3（a）可知，兽类物种数在1 000个有效相机工作日前增长速率最快，之后缓慢增加并最终趋于平缓。基于图6-3（b）可知，鸟类物种数在

7 000个有效相机工作日内持续增长。总曲线（兽+鸟）与鸟类物种数曲线类似［见图6-3（c）］。

由图6-1、图6-2、图6-3可知，本研究可以仅需较短的监测时长（1 000~2 000个有效相机日）便可获得监测区域内种群数量较多且分布较广的兽类物种，但是要想拍摄到更多的鸟类物种，则需要进一步延长监测时长。

二、方法比较

图6-1和图6-2均由Excel绘制，详细地统计了整个监测周期内兽类、鸟类以及鸟兽物种数随着有效相机工作日增加的具体变化。进行数据统计时只需要找到每种兽类和鸟类最先被拍摄到的有效相机工作日，后续再次被拍摄到的则不用再统计。其中，图6-1仅能体现物种数详细的变化过程，而图6-2绘制了具体增长点并添加了物种随有效相机工作日变化的趋势曲线，可进一步观察变化趋势。

图6-3是利用R语言vegan包中的specaccum函数绘制而成的。进行数据统计时，需要详细统计每个物种在每个有效相机工作日下的详细拍摄情况，只要被拍摄到就标记为“1”，未被拍摄到就标记为“0”。由于该方法的数据统计方式较复杂，所以在实际应用上往往只需统计一定时期内兽类和鸟类的拍摄情况，再结合函数来分析物种数随着有效相机工作日的变化趋势。

第二节　全域鸟兽物种多样性、相对多度与分布

一、监测概况

2017—2023年，四川小寨子沟国家级自然保护区的红外相机监测工作累计完成约15万个相机监测日，获得了约43.5万条红外相机数据，其中包括约32.6万张照片以及约10.9万段视频。

二、物种组成

经初步分析，保护区内的红外相机已记录到陆生脊椎动物6目22科53种，其中野生兽类4目13科22种，鸟类2目8科31种（见表6-1和表6-2）。

在拍摄到的22种兽类物种中，有14种国家重点保护野生动物，它们占拍摄到的兽类总物种数的63.64%。其中，国家一级保护野生动物有4种：大熊猫、川金丝猴、林麝和中华扭角羚；国家二级保护野生动物有10种：猕猴、藏酋猴、赤狐、亚洲黑熊、黄喉貂、豹猫、毛冠鹿、中华斑羚、中华鬣羚、岩羊。在拍摄到的兽类物种中，被《IUCN红色名录》列为濒危（endangered，EN）等级的有2种：川金丝猴和林麝；被列为VU等级的有6种：大熊猫、亚洲黑熊、中华扭角羚、中华斑羚、中华鬣羚、猪獾（*Arctonyx collaris*）；被列为近危（near threatened，NT）等级的有2种：藏酋猴和毛冠鹿。在拍摄到的兽类物种中，属中国兽类特有种的有5种：大熊猫、川金丝猴、藏酋猴、中华扭角羚、小麂。

在拍摄到的31种鸟类物种中，有13种国家重点保护野生动物，它们占鸟类总物种数的41.94%。其中，国家一级保护野生动物有2种：绿尾虹雉和红喉雉鹑；国家二级保护野生动物有11种：藏雪鸡、血雉、红腹锦鸡、红腹角雉、勺鸡、白眶鸦雀（*Sinosuthora conspicillata*）、斑背噪鹛、大噪鹛、眼纹噪鹛、橙翅噪鹛、红翅噪鹛。在拍摄到的鸟类物种中，被《IUCN红色名录》列为VU等级的有1种：绿尾虹雉。在拍摄到的鸟类物种中，属中国鸟类特有种的有8种：红喉雉鹑、绿尾虹雉、红腹锦鸡、白眶鸦雀、斑背噪鹛、大噪鹛、橙翅噪鹛、白眉朱雀（*Carpodacus dubius*）。

表6-1　四川小寨子沟国家级自然保护区内红外相机监测到的兽类物种及其相关参数

目名	科名	种名	学名	保护等级	《IUCN红色名录》	我国特有种	独立有效记录/份	分布网格数/个	GO/%	RAI
灵长目	猴科	猕猴	*Macaca mulatta*	二级	LC[①]		5	2	1.198	0.003
灵长目	猴科	藏酋猴	*Macaca thibetana*	二级	NT	是	41	10	5.988	0.017
灵长目	猴科	川金丝猴	*Rhinopithecus roxellana*	一级	EN	是	297	59	35.329	0.110
食肉目	犬科	赤狐	*Vulpes vulpes*	二级	LC		4	1	0.599	0.002
食肉目	熊科	亚洲黑熊	*Ursus thibetanus*	二级	VU		208	76	45.509	0.112
食肉目	熊科	大熊猫	*Ailuropoda melanoleuca*	一级	VU	是	261	55	32.934	0.134
食肉目	鼬科	黄喉貂	*Martes flavigula*	二级	LC		86	50	29.940	0.051
食肉目	鼬科	黄鼬	*Mustela sibirica*		LC		33	16	9.581	0.019

① LC：英文全称为least concer，表示无危。

续表

目名	科名	种名	学名	保护等级	《IUCN红色名录》	我国特有种	独立有效记录/份	分布网格数/个	GO/%	RAI
食肉目	鼬科	猪獾	*Arctonyx collaris*		VU		189	51	30.539	0.097
食肉目	灵猫科	花面狸	*Paguma larvata*		LC		166	41	24.551	0.087
食肉目	猫科	豹猫	*Prionailurus bengalensis*	二级	LC		176	54	32.335	0.098
鲸偶蹄目	猪科	野猪	*Sus scrofa*		LC		1279	91	54.491	0.454
鲸偶蹄目	麝科	林麝	*Moschus berezovskii*	一级	EN		132	26	15.569	0.059
鲸偶蹄目	鹿科	毛冠鹿	*Elaphodus cephalophus*	二级	NT		565	41	24.551	0.211
鲸偶蹄目	鹿科	小麂	*Muntiacus reevesi*		LC	是	245	19	11.377	0.033
鲸偶蹄目	牛科	中华扭角羚	*Budorcas tibetana*	一级	VU	是	412	33	19.760	0.258
鲸偶蹄目	牛科	中华斑羚	*Naemorhedus griseus*	二级	VU		3534	126	75.449	1.571
鲸偶蹄目	牛科	岩羊	*Pseudois nayaur*	二级	LC		9	2	1.198	0.004
鲸偶蹄目	牛科	中华鬣羚	*Capricornis milneedwardsii*	二级	VU		268	33	19.760	0.141
啮齿目	松鼠科	隐纹花鼠	*Tamiops swinhoei*		LC		9	7	4.192	0.005
啮齿目	松鼠科	岩松鼠	*Sciurotamias davidianus*		LC		546	35	20.958	0.355
啮齿目	豪猪科	马来豪猪	*Hystrix brachyura*		LC		368	41	24.551	0.229

表6-2　四川小寨子沟国家级自然保护区内红外相机监测到的鸟类物种及其相关参数

目名	科名	种名	学名	保护等级	《IUCN红色名录》	我国特有种	独立有效记录/份	分布网格数/个	GO/%	RAI
鸡形目	雉科	雪鹑	*Lerwa lerwa*		LC		1	1	0.599	0.001
鸡形目	雉科	红喉雉鹑	*Tetraophasis obscurus*	一级	LC	是	30	6	3.593	0.020
鸡形目	雉科	藏雪鸡	*Tetraogallus tibetanus*	二级	LC		1	1	0.599	0.001
鸡形目	雉科	血雉	*Ithaginis cruentus*	二级	LC		177	32	19.162	0.118
鸡形目	雉科	红腹角雉	*Tragopan temminckii*	二级	LC		726	77	46.108	0.484
鸡形目	雉科	勺鸡	*Pucrasia macrolopha*	二级	LC		12	5	2.994	0.008
鸡形目	雉科	绿尾虹雉	*Lophophorus lhuysii*	一级	VU	是	37	15	8.982	0.025
鸡形目	雉科	环颈雉	*Phasianus colchicus*		LC		1	1	0.599	0.001
鸡形目	雉科	红腹锦鸡	*Chrysolophus pictus*	二级	LC	是	74	14	8.383	0.049
雀形目	鸦科	红嘴蓝鹊	*Urocissa erythroryncha*		LC		13	3	1.796	0.009
雀形目	鸦科	星鸦	*Nucifraga caryocatactes*		LC		4	2	1.198	0.003
雀形目	鸦科	红嘴山鸦	*Pyrrhocorax pyrrhocorax*		LC		1	1	0.599	0.001
雀形目	山雀科	绿背山雀	*Parus monticolus*		LC		2	2	1.198	0.001
雀形目	莺鹛科	红嘴鸦雀	*Conostoma aemodium*		LC		11	8	4.790	0.007
雀形目	莺鹛科	白眶鸦雀	*Sinosuthora conspicillata*	二级	LC	是	1	1	0.599	0.001

续表

目名	科名	种名	学名	保护等级	《IUCN红色名录》	我国特有种	独立有效记录/份	分布网格数/个	GO/%	RAI
雀形目	噪鹛科	斑背噪鹛	*Garrulax lunulatus*	二级	LC	是	7	4	2.395	0.005
雀形目	噪鹛科	大噪鹛	*Garrulax maximus*	二级	LC	是	1	1	0.599	0.001
雀形目	噪鹛科	眼纹噪鹛	*Garrulax ocellatus*	二级	LC		14	4	2.395	0.009
雀形目	噪鹛科	白喉噪鹛	*Pterorhinus albogularis*		LC		2	2	1.198	0.001
雀形目	噪鹛科	橙翅噪鹛	*Trochalopteron elliotii*	二级	LC	是	16	7	4.192	0.011
雀形目	噪鹛科	黑顶噪鹛	*Trochalopteron affine*		LC		17	11	6.587	0.011
雀形目	噪鹛科	红翅噪鹛	*Trochalopteron formosum*	二级	LC		1	1	0.599	0.001
雀形目	鸫科	长尾地鸫	*Zoothera dixoni*		LC		7	3	1.796	0.005
雀形目	鸫科	虎斑地鸫	*Zoothera aurea*		LC		1	1	0.599	0.001
雀形目	鸫科	灰头鸫	*Turdus rubrocanus*		LC		3	2	1.198	0.002
雀形目	鹟科	白眉林鸲	*Tarsiger indicus*		LC		1	1	0.599	0.001
雀形目	鹟科	红胁蓝尾鸲	*Tarsiger cyanurus*		LC		1	1	0.599	0.001
雀形目	鹟科	白顶溪鸲	*Chaimarrornis leucocephalus*		LC		11	1	0.599	0.007
雀形目	鹟科	紫啸鸫	*Myophonus caeruleus*		LC		112	20	11.976	0.075
雀形目	燕雀科	斑翅朱雀	*Carpodacus trifasciatus*		LC		1	1	0.599	0.001
雀形目	燕雀科	白眉朱雀	*Carpodacus dubius*		LC	是	14	1	0.599	0.009

三、相对多度

在拍摄到的兽类物种中，中华斑羚的RAI最高且远高于其他物种，其次为野猪、岩松鼠、中华扭角羚、马来豪猪和毛冠鹿。剩下的兽类物种中，只有中华鬣羚、大熊猫、亚洲黑熊和川金丝猴的RAI大于0.1，其余的兽类物种的RAI相对较低（见表6-1和图6-4）。

在拍摄到的鸟类物种中，红腹角雉的RAI最高且远高于其他物种，其次是血雉、紫啸鸫、红腹锦鸡。剩余的鸟类物种中，只有绿尾虹雉、红喉雉鹑、黑顶噪鹛和橙翅噪鹛的RAI大于0.01，其余的鸟类物种的RAI相对较低（见表6-2和图6-5）。

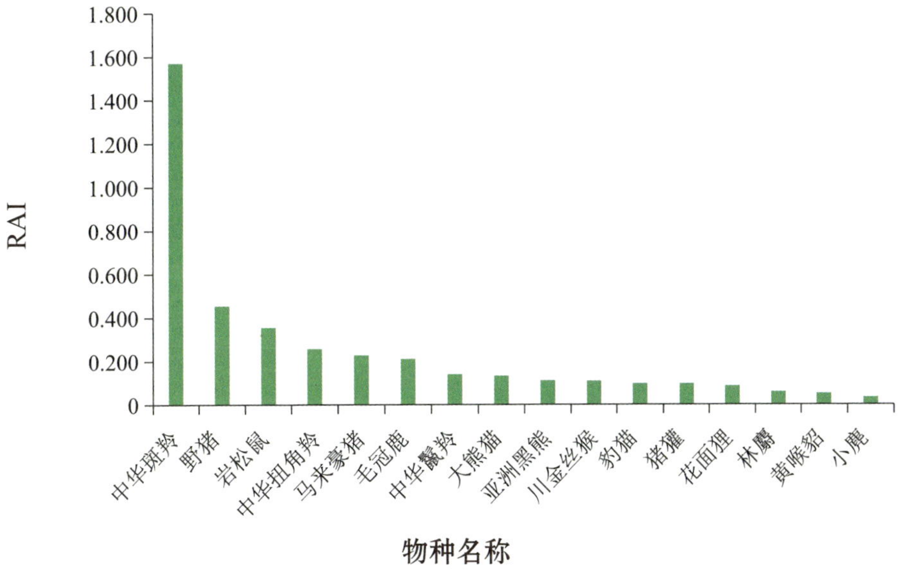

图6-4　RAI排在前16位的兽类物种

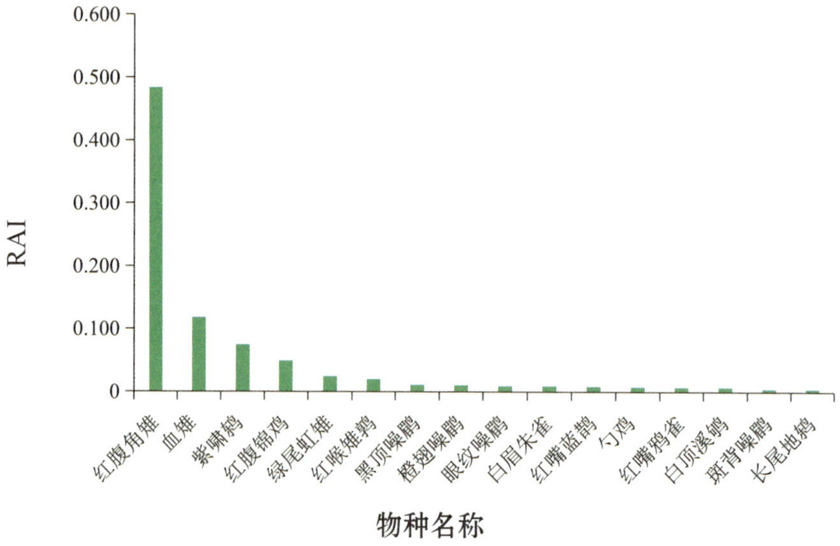

图6-5 RAI排在前16位的鸟类物种

四、物种分布

考虑到红外相机在拍摄非地栖性鸟类方面的局限性，在分析物种集群分布与分布海拔时，仅选择拍摄到的全部兽类和地栖性雉类物种进行分析。

1. 分布网格数和网格占有率

基于分布网格数和网格占有率分析，兽类物种中，中华斑羚的分布网格数与GO均为最高，其次是野猪、亚洲黑熊、川金丝猴，分布网格数均不少于59个，GO均超过了35%；再然后是大熊猫、豹猫、猪獾、黄喉貂、毛冠鹿、花面狸、马来豪猪，这7种兽类的分布网格数均超过了40个，而GO均超过了24%；之后是岩松鼠、中华扭角羚、中华鬣羚这3种兽类，它们的分布网格数均超过了30个，而GO均超过了19%；林麝、小麂、黄鼬和藏酋猴4种兽类的分布网格数均不少于10个，而GO均超过了5%；隐纹花鼠的分布网格数为6个，GO为3.593%；猕猴、岩羊与赤狐的分布网格数与GO相对较低（见表6-3）。

表6-3 拍摄到的各种兽类物种的GO大小及在不同功能区域的分布网格数

种名	学名	不同功能区域的分布网格数/个				合计网格数/个	GO/%
		核心区	缓冲区	实验区	保护区外围		
猕猴	*Macaca mulatta*	0	1	1	0	2	1.198
藏酋猴	*Macaca thibetana*	7	1	0	2	10	5.988
川金丝猴	*Rhinopithecus roxellana*	38	8	10	3	59	35.329
赤狐	*Vulpes vulpes*	0	0	1	0	1	0.599
亚洲黑熊	*Ursus thibetanus*	48	11	12	5	76	45.509
大熊猫	*Ailuropoda melanoleuca*	38	4	7	6	55	32.934
黄喉貂	*Martes flavigula*	32	5	7	6	50	29.940
黄鼬	*Mustela sibirica*	7	3	2	4	16	9.581
猪獾	*Arctonyx collaris*	36	3	10	2	51	30.539
花面狸	*Paguma larvata*	23	5	8	5	41	24.551
豹猫	*Prionailurus bengalensis*	33	6	10	5	54	32.335
野猪	*Sus scrofa*	56	13	17	5	91	54.491
林麝	*Moschus berezovskii*	19	2	3	2	26	15.569
毛冠鹿	*Elaphodus cephalophus*	24	6	8	3	41	24.551
小麂	*Muntiacus reevesi*	10	2	6	1	19	11.377
中华扭角羚	*Budorcas tibetana*	27	3	3	0	33	19.760
中华斑羚	*Naemorhedus griseus*	83	15	21	7	126	75.449
岩羊	*Pseudois nayaur*	0	1	1	0	2	1.198
中华鬣羚	*Capricornis milneedwardsii*	17	4	7	5	33	19.760
隐纹花鼠	*Tamiops swinhoei*	5	0	0	1	6	3.593

续表

种名	学名	不同功能区域的分布网格数/个				合计网格数/个	GO/%
		核心区	缓冲区	实验区	保护区外围		
岩松鼠	*Sciurotamias davidianus*	15	5	9	6	35	20.958
马来豪猪	*Hystrix brachyura*	23	6	9	3	41	24.551

在拍摄到的鸟类物种中，红腹角雉的分布网格数与网格占有率均为最高；其次是血雉和紫啸鸫，它们的GO均超过了10%，分布网格数均不少于20个；绿尾虹雉、红腹锦鸡和黑顶噪鹛的分布网格数均超过了10个，同时GO均超过了6%；红嘴鸦雀、橙翅噪鹛和红喉雉鹑的分布网格数均超过了5个，而GO均超过了3%；其余鸟类的分布网格数与GO相对较低（见表6–4）。

表6-4　拍摄到的各种鸟类物种的GO大小及在不同功能区域的分布网格数

种名	学名	不同功能区域分布网格数/个				合计网格数/个	GO/%
		核心区	缓冲区	实验区	保护区外围		
雪鹑	*Lerwa lerwa*	1	0	0	0	1	0.599
红喉雉鹑	*Tetraophasis obscurus*	3	2	0	1	6	3.593
藏雪鸡	*Tetraogallus tibetanus*	0	0	1	0	1	0.599
血雉	*Ithaginis cruentus*	24	3	2	3	32	19.162
红腹角雉	*Tragopan temminckii*	43	11	16	7	77	46.108
勺鸡	*Pucrasia macrolopha*	0	2	2	1	5	2.994
绿尾虹雉	*Lophophorus lhuysii*	10	1	2	2	15	8.982
环颈雉	*Phasianus colchicus*	1	0	0	0	1	0.599
红腹锦鸡	*Chrysolophus pictus*	6	3	2	3	14	8.383
红嘴蓝鹊	*Urocissa erythroryncha*	3	0	0	0	3	1.796

续表

种名	学名	不同功能区域分布网格数/个				合计网格数/个	GO/%
		核心区	缓冲区	实验区	保护区外围		
星鸦	*Nucifraga caryocatactes*	1	0	0	1	2	1.198
红嘴山鸦	*Pyrrhocorax pyrrhocorax*	0	0	1	0	1	0.599
绿背山雀	*Parus monticolus*	2	0	0	0	2	1.198
红嘴鸦雀	*Conostoma aemodium*	7	0	1	0	8	4.790
白眶鸦雀	*Sinosuthora conspicillata*	1	0	0	0	1	0.599
斑背噪鹛	*Garrulax lunulatus*	2	0	1	1	4	2.395
大噪鹛	*Garrulax maximus*	1	0	0	0	1	0.599
眼纹噪鹛	*Garrulax ocellatus*	2	0	1	1	4	2.395
白喉噪鹛	*Pterorhinus albogularis*	0	1	1	0	2	1.198
橙翅噪鹛	*Trochalopteron elliotii*	5	0	2	0	7	4.192
黑顶噪鹛	*Trochalopteron affine*	6	1	1	3	11	6.587
红翅噪鹛	*Trochalopteron formosum*	0	0	0	1	1	0.599
长尾地鸫	*Zoothera dixoni*	2	0	0	1	3	1.796
虎斑地鸫	*Zoothera aurea*	0	0	0	1	1	0.599
灰头鸫	*Turdus rubrocanus*	0	0	1	1	2	1.198
白眉林鸲	*Tarsiger indicus*	1	0	0	0	1	0.599
红胁蓝尾鸲	*Tarsiger cyanurus*	1	0	0	0	1	0.599
白顶溪鸲	*Phoenicurus leucocephalus*	1	0	0	0	1	0.599
紫啸鸫	*Myophonus caeruleus*	10	4	2	4	20	11.976
斑翅朱雀	*Carpodacus trifasciatus*	1	0	0	0	1	0.599
白眉朱雀	*Carpodacus dubius*	1	0	0	0	1	0.599

2. 不同功能区物种分布

在保护区不同功能区域下均拍摄到较多种类的兽类物种（18~20种）（见图6-6）。其中，在核心区拍摄到了除猕猴、岩羊和赤狐外的19种兽类；在缓冲区拍摄到了除隐纹花鼠与赤狐外的20种兽类；在实验区拍摄到了除藏酋猴与隐纹花鼠外的20种兽类；在保护区外围拍摄到了除中华扭角羚、猕猴、岩羊和赤狐外的18种兽类。整体上看，在保护区拍摄到的所有兽类物种中有超过72%的兽类物种在4种不同功能区域分布，仅隐纹花鼠、猕猴、岩羊和赤狐这4个物种只在1~2个不同功能区域有分布。

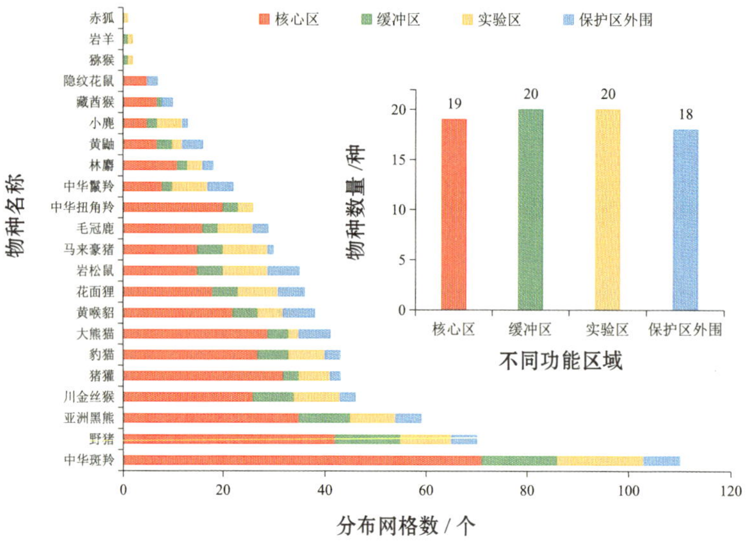

图6-6　在保护区不同功能区域下拍摄的兽类物种数以及每种兽类物种在不同功能区域下的分布网格数

在保护区不同功能区域下均拍摄到较多种类的鸟类物种（9~24种）（见图6-7）。其中，在核心区拍摄到的鸟类物种最多，达到24种；在实验区和保护区外围均拍摄到了15种鸟类；在缓冲区拍摄到的鸟类种类最少，仅9种。红腹角雉、血雉、紫啸鸫、绿尾虹雉、红腹锦鸡、黑顶噪鹛这6种鸟类在保护区的4种不同功能区域均有分布；红喉雉鹑、勺鸡、斑背噪鹛、眼纹噪鹛这4种鸟类在保护区的3种不同功能区域有分布；红嘴鸦雀、橙翅噪鹛、长尾地鸫、星鸦、白喉噪鹛、灰头鸫这6种鸟类在保护区的2种不同功能区域有分布；而其余15种鸟类仅在保护区的1种功能区域有分布。

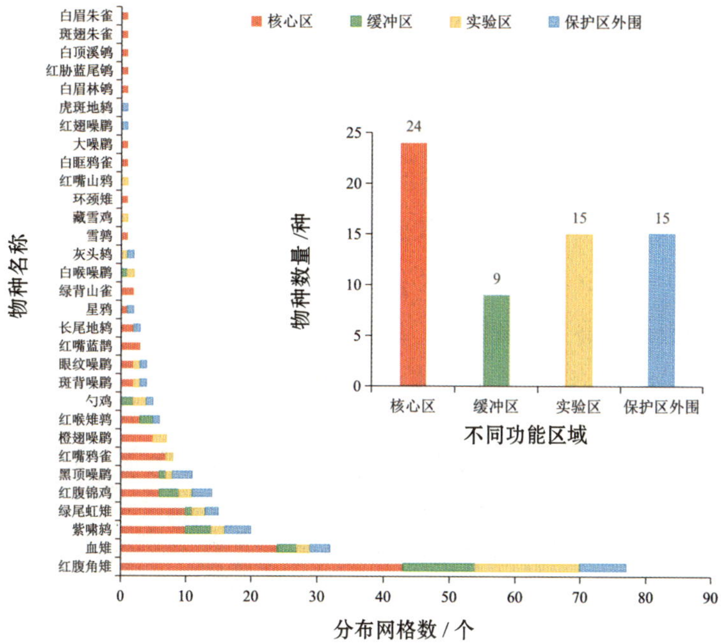

图6-7　在保护区不同功能区域下拍摄的鸟类物种数以及每种鸟类物种在不同功能区域下的分布网格数

3. 整体集群分布

在保护区拍摄到的22种兽类物种中有17种兽类物种存在着不同程度的集群行为。在保护区不同功能区域内均有多种兽类物种存在着集群现象（7~13种）（见表6-5，图6-8至图6-24）。整体上看，核心区出现集群现象的物种种类（13种）和集群分布网格数（87个）均最多；保护区外围最少，但依旧有7种兽类有集群现象，集群分布网格数共计8个。川金丝猴、中华斑羚、野猪在保护区的4个不同功能区域均有集群，集群分布网格数分别达28个、32个、30

个，但多集中在核心区；藏酋猴的集群主要发生在核心区和保护区外围，集群分布网格数共计3个；大熊猫的集群主要发生在核心区，核心区边缘靠近保护区外围的单网格中出现了2只；中华扭角羚与黄喉貂的集群均主要发生在核心区和缓冲区，中华扭角羚在核心区的集群分布网格数达11个，而缓冲区仅有1个，黄喉貂的集群分布网格数共计3个；毛冠鹿和猪獾均仅在核心区有2个集群分布网格；中华鬣羚和花面狸均在核心区和实验区有集群，总集群分布网格数均不多，分别是2个和3个；马来豪猪在核心区、缓冲区和实验区均有集群，总集群分布网格数合计达14个；亚洲黑熊在缓冲区和实验区均有1个集群分布网格；黄鼬在实验区和保护区外围均有1个集群分布网格；林麝在核心区和保护区外围均有1个集群分布网格；岩羊仅在实验区有1个集群分布网格；豹猫仅在保护区外围有1个集群分布网格。

表6-5　红外相机监测到的兽类物种集群情况

物种名称	学名	单网格中集群最大数量/只				集群分布网格数/个			
		核心区	缓冲区	实验区	保护区外围	核心区	缓冲区	实验区	保护区外围
藏酋猴	*Macaca thibetana*	6	0	0	4	2	0	0	1
川金丝猴	*Rhinopithecus roxellana*	9	5	11	4	12	8	7	1
大熊猫	*Ailuropoda melanoleuca*	2	0	0	0	3	0	0	0
中华扭角羚	*Budorcas tibetana*	19	2	0	0	11	1	0	0
中华斑羚	*Naemorhedus griseus*	3	3	3	2	22	6	3	1
中华鬣羚	*Capricornis milneedwardsii*	2	0	2	0	1	0	1	0
林麝	*Moschus berezovskii*	2	0	0	2	1	0	0	1
毛冠鹿	*Elaphodus cephalophus*	2	0	0	0	2	0	0	0

续表

物种名称	学名	单网格中集群最大数量/只				集群分布网格数/个			
		核心区	缓冲区	实验区	保护区外围	核心区	缓冲区	实验区	保护区外围
岩羊	*Pseudois nayaur*	0	0	4	0	0	0	1	0
野猪	*Sus scrofa*	12	8	13	7	20	5	3	2
亚洲黑熊	*Ursus thibetanus*	0	2	3	0	0	1	1	0
花面狸	*Paguma larvata*	3	0	3	0	2	0	1	0
黄喉貂	*Martes flavigula*	3	2	0	0	2	1	0	0
豹猫	*Prionailurus bengalensis*	0	0	0	3	0	0	0	1
黄鼬	*Mustela sibirica*	0	0	2	2	0	0	1	1
猪獾	*Arctonyx collaris*	7	0	0	0	2	0	0	0
马来豪猪	*Hystrix brachyura*	3	2	3	0	7	4	3	0
猕猴	*Macaca mulatta*	0	1	1	0	0	1	1	0
赤狐	*Vulpes vulpes*	0	0	1	0	0	0	1	0
小麂	*Muntiacus reevesi*	1	1	1	1	5	2	5	1
隐纹花鼠	*Tamiops swinhoei*	1	0	0	1	5	0	0	2
岩松鼠	*Sciurotamias davidianus*	1	1	1	1	15	5	9	6

在保护区拍摄到的9种地栖性雉类物种中有5种地栖性雉类物种存在着不同程度的集群行为。在保护区不同功能区域内均有多种地栖性雉类存在着集群现象（4~5种）（见表6-6，图6-25至图6-29）。整体上看，核心区出现集群的物种种类（5种）和集群分布网格数（35个）均最多；其次是保护区外围，集群物种种类达5种，集群分布网格数达13个；缓冲区和实验区相对较少，集群

物种种类均为4种，集群网格数分别为8个和7个。血雉、红腹角雉、红腹锦鸡在保护区4个不同功能区域均有集群，总集群分布网格数分别达22个、25个、7个，多集中在核心区；红喉雉鹑在核心区、缓冲区和保护区外围均有集群，集群分布网格数合计有5个；绿尾虹雉在核心区、实验区和保护区外围均有集群，集群分布网格数合计有4个。

表6-6 红外相机监测到的地栖性雉类物种集群情况

物种名称	学名	单网格中集群最大数量/只				集群分布网格数/个			
		核心区	缓冲区	实验区	保护区外围	核心区	缓冲区	实验区	保护区外围
红喉雉鹑	*Tetraophasis obscurus*	2	2	0	2	3	1	0	1
血雉	*Ithaginis cruentus*	7	2	2	5	17	1	1	3
红腹角雉	*Tragopan temminckii*	3	2	2	2	10	5	4	6
绿尾虹雉	*Lophophorus lhuysii*	4	0	3	2	2	0	1	1
红腹锦鸡	*Chrysolophus pictus*	5	2	5	2	3	1	1	2
藏雪鸡	*Tetraogallus tibetanus*	0	0	1	0	0	0	1	0
勺鸡	*Pucrasia macrolopha*	0	1	1	1	0	2	2	1
环颈雉	*Phasianus colchicus*	1	0	0	0	1	0	0	0
雪鹑	*Lerwa lerwa*	1	0	0	0	1	0	0	0

4. 集群分布图

对四川小寨子沟国家级自然保护区内存在着不同程度集群行为的17种兽类和5种地栖性雉类的网格分布作图展示，具体见图6-8至图6-29。

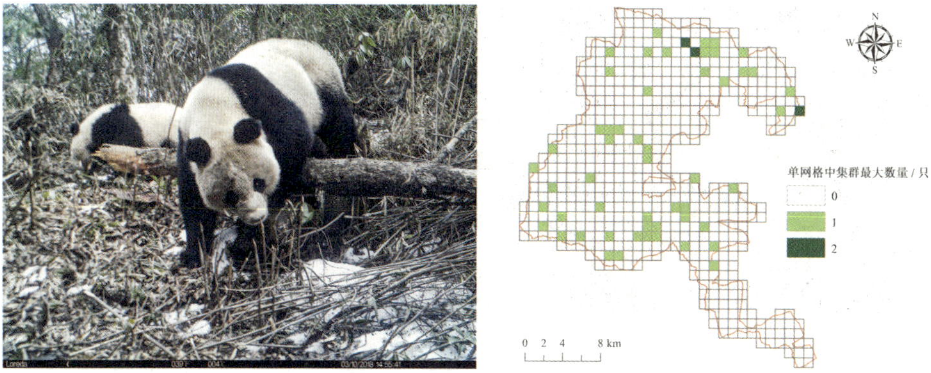

图6-8　大熊猫的红外相机照片及其全域分布网格密度图

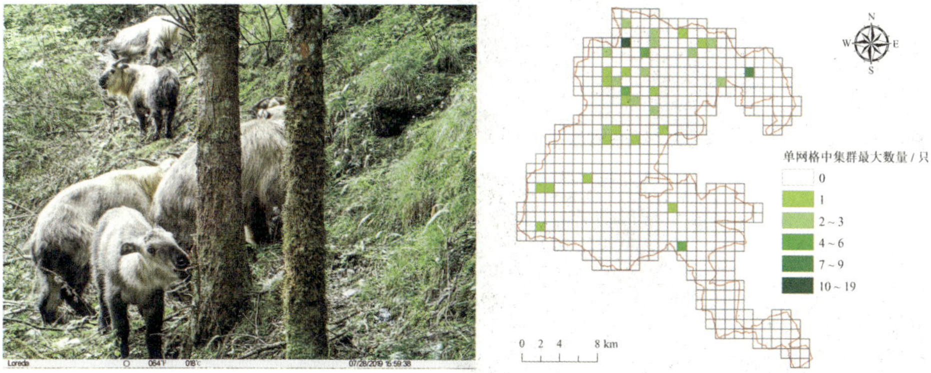

图6-9　中华扭角羚的红外相机照片及其全域分布网格图

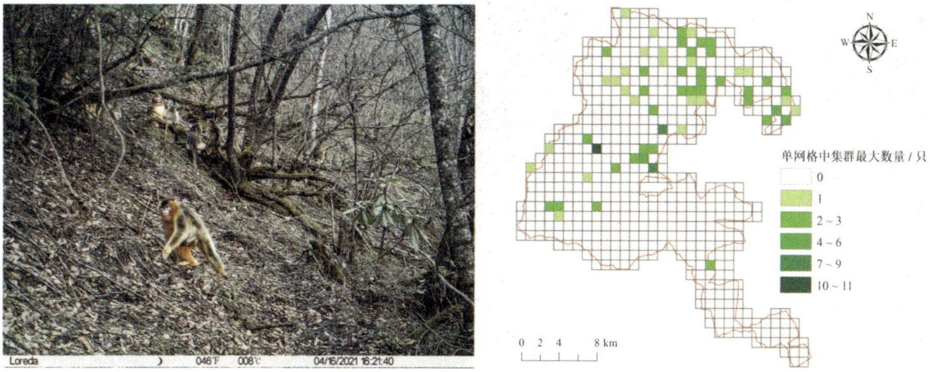

图6-10　川金丝猴的红外相机照片及其全域分布网格图

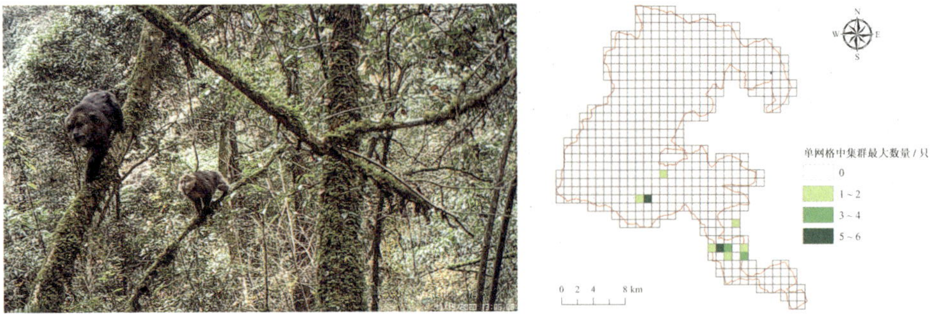

图6-11　藏酋猴的红外相机照片及其全域分布网格图

图6-12　亚洲黑熊的红外相机视频截图及其全域分布网格图

图6-13　林麝的红外相机照片及其全域分布网格图

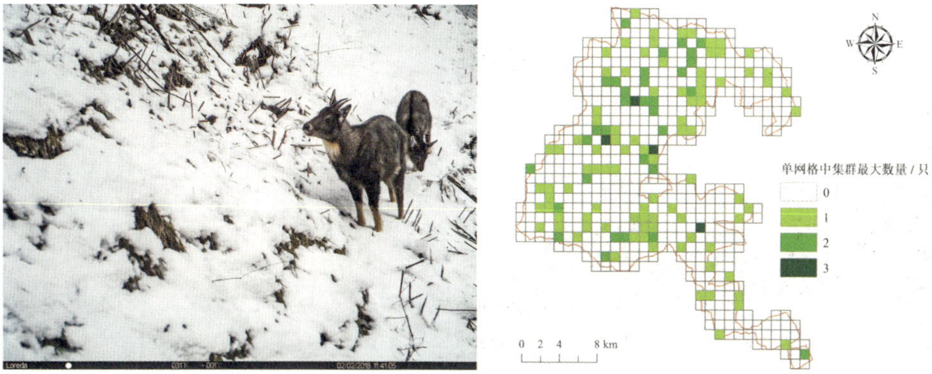

图6-14　中华斑羚的红外相机照片及其全域分布网格图

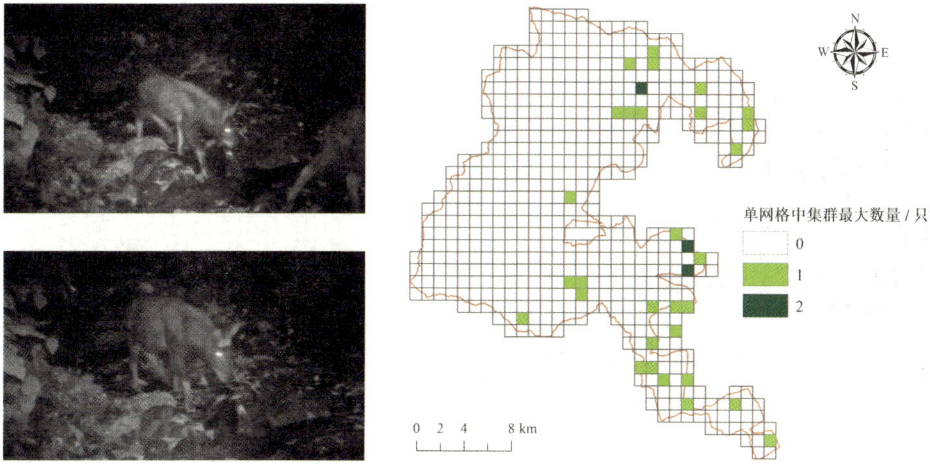

图6-15　中华鬣羚的红外相机视频截图及其全域分布网格图

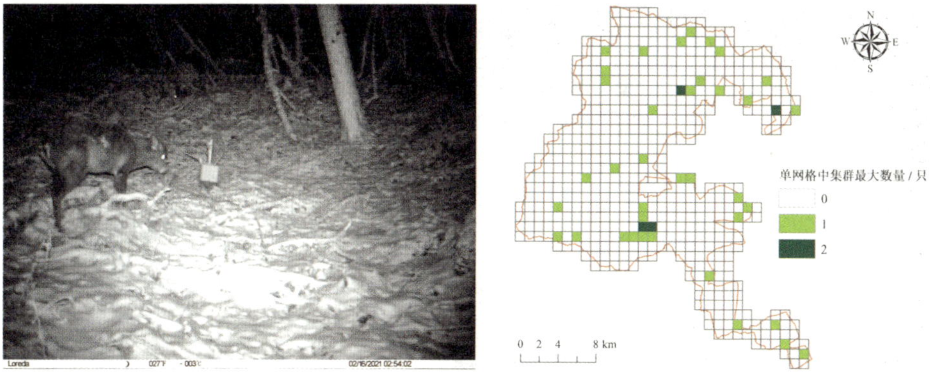

图6-16　毛冠鹿的红外相机照片及其全域分布网格图

图6-17　岩羊的红外相机照片及其全域分布网格图

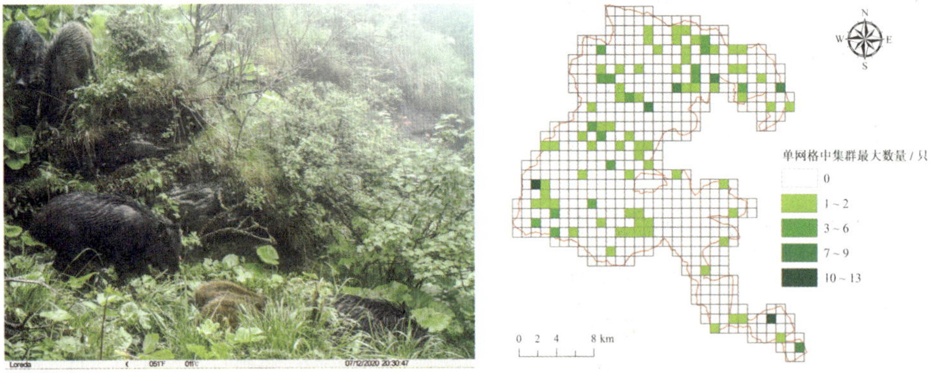

图6-18　野猪的红外相机照片及其全域分布网格图

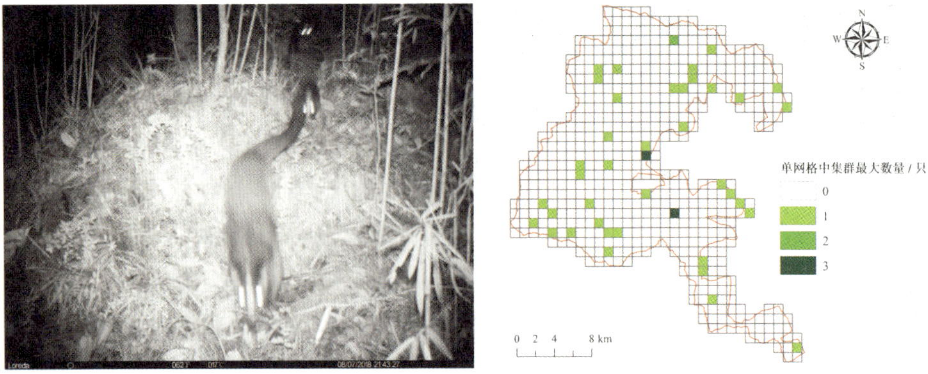

图6-19　花面狸的红外相机照片及其全域分布网格图

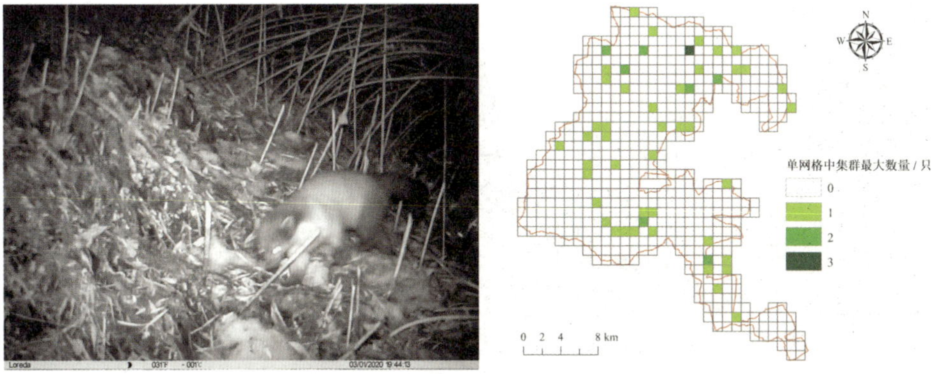

图6-20　黄喉貂的红外相机照片及其全域分布网格图

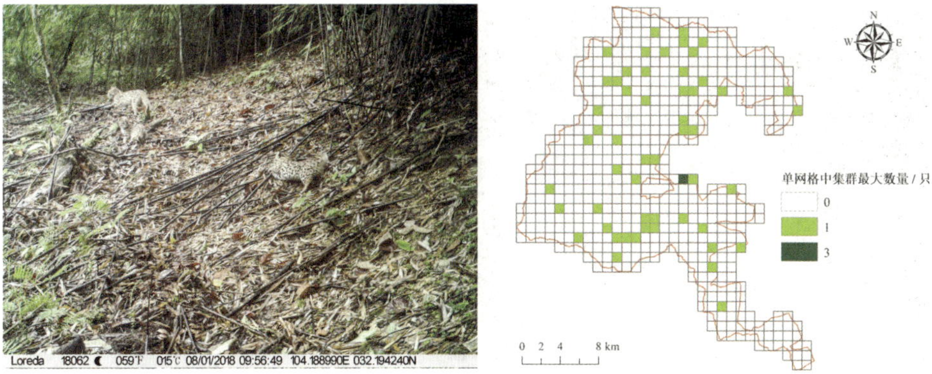

图6-21　豹猫的红外相机照片及其全域分布网格图

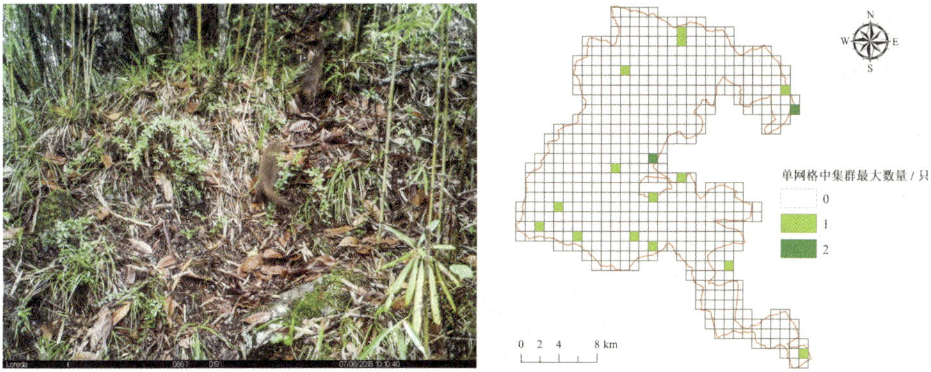

图6-22　黄鼬的红外相机照片及其全域分布网格图

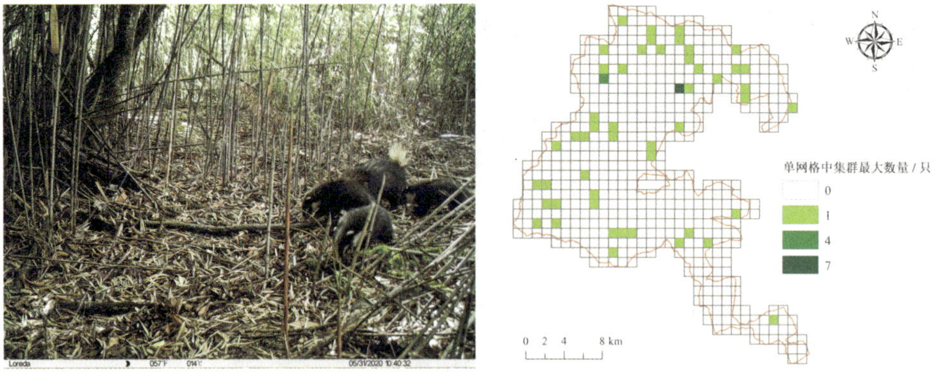

图6-23 猪獾的红外相机照片及其全域分布网格图

图6-24 马来豪猪的红外相机照片及其全域分布网格图

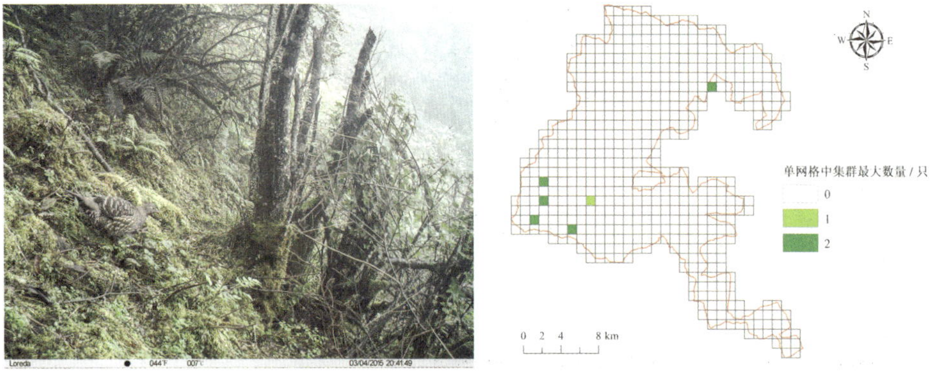

图6-25 红喉雉鹑的红外相机照片及其全域分布网格图

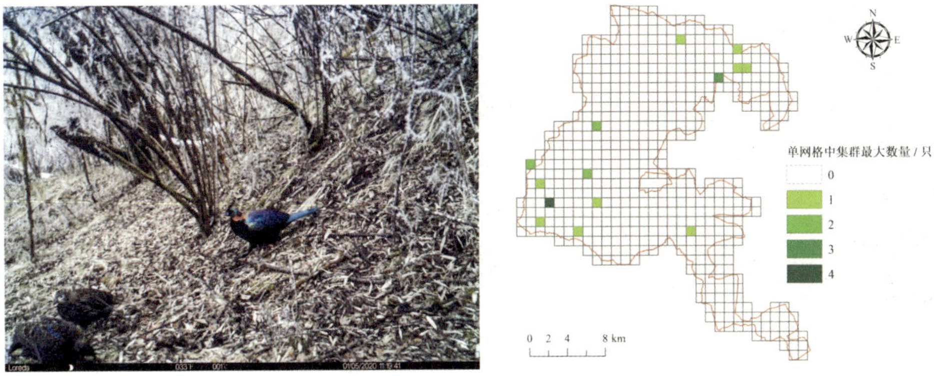

图6-26　绿尾虹雉的红外相机照片及其全域分布网格图

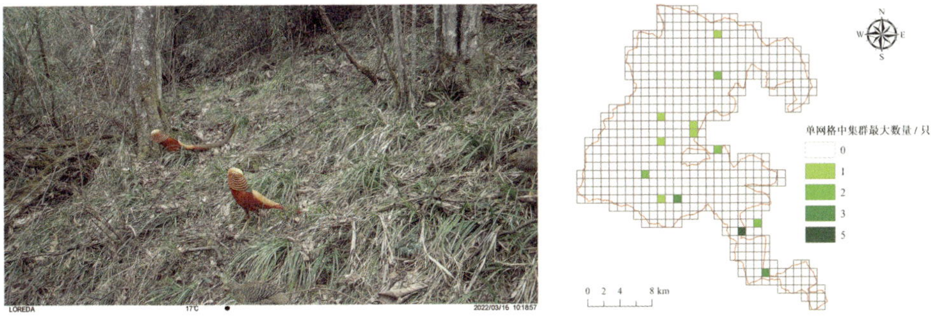

图6-27　红腹锦鸡的红外相机照片及其全域分布网格图

图6-28　血雉的红外相机照片及其全域分布网格图

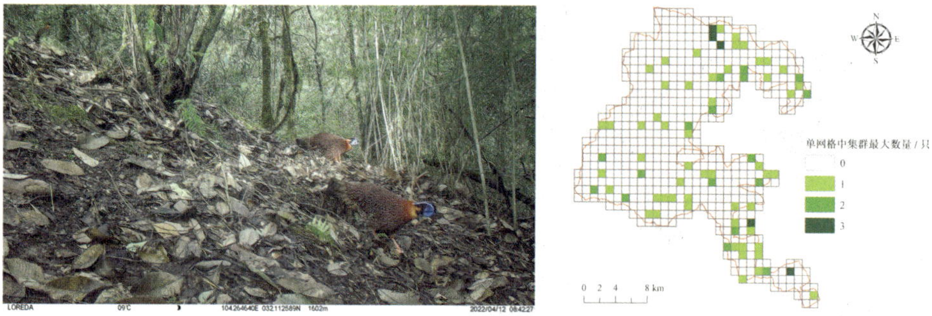

图6-29 红腹角雉的红外相机照片及其全域分布网格图

5. 物种的分布海拔

在拍摄到的22种兽类物种中，中华斑羚（2 385 m）、亚洲黑熊（2 350 m）、川金丝猴（2 345 m）、野猪（2 155 m）、猪獾（2 060 m）和大熊猫（2 050 m）的分布海拔跨度排在前列且均超过2 000 m。在拍摄到的22种兽类物种中，分布海拔跨度超过1 000 m的兽类物种高达19种，占拍摄到的总兽类物种数的86.36%（见图6-30），这说明保护区内绝大多数兽类物种存在着跨海拔活动的现象。

在拍摄到的9种地栖性雉类物种中，红腹角雉（2 020 m）的分布海拔跨度最大；其次是绿尾虹雉（1 520 m）、血雉（1 495 m）、红腹锦鸡（1 480 m）、勺鸡（1 045 m），它们的分布海拔跨度均超过了1 000 m；红喉雉鹑的分布海拔跨度为705 m；藏雪鸡、环颈雉和雪鹑目前仅在1个相机位点被拍到，其更加准确的分布海拔仍待进一步监测研究。

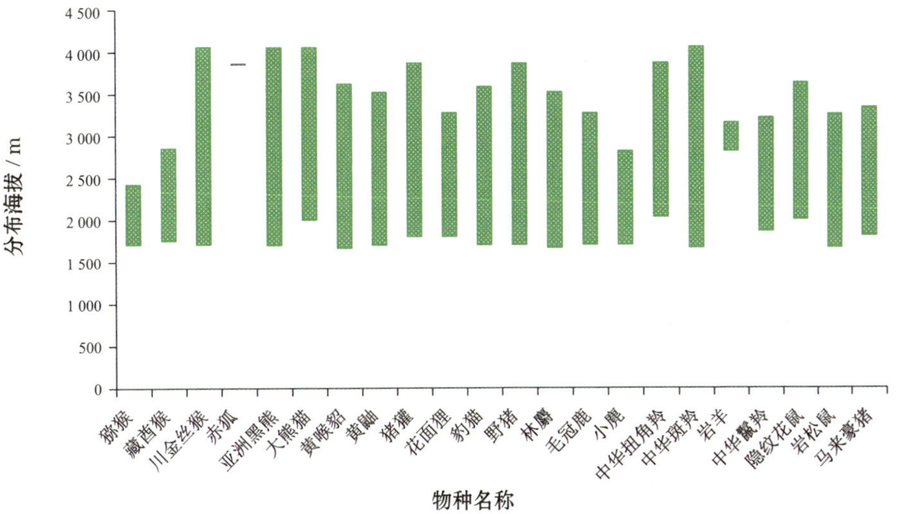

图6-30　红外相机拍摄的兽类物种的分布海拔示意图

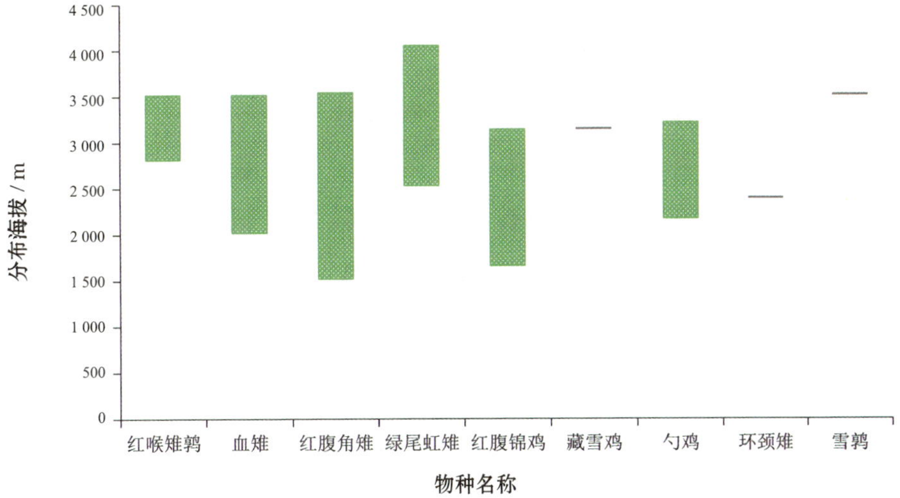

图6-31　红外相机拍摄的地栖性雉类物种的分布海拔示意图

第三节　物种种群动态与分布

本节将基于四川小寨子沟国家级自然保护区2017—2023年的红外相机监测结果，整体评估RAI和GO：选择拍摄率较高、分布网格数较多的16种兽类和2种地栖性雉类为代表，数据年份选择2022年1—6月，按照每10天为1个调查周期，开展占域模型分析。

一、国家重点保护野生动物的相关分析

1. 大熊猫

大熊猫为国家一级保护野生动物，累计拍摄到有效照片1 124张，视频259段［见图6-32（a）］。

相对多度：目前整体RAI为0.134。

网格分布：共计在55个调查网格中拍摄到大熊猫，GO为32.934%［见图6-32（c）］。

占域分析：通过占域模型分析可知，大熊猫的探测率为0.107，占域率为0.277。大熊猫的占域率受距居民点的距离、NDVI、海拔和坡度4个因素的影响［见表6-7、图6-32（d）］。其占域率随着距居民点的距离［β（估计值）=−0.014，*SE*（标准误）=0.074］、NDVI（β=−0.175，*SE*=0.209）和坡度（β=−0.004，*SE*=0.048）的增大而减小，随着海拔（β=0.089，*SE*=0.178）的升高而缓慢增大。大熊猫的探测率受NDVI、距居民点的距离和海拔的影响［见表6-7、图6-32（d）］。其探测率随着距居民点的距离（β=−0.019，*SE*=0.071）

的增大而减小，随着NDVI（β=0.021，SE=0.063）和海拔（β=0.003，SE=0.042）的增大（升高）而缓慢增大。

日活动节律：大熊猫的活动节律曲线表明其活动类型为昼行型，主要的活动高峰在13:00—19:00［见图6-32（b）］。

表6-7　环境协变量对保护区大熊猫占域率和探测率的影响

模型成分	协变量	β	SE	Z值	P值
占域率	距居民点的距离	−0.014	0.074	0.183	0.855
	NDVI	−0.175	0.209	0.836	0.403
	海拔	0.089	0.178	0.498	0.619
	坡度	−0.004	0.048	0.078	0.938
探测率	NDVI	0.021	0.063	0.325	0.745
	距居民点的距离	−0.019	0.071	0.271	0.786
	海拔	0.003	0.042	0.062	0.950

(a)

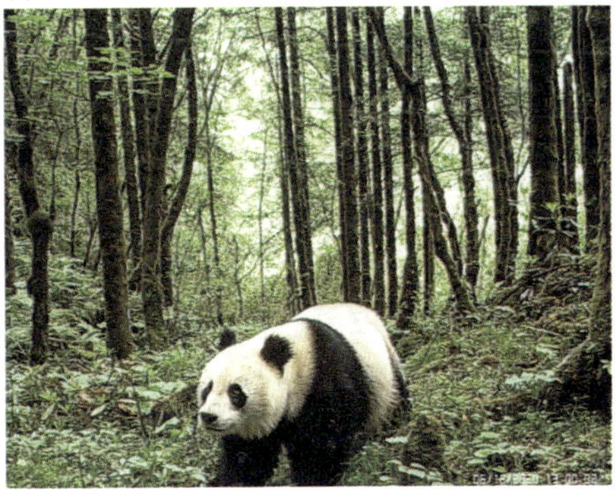

(b)

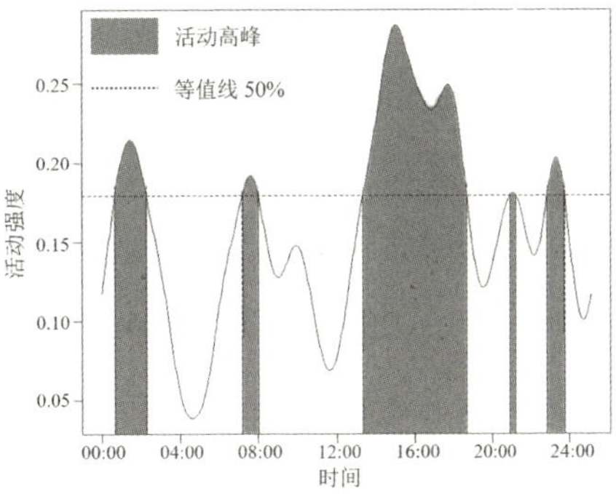

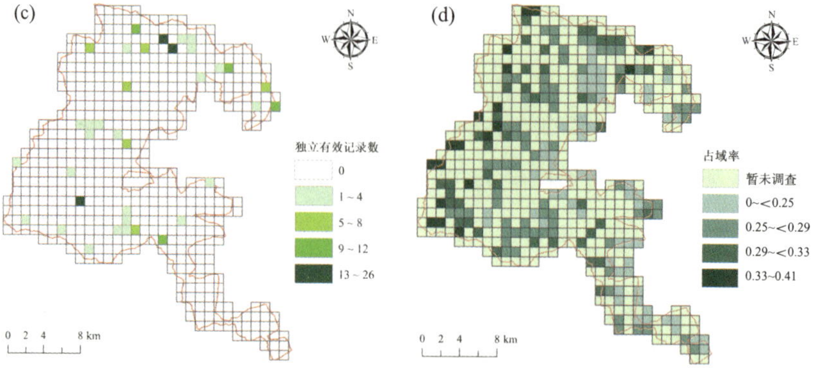

图6-32 保护区大熊猫的红外相机照片（a）、日活动节律曲线（b）、网格分布（c）和占域分布（d）

2. 川金丝猴

川金丝猴为国家一级保护野生动物，累计拍摄到有效照片4 751张，视频1 262段［见图6-33（a）］。

相对多度：目前整体RAI为0.110。

网格分布：共计在59个调查网格中拍摄到川金丝猴，GO为35.33%［见图6-33（c）］。

占域分析：通过占域模型分析可知，川金丝猴的探测率为0.046，占域率为0.565。川金丝猴的占域率受距居民点的距离、NDVI、海拔和坡度4个因素的影响［见表6-8、图6-33（d）］。其占域率随着NDVI（β=−0.018，*SE*=0.298）和坡度（β=−0.058，*SE*=0.158）的增大而减小，随着距居民点的距离（β=0.007，*SE*=0.068）和海拔（β=0.128，*SE*=0.386）的增大（升高）而缓慢增大。川金丝猴的探测率受NDVI、距居民点的距离和海拔的影响［见表6-8、图6-33（d）］。其探测率随着NDVI（β=−0.093，*SE*=0.186）、距居民点的距离（β=−0.008，*SE*=0.044）和海拔（β=−0.330，*SE*=0.249）的增大（升高）而减小。

日活动节律：川金丝猴的活动节律曲线表明其活动类型为昼行型，活动高峰出现在10:00—11:00以及12:30—16:30［见图6-33（b）］。

表6-8　环境协变量对保护区川金丝猴占域率和探测率的影响

模型成分	协变量	*β*	*SE*	*Z*值	*P*值
占域率	距居民点的距离	0.007	0.068	0.097	0.923
	NDVI	−0.018	0.298	0.060	0.952
	海拔	0.128	0.386	0.331	0.741
	坡度	−0.058	0.158	0.370	0.711
探测率	NDVI	−0.093	0.186	0.500	0.617
	距居民点的距离	−0.008	0.044	0.183	0.855
	海拔	−0.330	0.249	1.326	0.185

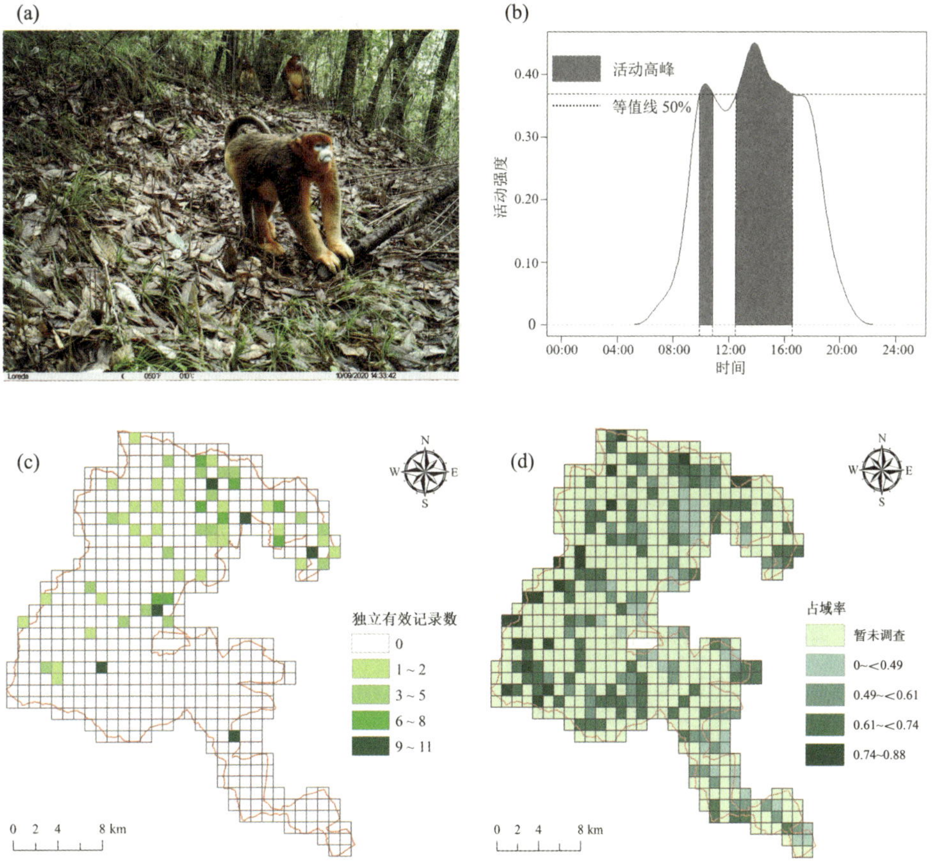

图6-33　保护区川金丝猴的红外相机照片（a）、日活动节律曲线（b）、网格分布（c）和占域分布（d）

3. 中华扭角羚

中华扭角羚为国家一级保护野生动物，累计拍摄到有效照片3 086张，视频973段［见图6-34（a）］。

相对多度：目前整体RAI为0.258。

网格分布：共计在33个调查网格中拍摄到中华扭角羚，GO为19.760%［见图6-34（c）］。

占域分析：通过占域模型分析可知，中华扭角羚的探测率为0.049，占域率为0.294。中华扭角羚的占域率受距居民点的距离和NDVI 2个因素的影响［见表6-9、图6-34（d）］。其占域率随着NDVI（β=–0.001，*SE*=0.024）的增大而减小，随着距居民点的距离（β=0.338，*SE*=0.479）的增大而增大。中华扭角羚的探测率受NDVI和距居民点的距离的影响［见表6-9、图6-34（d）］。其探测率随着NDVI（β=–0.414，*SE*=0.224）的增大而减小，随着距居民点的距离（β=0.406，*SE*=0.341）的增大而增大。

日活动节律：中华扭角羚的活动节律曲线表明其活动类型为昼行型，活动高峰主要出现在7:30—9:00、15:00—18:00以及18:20—19:30［见图6-34（b）］。

表6-9 环境协变量对保护区中华扭角羚占域率和探测率的影响

模型成分	协变量	β	*SE*	*Z*值	*P*值
占域率	距居民点的距离	0.338	0.479	0.706	0.480
	NDVI	–0.001	0.024	0.030	0.976
探测率	NDVI	–0.414	0.224	1.845	0.065
	距居民点的距离	0.406	0.341	1.191	0.234

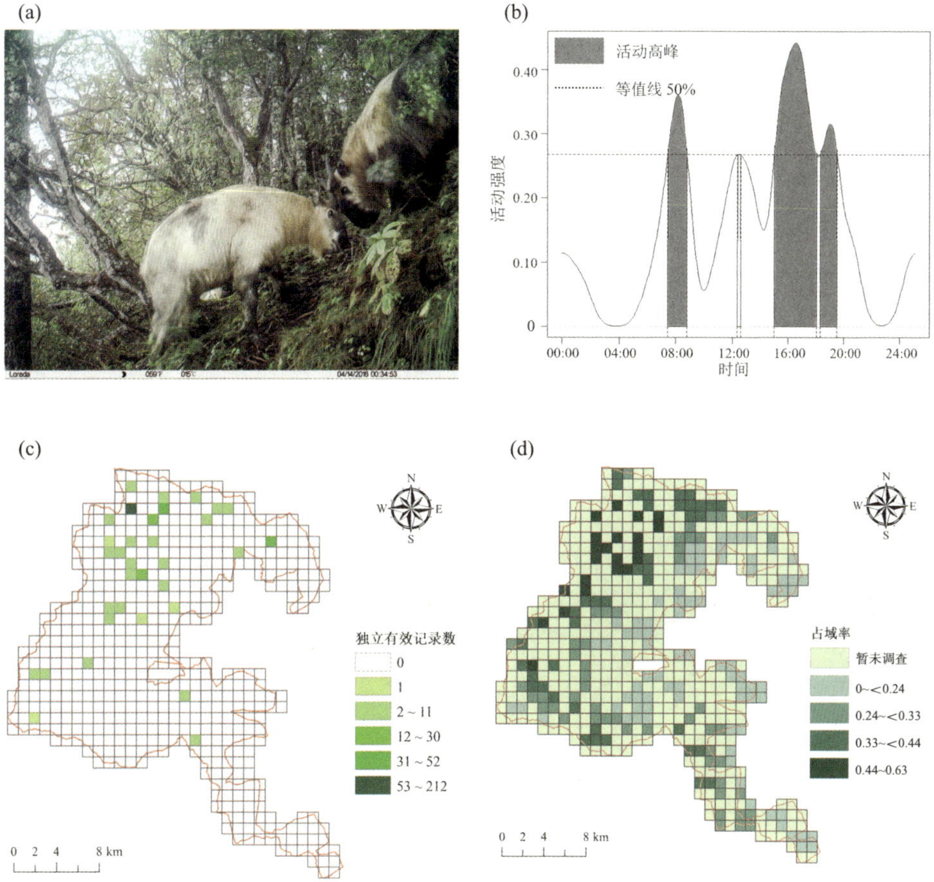

图6-34　保护区中华扭角羚的红外相机照片（a）、日活动节律曲线（b）、网格分布（c）和占域分布（d）

4. 林麝

林麝为国家一级保护野生动物，累计拍摄到有效照片453张，视频160段［见图6-35（a）］。

相对多度：目前整体RAI为0.059。

网格分布：共计在26个调查网格中拍摄到林麝，GO为15.569%［见图6-35（c）］。

占域分析：通过占域模型分析可知，林麝的探测率为0.078，占域率为0.114。林麝的占域率受距居民点的距离、海拔、NDVI 和坡度4个因素的影响［见表6-10、图6-35（d）］。其占域率随着距居民点的距离（β=–0.141，SE=0.277）和坡度（β=–0.008，SE=0.079）的增大而减小，随着海拔（β=0.023，SE=0.132）与NDVI（β=0.129，SE=0.362）的增大（升高）而增大。林麝的探测率受NDVI、距居民点的距离以及海拔3个因素的影响［见表6-10、图6-35（d）］。其探测率随着距居民点的距离（β=–0.022，SE=0.091）的增大而减小，随着NDVI（β=0.831，SE=0.614）和海拔（β=0.096，SE=0.209）的增大（升高）而增大。

日活动节律：林麝的活动节律曲线表明其活动类型为夜行型，活动高峰出现在19:40至次日1:00［见图6-35（b）］。

表6-10　环境协变量对保护区林麝占域率和探测率的影响

模型成分	协变量	β	SE	Z值	P值
占域率	距居民点的距离	–0.141	0.277	0.510	0.610
	海拔	0.023	0.132	0.173	0.862
	NDVI	0.129	0.362	0.357	0.721
	坡度	–0.008	0.079	0.096	0.924
探测率	NDVI	0.831	0.614	1.354	0.176
	距居民点的距离	–0.022	0.091	0.241	0.809
	海拔	0.096	0.209	0.457	0.648

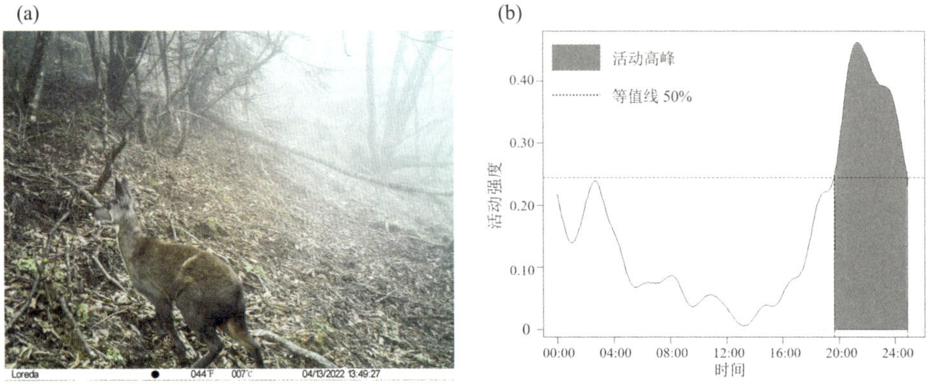

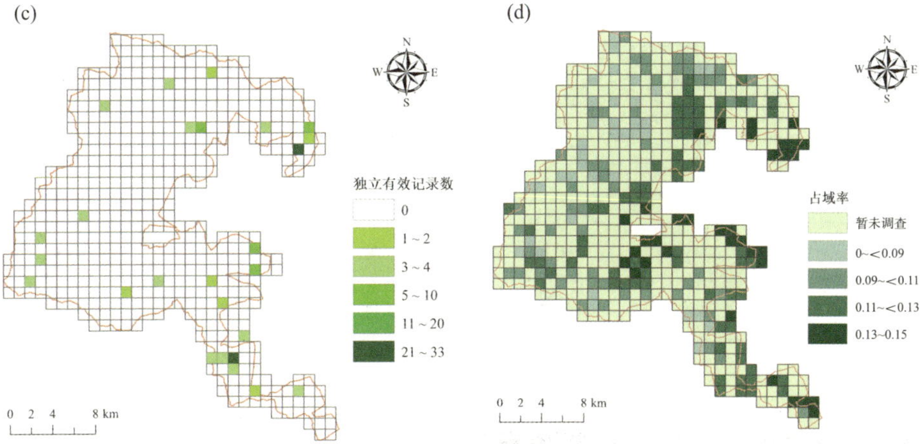

图6-35　保护区林麝的红外相机照片（a）、日活动节律曲线（b）、网格分布（c）和占域分布（d）

5. 毛冠鹿

毛冠鹿为国家二级保护野生动物，累计拍摄到有效照片6 078张，视频1 548段［见图6-36（a）］。

相对多度：目前整体RAI为0.211。

网格分布：共计在41个调查网格拍摄到毛冠鹿，GO为24.551%［见图6-36（c）］。

占域分析：通过占域模型分析可知，毛冠鹿的探测率为0.083，占域率为0.208。毛冠鹿的占域率和探测率均受到NDVI和海拔2个因素的影响［见表6-11、图6-36（d）］。其占域率随着NDVI（β=-0.767，SE=0.402）和海拔（β=-1.082，SE=0.363）的增大（升高）而减小；探测率随着NDVI（β=0.671，SE=0.270）和海拔（β=0.069，SE=0.179）的增大（升高）而增大。

日活动节律：毛冠鹿的活动节律曲线表明其活动类型为昼行晨昏型，活动高峰出现在7:00—10:00以及16:30—21:40［见图6-36（b）］。

表6-11　环境协变量对保护区毛冠鹿占域率和探测率的影响

模型成分	协变量	*β*	*SE*	*Z*值	*P*值
占域率	NDVI	−0.767	0.402	1.909	0.056
	海拔	−1.082	0.363	2.979	0.003
探测率	NDVI	0.671	0.270	2.485	0.013
	海拔	0.069	0.179	0.384	0.701

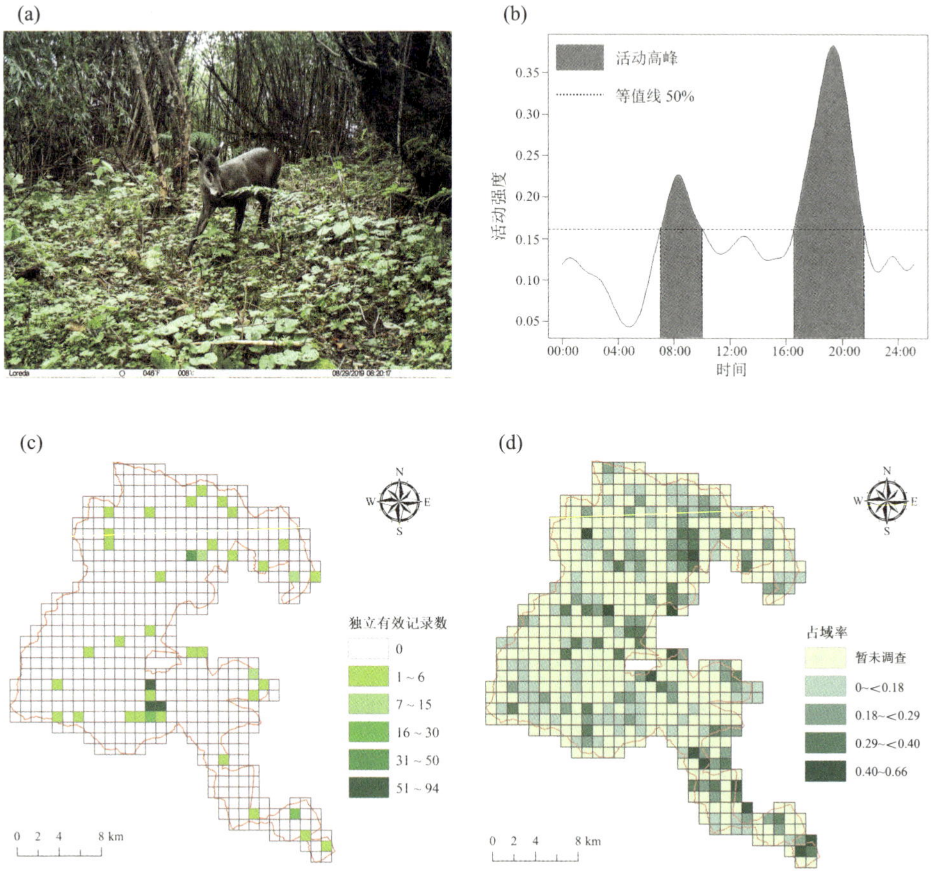

图6-36　保护区毛冠鹿的红外相机照片（a）、日活动节律曲线（b）、网格分布（c）和占域分布（d）

6. 中华斑羚

中华斑羚为国家二级保护野生动物，累计拍摄到有效照片15 689张，视频3 836段［见图6–37（a）］。

相对多度：目前整体RAI为1.571。

网格分布：共计在126个调查网格中拍摄到中华斑羚，GO为75.449%［见图6–37（c）］。

占域分析：通过占域模型分析可知，中华斑羚的探测率为0.174，占域率为0.493。中华斑羚的占域率受距居民点的距离和NDVI 2个因素的影响［见表6–12、图6–37（d）］。其占域率随着NDVI（β=–0.071，SE=0.148）的增大而减小，随着距居民点的距离（β=0.443，SE=0.316）的增大而增大。中华斑羚的探测率受距居民点的距离、NDVI和海拔的影响［见表6–12、图6–37（d）］。其探测率随着NDVI（β=–0.021，SE=0.047）的增大而减小，随着距居民点的距离（β=0.090，SE=0.148）和海拔（β=0.009，SE=0.036）的增大（升高）而增大。

日活动节律：中华斑羚的活动节律曲线表明其活动类型为昼行型，虽在1:30—3:10有个小的活动高峰，但活动高峰值更大且持续时间更长的活动高峰出现在6:30—9:30与15:40—21:00。此外，中华斑羚在中午12:00—13:00还有个小的活动高峰［见图6–37（b）］。

表6–12　环境协变量对保护区中华斑羚占域率和探测率的影响

模型成分	协变量	β	SE	Z值	P值
占域率	距居民点的距离	0.433	0.316	1.370	0.171
	NDVI	–0.071	0.148	0.475	0.635
探测率	距居民点的距离	0.090	0.148	0.612	0.541
	NDVI	–0.021	0.047	0.436	0.663
	海拔	0.009	0.036	0.249	0.803

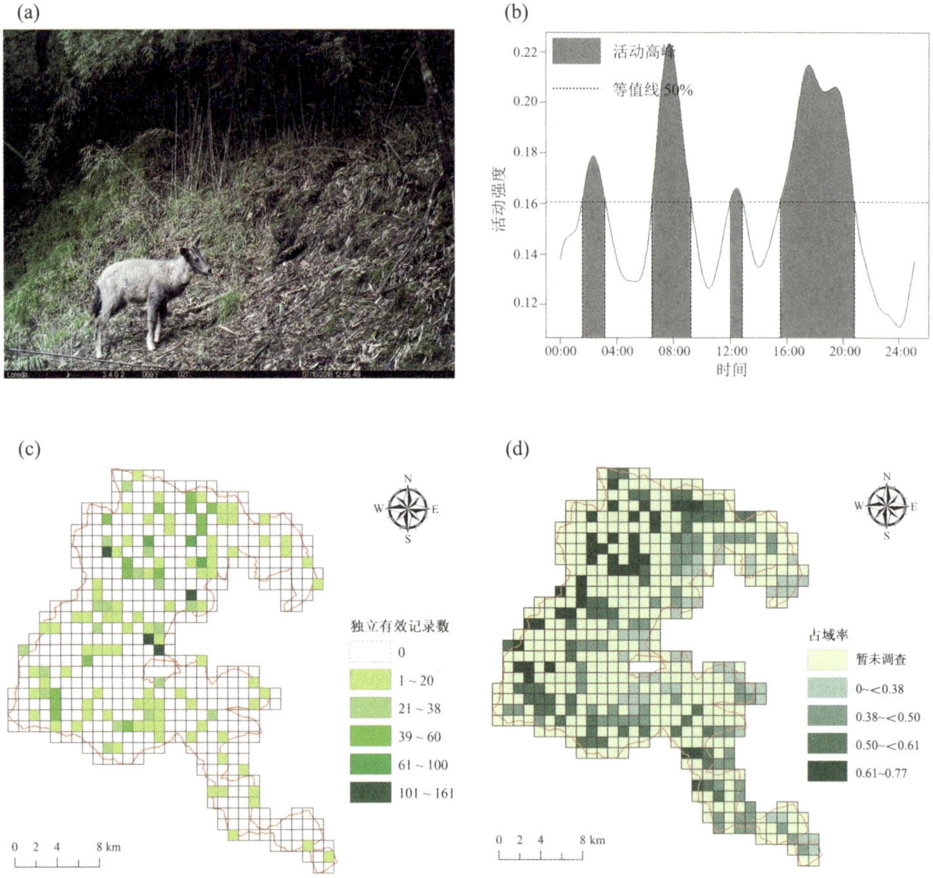

图6-37 保护区中华斑羚的红外相机照片（a）、日活动节律曲线（b）、网格分布（c）和占域分布（d）

7. 中华鬣羚

中华鬣羚为国家二级保护野生动物，累计拍摄到有效照片1 684张，视频383段［见图6-38（a）］。

相对多度：目前整体RAI为0.141。

网格分布：共计在33个调查网格中拍摄到中华鬣羚，GO为19.760%［见图6-38（c）］。

占域分析：通过占域模型分析可知，中华鬣羚的探测率为0.045，占域率为0.143。中华鬣羚的占域率受距居民点的距离和NDVI 2个因素的影响［见表6-13、图6-38（d）］。其占域率随着距居民点的距离（β=-0.993，SE=0.447）的增大而减小，随着NDVI（β=0.107，SE=0.310）的增大而增大。中华鬣羚的探测率受NDVI和海拔的影响［见表6-13、图6-38（d）］。其探测率随着NDVI（β=0.156，SE=0.365）和海拔（β=0.005，SE=0.134）的增大（升高）而增大。

日活动节律：中华鬣羚的活动节律曲线表明其活动类型为夜行晨昏型，活动高峰出现在1:00—3:00、6:00—9:40以及19:00—21:00［见图6-38（b）］。

表6-13　环境协变量对保护区中华鬣羚占域率和探测率的影响

模型成分	协变量	β	SE	Z值	P值
占域率	距居民点的距离	-0.993	0.447	2.213	0.027
	NDVI	0.107	0.310	0.346	0.730
探测率	NDVI	0.156	0.365	0.426	0.670
	海拔	0.005	0.134	0.037	0.971

(a)

(b)

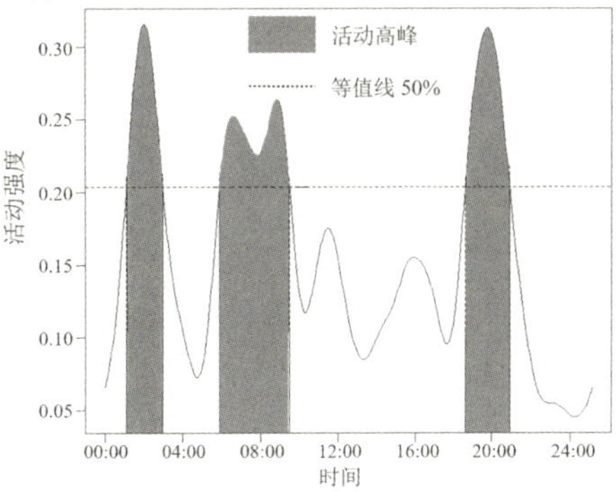

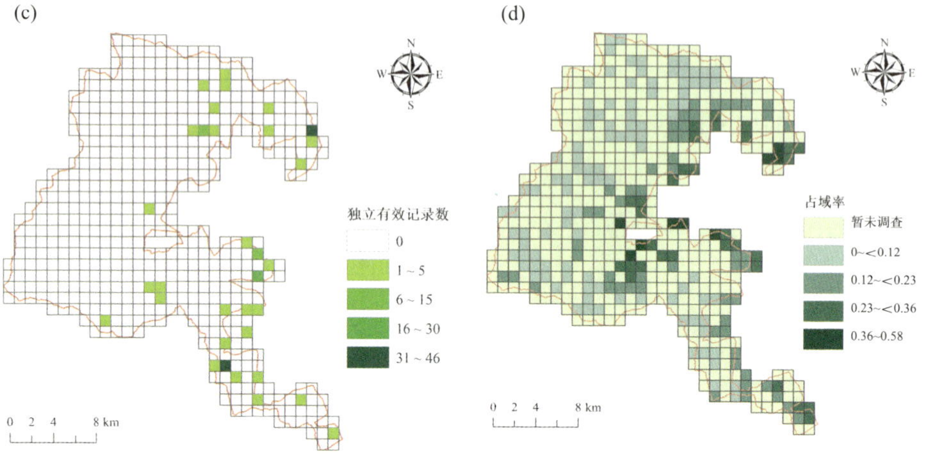

图6-38 保护区中华鬣羚的红外相机照片（a）、日活动节律曲线（b）、网格分布（c）和占域分布（d）

8. 亚洲黑熊

亚洲黑熊为国家二级保护野生动物，累计拍摄到有效照片1 029张，视频224段［见图6-39（a）］。

相对多度：目前整体RAI为0.112。

网格分布：共计在76个调查网格中拍摄到亚洲黑熊，GO为45.509%［见图6-39（c）］。

占域分析：通过占域模型分析可知，亚洲黑熊的探测率为0.043，占域率为0.551。亚洲黑熊的占域率受NDVI、海拔和坡度3个因素的影响［见表6-14、图6-39（d）］。其占域率随着海拔（β=−0.043，*SE*=0.166）和坡度（β=−0.281，*SE*=0.276）的增大（升高）而减小，随着NDVI（β=0.058，*SE*=0.164）的增大而增大。亚洲黑熊的探测率受NDVI和海拔的影响［见表6-14、图6-39（d）］。其探测率随着NDVI（β=−0.325，*SE*=0.146）和海拔（β=−0.102，*SE*=0.164）的增大（升高）而减小。

日活动节律：亚洲黑熊的活动节律曲线表明其活动类型为昼行型，活动高峰出现在9:00—10:30、14:00—15:40以及17:00—20:30［见图6-39（b）］。

表6-14　环境协变量对保护区亚洲黑熊占域率和探测率的影响

模型成分	协变量	β	SE	Z值	P值
占域率	NDVI	0.058	0.164	0.351	0.726
	海拔	−0.043	0.166	0.262	0.793
	坡度	−0.281	0.276	1.018	0.309
探测率	NDVI	−0.325	0.146	2.232	0.026
	海拔	−0.102	0.164	0.624	0.533

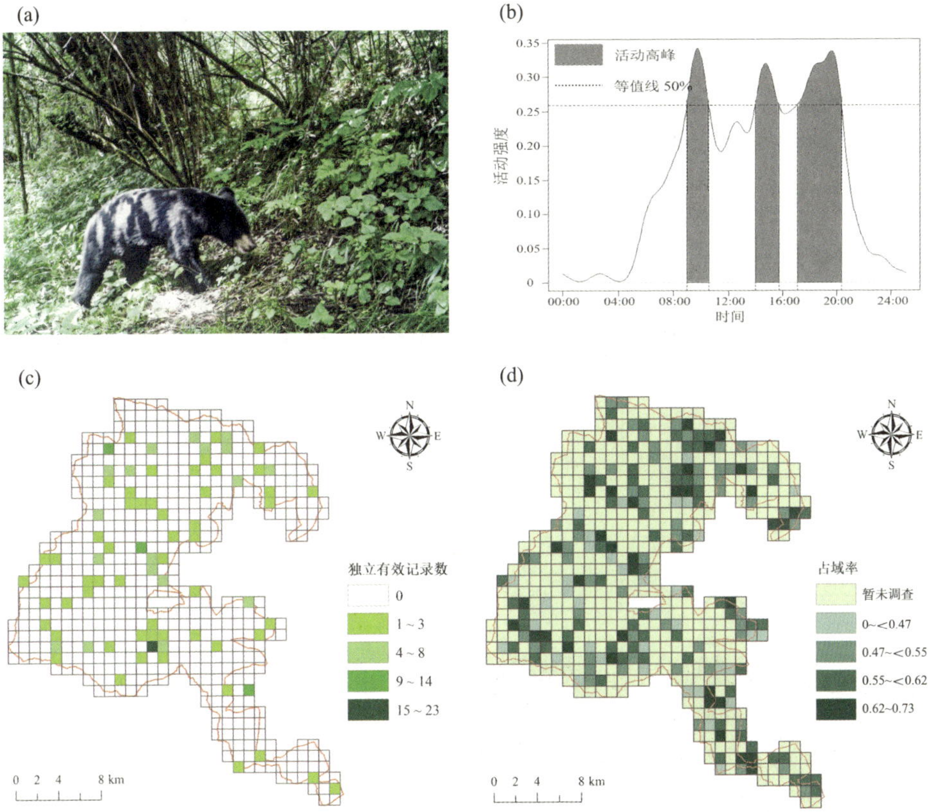

图6-39　保护区亚洲黑熊的红外相机照片（a）、日活动节律曲线（b）、网格分布（c）和占域分布（d）

9. 黄喉貂

黄喉貂为国家二级保护野生动物，累计拍摄到有效照片340张，视频62段

［见图6–40（a）］。

相对多度：目前整体RAI为0.051。

网格分布：共计在50个调查网格中拍摄到黄喉貂，GO为29.940%［见图6–40（c）］。

占域分析：通过占域模型分析可知，黄喉貂的探测率为0.057，占域率为0.576。黄喉貂的占域率和探测率均受NDVI和海拔2个因素的影响［见表6–15、图6–40（d）］。其占域率随着NDVI（β=–0.821，SE=0.449）和海拔（β=–2.824，SE=0.979）的增大（升高）而减小；探测率随着NDVI（β=0.081，SE=0.170）和海拔（β=1.364，SE=0.299）的增大（升高）而增大。

日活动节律：黄喉貂的活动节律曲线表明其活动类型为昼行型，活动高峰出现在14:00—17:00和17:20—19:00［见图6–40（b）］。

表6–15　环境协变量对保护区黄喉貂占域率和探测率的影响

模型成分	协变量	β	SE	Z值	P值
占域率	NDVI	–0.821	0.449	1.830	0.067
	海拔	–2.824	0.979	2.886	0.004
探测率	NDVI	0.081	0.170	0.478	0.633
	海拔	1.364	0.299	4.554	5.3e–16

(a)

(b)

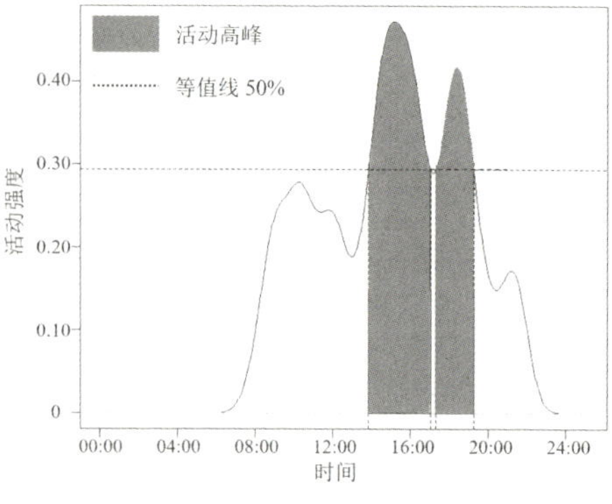

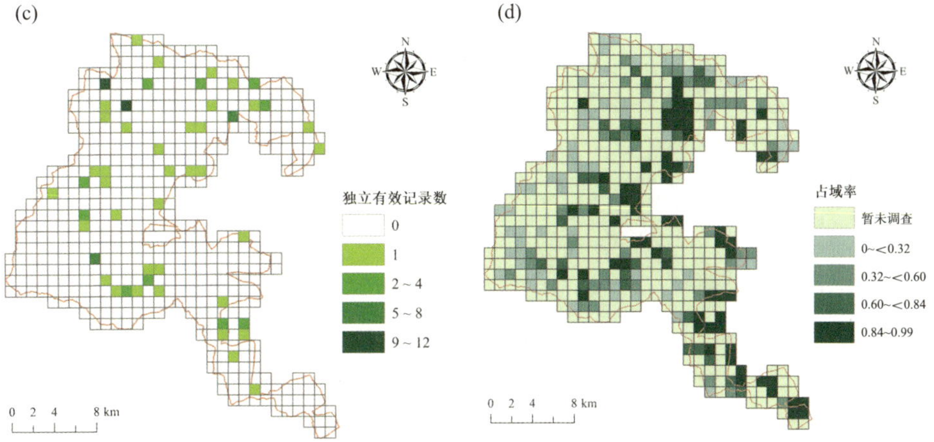

图6-40　保护区黄喉貂的红外相机照片（a）、日活动节律曲线（b）、网格分布（c）和占域分布（d）

10. 豹猫

豹猫为国家二级保护野生动物，累计拍摄到有效照片739张，视频114段［见图6-41（a）］。

相对多度：目前整体RAI为0.098。

网格分布：共计在54个调查网格中拍摄到豹猫，GO为32.335%［见图6-41（c）］。

占域分析：通过占域模型分析可知，豹猫的探测率为0.061，占域率为0.168。豹猫的占域率受距居民点的距离和NDVI 2个因素的影响［见表6-16、图6-41（d）］。其占域率随着距居民点的距离（β=-0.299，SE=0.354）的增大而减小，随着NDVI（β=0.134，SE=0.278）的增大而增大。豹猫的探测率受NDVI和海拔的影响［见表6-16、图6-41（d）］。其探测率随着NDVI（β=-1.239，SE=0.477）和海拔（β=-1.328，SE=0.378）的增大（升高）而减小。

日活动节律：豹猫的活动节律曲线表明其活动类型为夜行型，活动高峰出现在21:00—23:00和0:10—2:50［见图6-41（b）］。

表6-16　环境协变量对保护区豹猫占域率和探测率的影响

模型成分	协变量	*β*	*SE*	*Z*值	*P*值
占域率	距居民点的距离	−0.299	0.354	0.845	0.398
	NDVI	0.134	0.278	0.480	0.632
探测率	NDVI	−1.239	0.477	2.596	0.009
	海拔	−1.328	0.378	3.510	<0.001

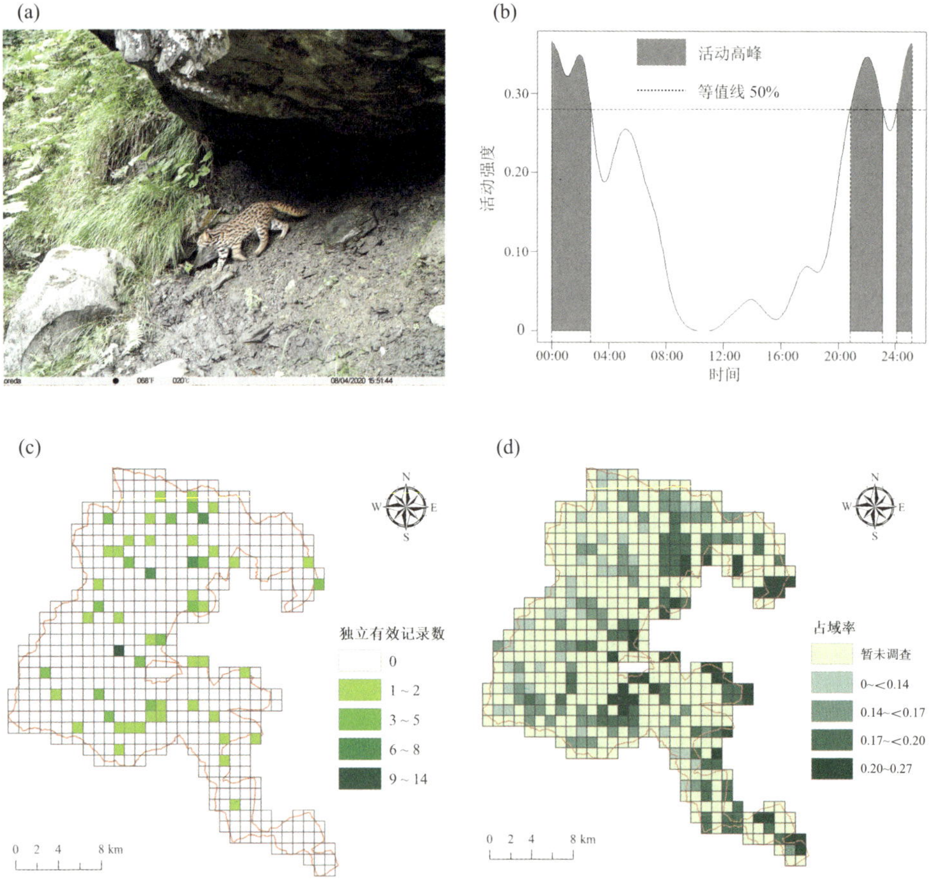

图6-41　保护区豹猫的红外相机照片（a）、日活动节律曲线（b）、网格分布（c）和占域分布（d）

11. 血雉

血雉为国家二级保护野生动物，累计拍摄到有效照片639张，视频157段［见图6-42（a）］。

相对多度：目前整体RAI为0.118。

网格分布：共计在32个调查网格中拍摄到血雉，GO为19.162%［见图6-42（c）］。

占域分析：通过占域模型分析可知，血雉的探测率为0.059，占域率为0.157。血雉的占域率受距居民点的距离、NDVI、海拔和坡度 4个因素的影响［见表6-17、图6-42（d）］。其占域率随着距居民点的距离（β=-0.049，*SE*=0.168）的增大而减小，随着NDVI（β=0.054，*SE*=0.212）、海拔（β=0.021，*SE*=0.153）、坡度（β=0.032，*SE*=0.132）的增大（升高）而增大。血雉的探测率受NDVI和海拔的影响［见表6-17、图6-42（d）］。其探测率随着NDVI（β=0.816，*SE*=0.346）和海拔（β=0.999，*SE*=0.301）的增大（升高）而增大。

日活动节律：血雉的活动节律曲线表明其活动类型为昼行型，活动高峰出现在9:00—12:30和14:30—15:40［见图6-42（b）］。

表6-17　环境协变量对保护区血雉占域率和探测率的影响

模型成分	协变量	β	*SE*	*Z*值	*P*值
占域率	距居民点的距离	-0.049	0.168	0.290	0.772
	NDVI	0.054	0.212	0.254	0.799
	海拔	0.021	0.153	0.140	0.889
	坡度	0.032	0.132	0.238	0.812
探测率	NDVI	0.816	0.346	2.358	0.018
	海拔	0.999	0.301	3.135	<0.001

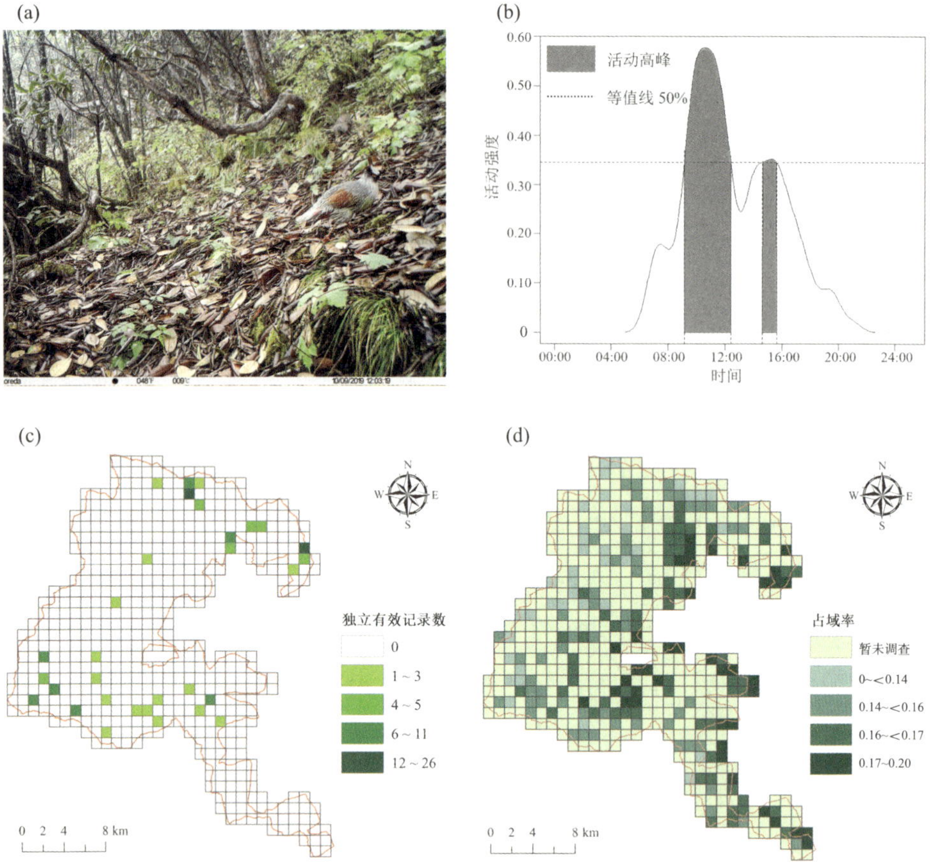

图6-42　保护区血雉的红外相机照片（a）、日活动节律曲线（b）、网格分布（c）和占域分布（d）

12. 红腹角雉

红腹角雉为国家二级保护野生动物，累计拍摄到有效照片1 729张，视频369段［见图6-43（a）］。

相对多度：目前整体RAI为0.484。

网格分布：共计在77个调查网格中拍摄到红腹角雉，GO为46.108%［见图6-43（c）］。

占域分析：通过占域模型分析可知，红腹角雉的探测率为0.118，占域率为0.129。红腹角雉的占域率受距居民点的距离和NDVI 2个因素的影响［见表6-18、图6-43（d）］。其占域率随着距居民点的距离（β=−0.287，*SE*=0.283）的增大而减小，随着NDVI（β=0.057，*SE*=0.179）的增大而增大。红腹角雉的探测率受NDVI和海拔的影响［见表6-18、图6-43（d）］。其探测率随着NDVI（β=0.023，*SE*=0.109）和海拔（β=0.016，*SE*=0.096）的增大（升高）而增大。

日活动节律：红腹角雉的活动节律曲线表明其活动类型为昼行型，活动高峰出现在7:40—10:00、11:50—14:00以及18:00—20:00［见图6-43（b）］。

表6-18　环境协变量对保护区红腹角雉占域率和探测率的影响

模型成分	协变量	β	*SE*	*Z*值	*P*值
占域率	距居民点的距离	−0.287	0.283	1.014	0.311
	NDVI	0.057	0.179	0.319	0.750
探测率	NDVI	0.023	0.109	0.213	0.832
	海拔	0.016	0.096	0.167	0.868

(a)

(b)

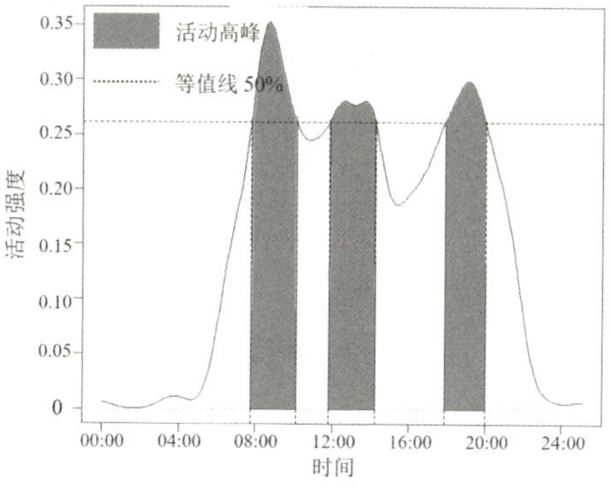

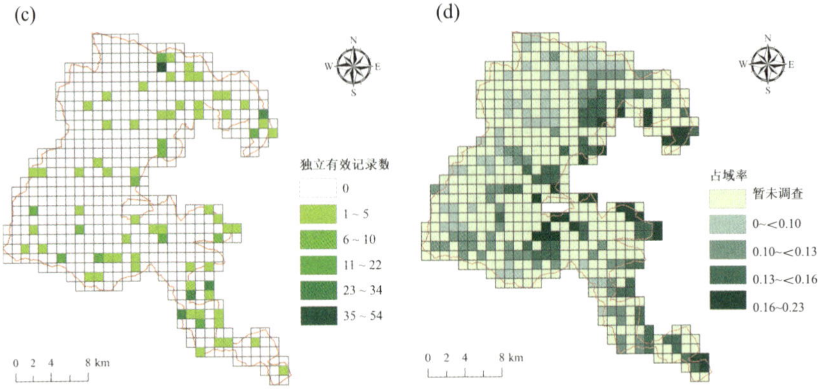

图6-43　保护区红腹角雉的红外相机照片（a）、日活动节律曲线（b）、网格分布（c）和占域分布（d）

二、部分非国家重点保护野生动物的相关分析

1. 猪獾

累计拍摄到猪獾有效照片888张，视频174段［见图6–44（a）］。

相对多度：目前整体RAI为0.097。

网格分布：共计在51个调查网格中拍摄到猪獾，GO为30.539%［见图6–44（c）］。

占域分析：通过占域模型分析可知，猪獾的探测率为0.062，占域率为0.263。猪獾的占域率受距居民点的距离、NDVI和海拔3个因素的影响［见表6–19、图6–44（d）］。其占域率随着NDVI（β=–0.069，*SE*=0.192）的增大而减小，随着距居民点的距离（β=0.899，*SE*=0.465）和海拔（β=0.163，*SE*=0.455）的增大（升高）而增大。猪獾的探测率受NDVI和海拔的影响［见表6–19、图6–44（d）］。其探测率随着海拔（β=–0.216，*SE*=0.255）的增大（升高）而减小，随着NDVI（β=0.083，*SE*=0.165）的增大而增大。

日活动节律：猪獾的活动节律曲线表明其活动类型为夜行晨昏型，活动高峰出现在1:00—3:00、6:00—9:30以及19:00—21:00［见图6–44（b）］。

表6-19　环境协变量对保护区猪獾占域率和探测率的影响

模型成分	协变量	*β*	*SE*	*Z*值	*P*值
占域率	距居民点的距离	0.899	0.465	1.934	0.053
	NDVI	–0.069	0.192	0.359	0.720
	海拔	0.163	0.455	0.358	0.721
探测率	NDVI	0.083	0.165	0.505	0.614
	海拔	–0.216	0.255	0.850	0.395

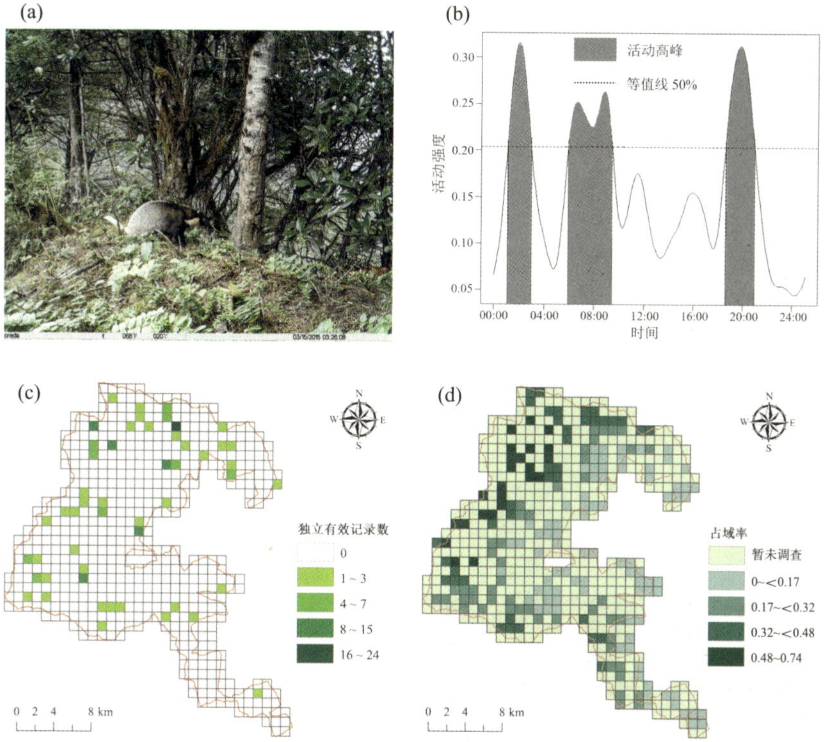

图6-44　保护区猪獾的红外相机照片（a）、日活动节律曲线（b）、网格分布（c）和占域分布（d）

2. 花面狸

累计拍摄到花面狸有效照片796张，视频95段［见图6-45（a）］。

相对多度：目前整体RAI为0.87。

网格分布：共计在41个调查网格中拍摄到花面狸，GO为24.551%［见图6–45（c）］。

占域分析：通过占域模型分析可知，花面狸的探测率为0.059，占域率为0.249。花面狸的占域率和探测率均受距居民点的距离和NDVI 2个因素的影响［见表6–20、图6–45（d）］。其占域率随着距居民点的距离（*β*=–0.127，*SE*=0.234）以及NDVI（*β*=–0.030，*SE*=0.117）的增大而减小；探测率随着距居民点的距离（*β*=–0.218，*SE*=0.262）以及NDVI（*β*=–0.016，*SE*=0.081）的增大而减小。

日活动节律：花面狸的活动节律曲线表明其活动类型为夜行型，活动高峰出现在22:00至次日0:10以及0:30至3:40［见图6–45（b）］。

表6–20　环境协变量对保护区花面狸占域率和探测率的影响

模型成分	协变量	*β*	*SE*	*Z*值	*P*值
占域率	距居民点的距离	–0.127	0.234	0.542	0.588
	NDVI	–0.030	0.117	0.257	0.797
探测率	距居民点的距离	–0.218	0.262	0.832	0.406
	NDVI	–0.016	0.081	0.194	0.846

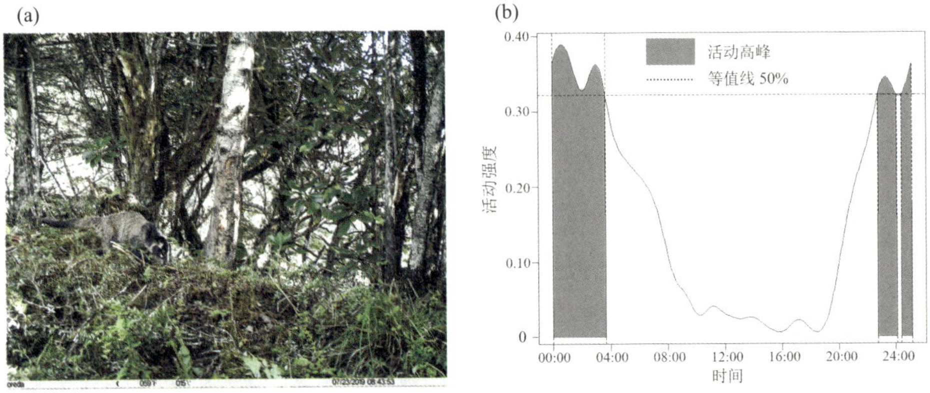

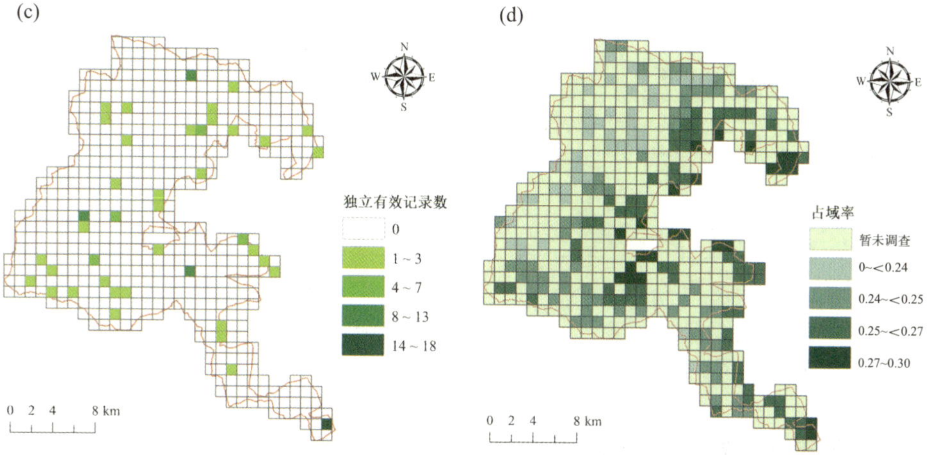

图6-45　保护区花面狸的红外相机照片（a）、日活动节律曲线（b）、网格分布（c）和占域分布（d）

3. 野猪

累计拍摄到野猪有效照片11 816张，视频2 259段［见图6-46（a）］。

相对多度：目前整体RAI为0.454。

网格分布：共计在91个调查网格中拍摄到野猪，GO为54.491%［见图6-46（c）］。

占域分析：通过占域模型分析可知，野猪的探测率为0.108，占域率为0.274。野猪的占域率受距居民点的距离和NDVI 2个因素的影响［见表6-21、图6-46（d）］。其占域率随着NDVI（β=-0.095，*SE*=0.177）的增大而减小，随着距居民点的距离（β=0.216，*SE*=0.245）的增大而增大。野猪的探测率受距居民点的距离、NDVI和海拔的影响［见表6-21、图6-46（d）］。其探测率随着NDVI（β=-0.006，*SE*=0.049）和海拔（β=-0.003，*SE*=0.035）的增大（升高）而减小，随着距居民点的距离（β=0.084，*SE*=0.146）的增大而增大。

日活动节律：野猪的活动节律曲线表明其活动类型为昼行型，活动高峰出现在14:00—14:40以及15:00—20:30［见图6-46（b）］。

表6-21　环境协变量对保护区野猪占域率和探测率的影响

模型成分	协变量	*β*	*SE*	*Z*值	*P*值
占域率	距居民点的距离	0.216	0.245	0.882	0.378
	NDVI	−0.095	0.177	0.539	0.590
探测率	距居民点的距离	0.084	0.146	0.573	0.567
	NDVI	−0.006	0.049	0.123	0.902
	海拔	−0.003	0.035	0.098	0.922

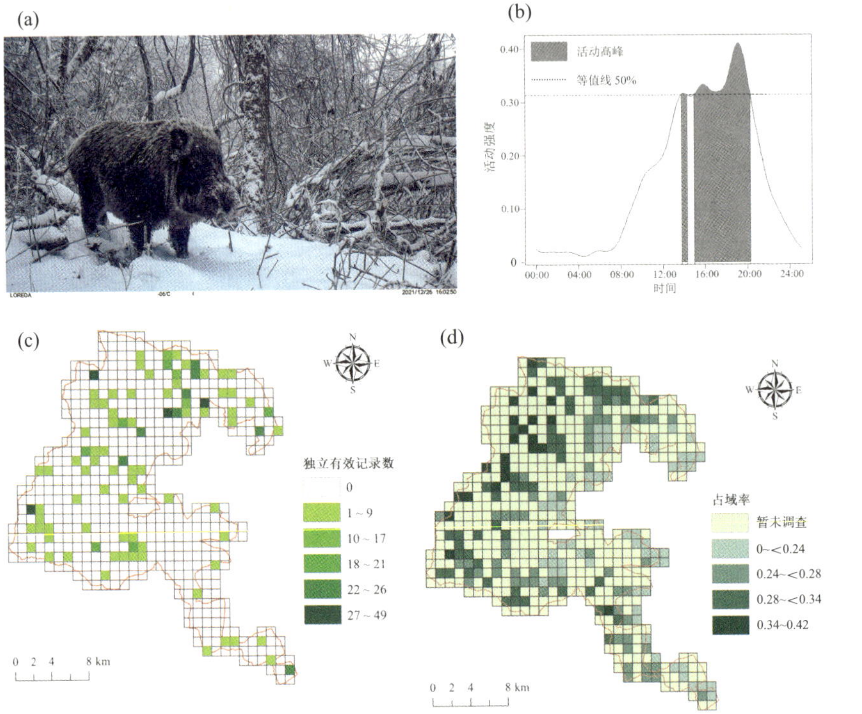

图6-46　保护区野猪的红外相机照片（a）、日活动节律曲线（b）、网格分布（c）和占域分布（d）

4. 小麂

累计拍摄到小麂有效照片2 903张，视频759段［见图6-47（a）］。

相对多度：目前整体RAI为0.033。

网格分布：共计在19个调查网格中拍摄到小麂，GO为11.377%［见图6-47（c）］。

占域分析：通过占域模型分析可知，小麂的探测率为0.059，占域率为0.163。小麂的占域率受距居民点的距离和NDVI 2个因素的影响［见表6-22、图6-47（d）］。其占域率随着距居民点的距离（β=-1.324，SE=0.552）和NDVI（β=-1.266，SE=1.299）的增大而减小。小麂的探测率受NDVI和海拔的影响［见表6-22、图6-47（d）］。其探测率随着NDVI（β=2.001，SE=0.958）和海拔（β=0.015，SE=0.148）的增大（升高）而增大。

日活动节律：小麂的活动节律曲线表明其活动类型为昼行晨昏型，活动高峰出现在7:00—11:00以及18:00—21:30［见图6-47（b）］。

表6-22 环境协变量对保护区小麂占域率和探测率的影响

模型成分	协变量	β	SE	Z值	P值
占域率	距居民点的距离	-1.324	0.552	2.400	0.016
	NDVI	-1.266	1.299	0.974	0.330
探测率	NDVI	2.001	0.958	2.089	0.037
	海拔	0.015	0.148	0.102	0.919

(a)

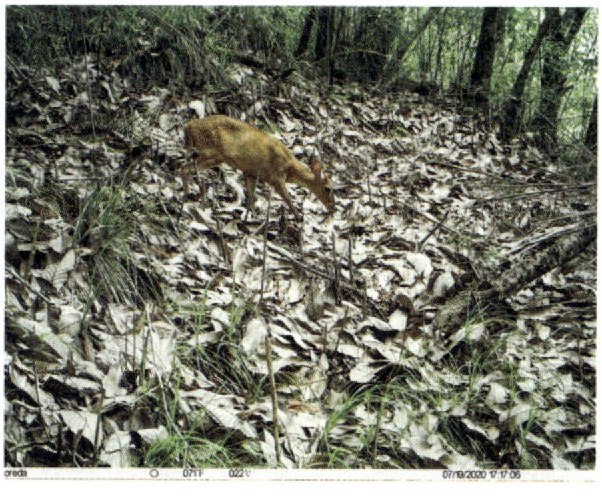

(b)

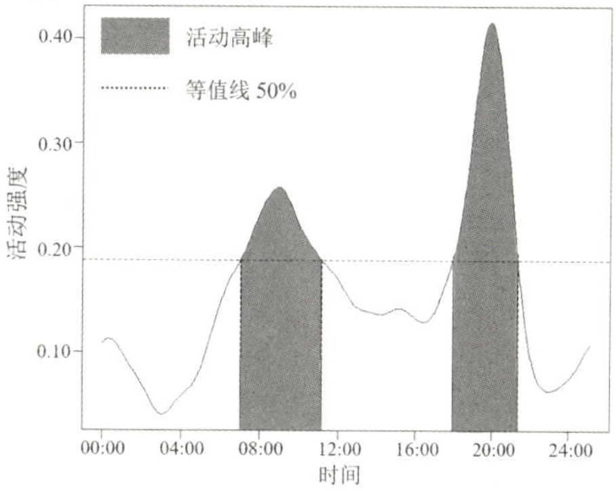

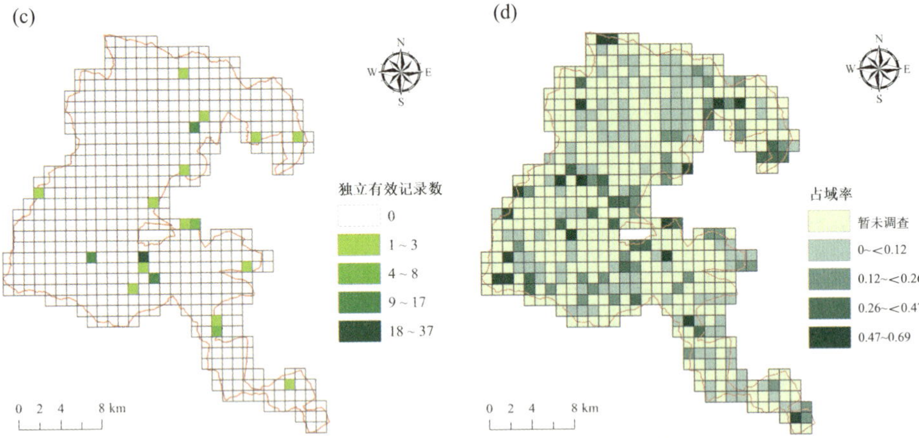

图6-47　保护区小麂的红外相机照片（a）、日活动节律曲线（b）、网格分布（c）和占域分布（d）

5. 岩松鼠

累计拍摄到岩松鼠有效照片1 054张，视频207段［见图6-48（a）］。

相对多度：目前整体RAI为0.355。

网格分布：共计在35个调查网格中拍摄到岩松鼠，GO为20.958%［见图6-48（c）］。

占域分析：通过占域模型分析可知，岩松鼠的探测率为0.113，占域率为0.145。岩松鼠的占域率主要受海拔的影响［见表6-23、图6-48（d）］。其占域率随着海拔（β=-0.108，*SE*=0.239）的升高而减小。岩松鼠的探测率受NDVI和距居民点的距离的影响［见表6-23、图6-48（d）］。其探测率随着NDVI（β=-0.031，*SE*=0.141）和距居民点的距离（β=-0.348，*SE*=0.235）的增大而减小。

日活动节律：岩松鼠的活动节律曲线表明其活动类型为昼行型，活动高峰出现在9:00—11:50以及12:40—15:00［见图6-48（b）］。

表6-23　环境协变量对保护区岩松鼠占域率和探测率的影响

模型成分	协变量	β	SE	Z值	P值
占域率	海拔	–0.108	0.239	0.543	0.651
探测率	NDVI	–0.031	0.141	0.223	0.824
	距居民点的距离	–0.348	0.235	1.480	0.139

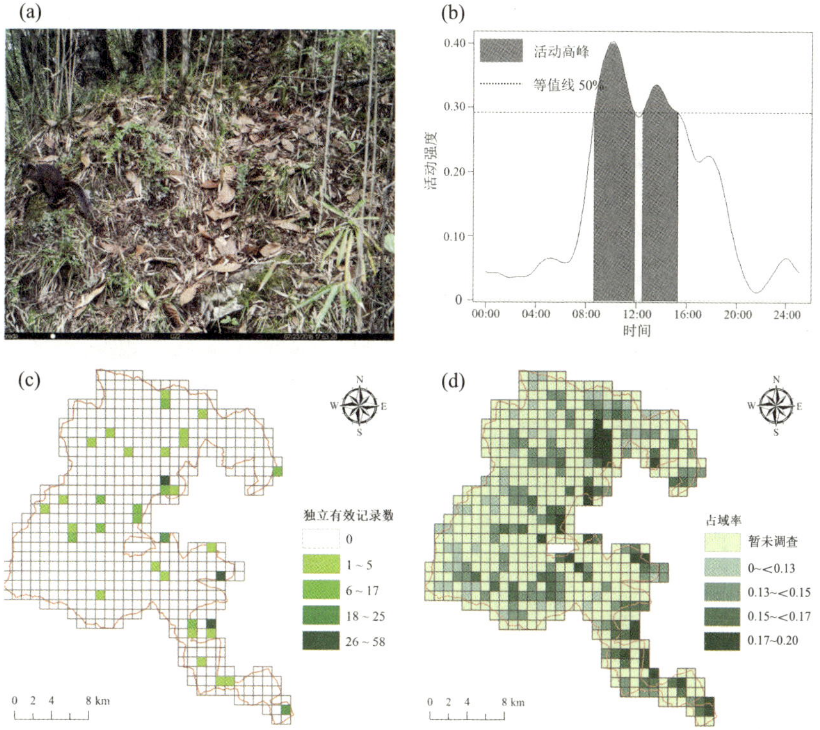

图6-48　保护区岩松鼠的红外相机照片（a）、日活动节律曲线（b）、网格分布（c）和占域分布（d）

6. 马来豪猪

累计拍摄到马来豪猪有效照片2 348张，视频433段［见图6–49（a）］。

相对多度：目前整体RAI为0.229。

网格分布：共计在41个调查网格中拍摄到马来豪猪，GO为24.551%［见

图6–49（c）］。

占域分析：通过占域模型分析可知，马来豪猪的探测率为0.087，占域率为0.193。马来豪猪的占域率受距居民点的距离、NDVI和海拔3个因素的影响［见表6–24、图6–49（d）］。其占域率随着距居民点的距离（*β*=–0.887，*SE*=0.567）和海拔（*β*=–0.125，*SE*=0.290）的增大（升高）而减小，随着NDVI（*β*=0.196，*SE*=0.390）的增大而增大。马来豪猪的探测率受NDVI和海拔的影响［见表6–24、图6–49（d）］。其探测率随着NDVI（*β*=–0.850，*SE*=0.601）和海拔（*β*=–0.919，*SE*=0.481）的增大（升高）而减小。

日活动节律：马来豪猪的活动节律曲线表明其活动类型为夜行型，活动高峰出现在21:30至次日0:20、2:00至4:00以及4:20至5:00［见图6–49（b）］。

表6–24　环境协变量对保护区马来豪猪占域率和探测率的影响

模型成分	协变量	*β*	*SE*	*Z*值	*P*值
占域率	距居民点的距离	–0.887	0.567	1.567	0.117
	NDVI	0.196	0.390	0.501	0.616
	海拔	–0.125	0.290	0.431	0.666
探测率	NDVI	–0.850	0.601	1.414	0.157
	海拔	–0.919	0.481	1.812	0.056

(a)　(b)

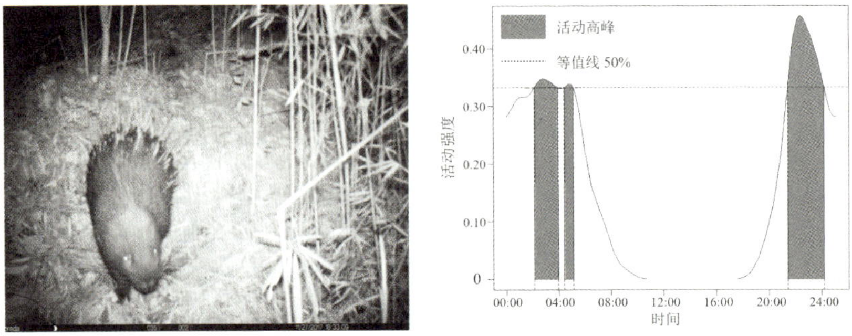

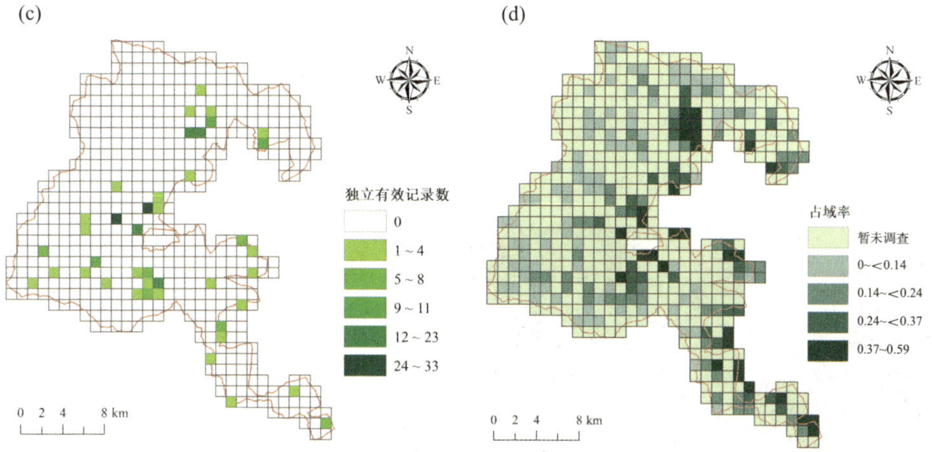

图6-49　保护区马来豪猪的红外相机照片（a）、日活动节律曲线（b）、网格分布（c）和占域分布（d）

三、部分鸟类、兽类物种的网格分布图及相关分析

保护区内部分鸟类、兽类物种的独立有效记录数和分布网格数相对较少，不适合进行占域模型分析，因此本小节特以网格分布图的形式来展现它们在保护区内的分布现状。考虑到保护区鸟类、兽类物种十分丰富，这里主要展示部分兽类、地栖性雉类和代表性鸟类。

藏酋猴在各网格的独立有效记录数为0~14，分布区域主要集中在2个片区；猕猴在各网格的独立有效记录数为0~4，仅在保护区的2个网格中记录到有分布；赤狐仅在1个网格中记录到有分布，独立有效记录数为4；岩羊在各网格的独立有效记录数为0~8，仅在保护区的2个网格中记录到有分布；黄鼬在各网格的独立有效记录数为0~5，在保护区零星分布；隐纹花鼠在各网格的独立有效记录数为0~3，在保护区零星分布；红喉雉鹑在各网格的独立有效记录数为0~8，主要分布在保护区西部较高海拔区域；绿尾虹雉在各网格的独立有效记录数为0~10，在保护区零星分布且多集中在较高海拔区域；红腹锦鸡在各网格的独立有效记录数为0~13，在保护区零星分布；勺鸡在各网格的独立有效记录数为0~4，共在5个网格中记录到有分布；藏雪鸡、雪鹑、环颈雉均仅在1个网格中记录到有分布且均仅拍摄到1次独立有效记录；黑顶噪鹛在各网格的独立有效记录数为0~4，在保护区零星分布；紫啸鸫在各网格的独立有效记录数为0~25，在保护区零星分布。上述这些物种的红外相机照片及其全域分布网格图如图6-50至图6-64所示。

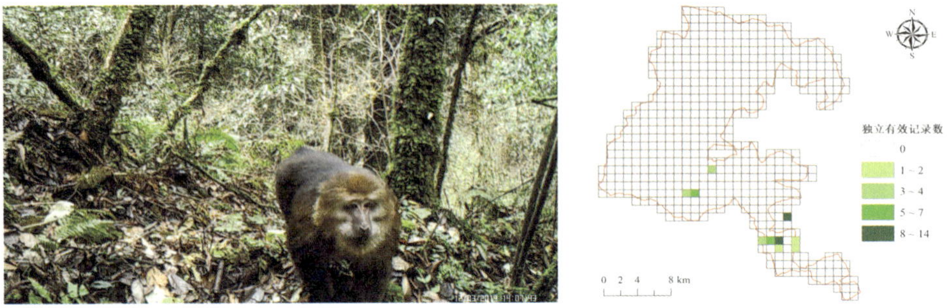

图6-50　藏酋猴的红外相机照片及其全域分布网格图

图6-51　猕猴的红外相机照片及其全域分布网格图

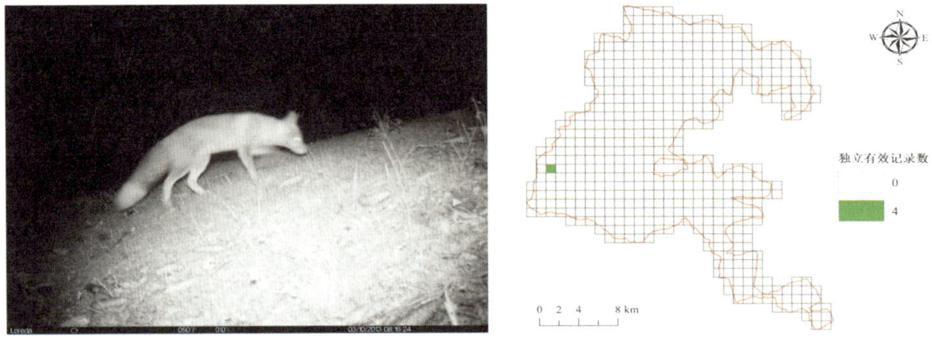

图6-52　赤狐的红外相机照片及其全域分布网格图

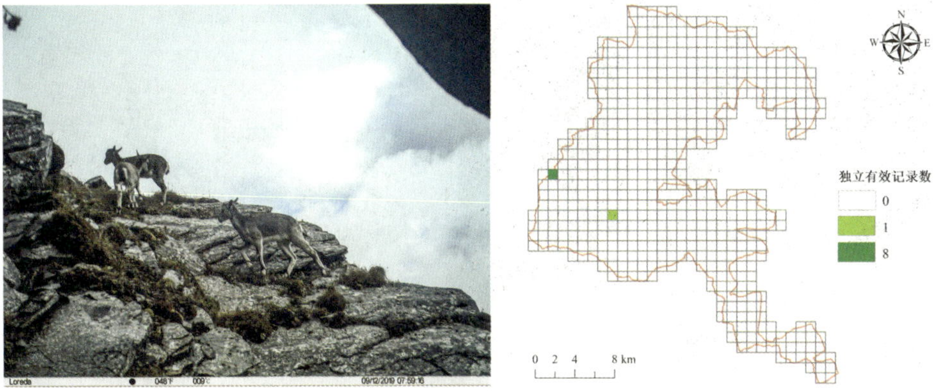

图6-53　岩羊的红外相机照片及其全域分布网格图

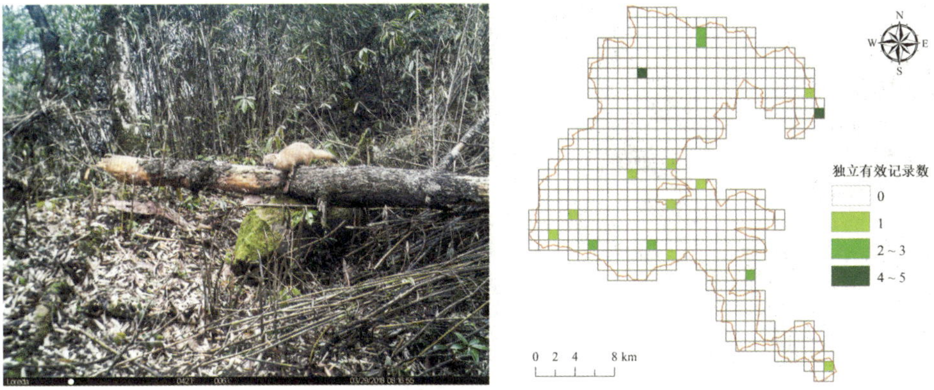

图6-54　黄鼬的红外相机照片及其全域分布网格图

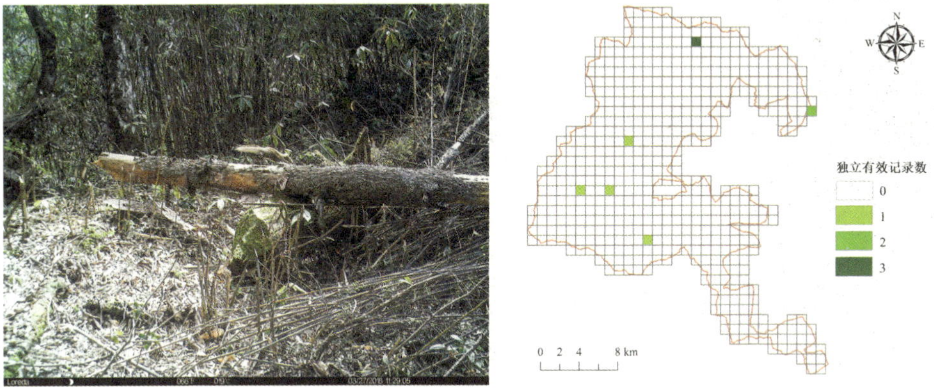

图6-55　隐纹花鼠的红外相机照片及其全域分布网格图

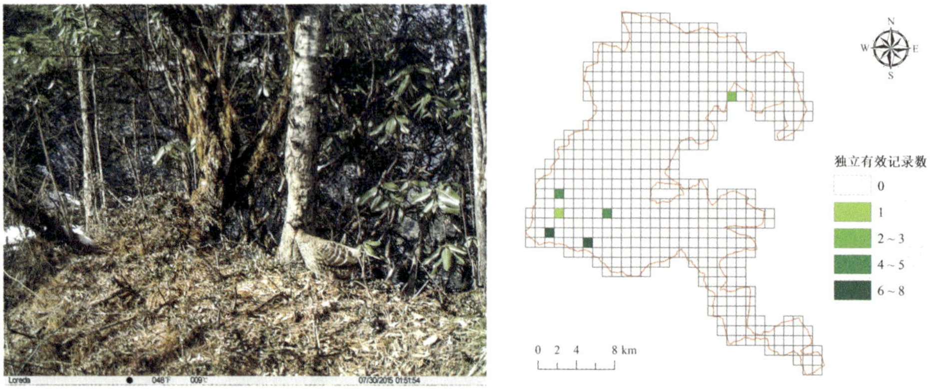

图6-56 红喉雉鹑的红外相机照片及其全域分布网格图

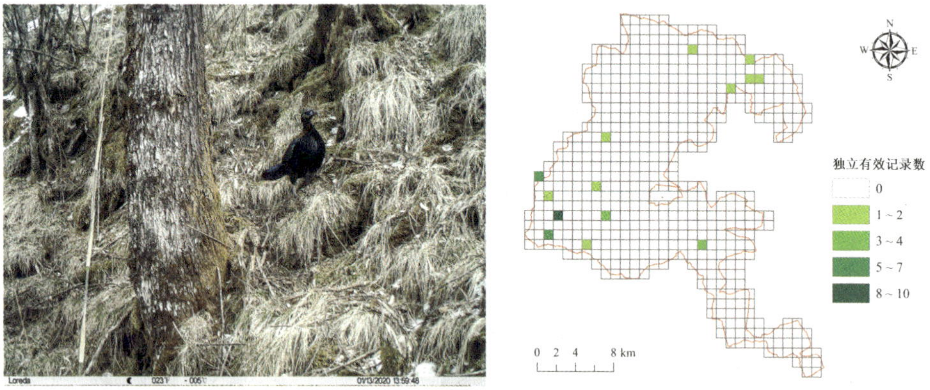

图6-57 绿尾虹雉的红外相机照片及其全域分布网格图

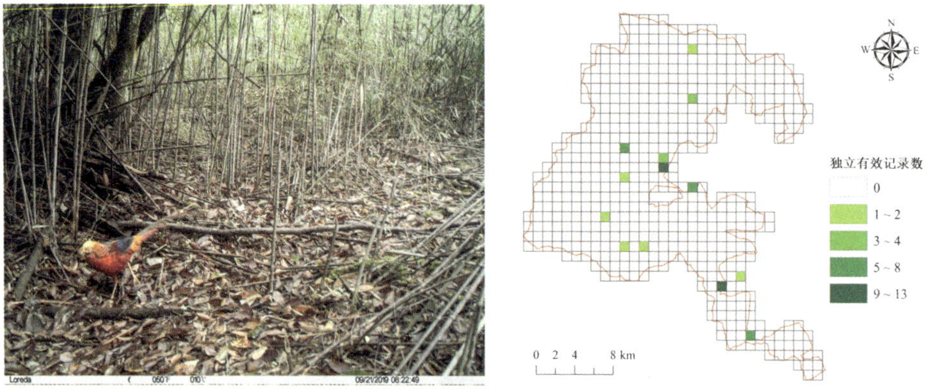

图6-58 红腹锦鸡的红外相机照片及其全域分布网格图

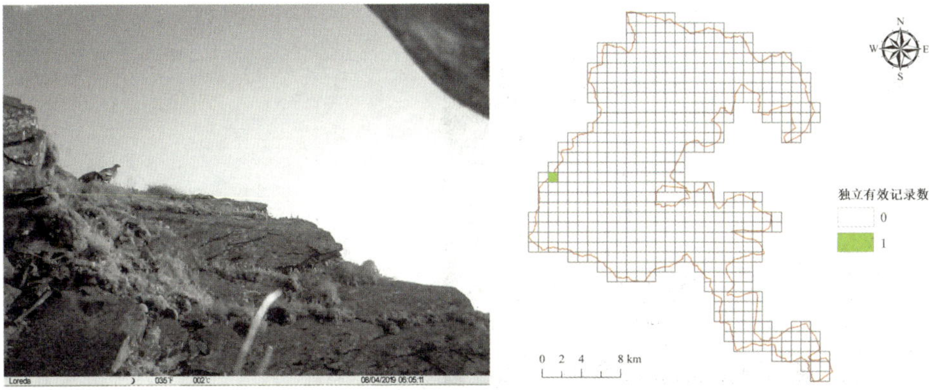

图6-59　藏雪鸡的红外相机照片及其全域分布网格图

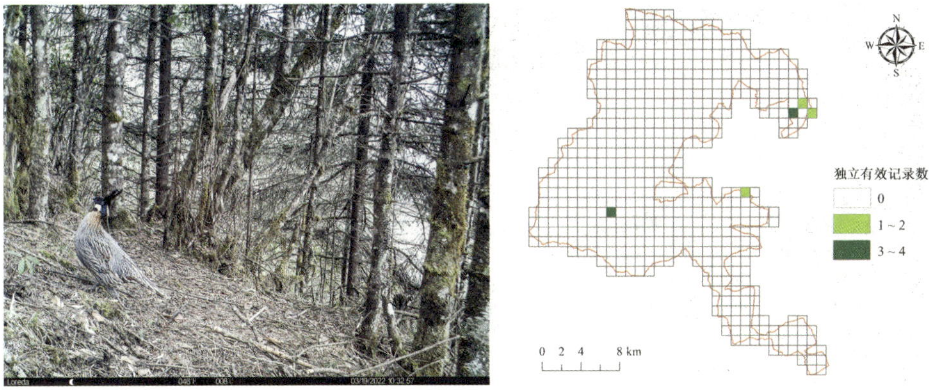

图6-60　勺鸡的红外相机照片及其全域分布网格图

图6-61　雪鹑的红外相机照片及其全域分布网格图

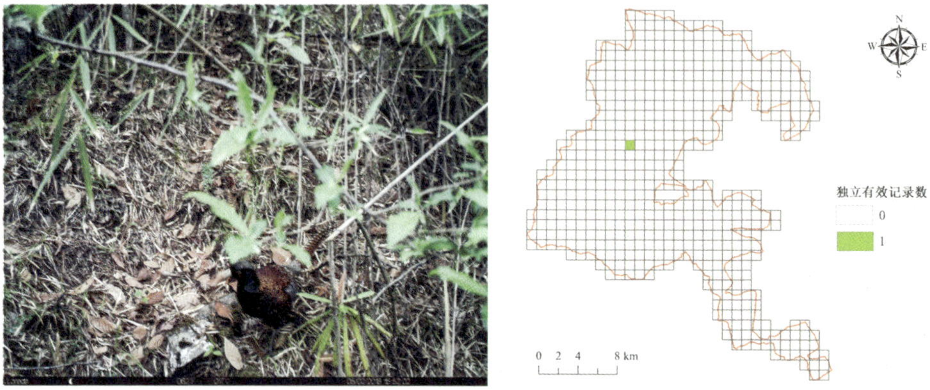

图6-62　环颈雉的红外相机照片及其全域分布网格图

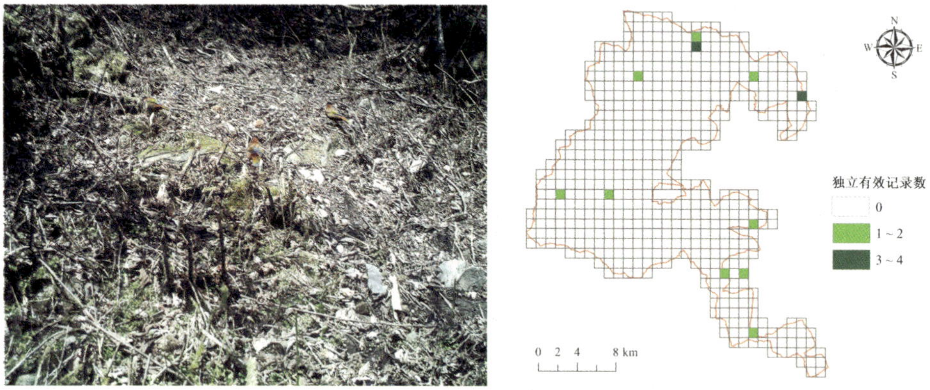

图6-63　黑顶噪鹛的红外相机照片及其全域分布网格图

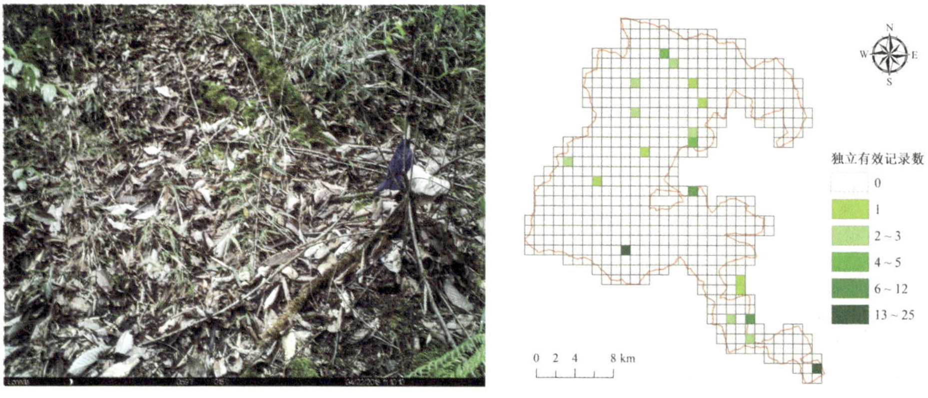

图6-64　紫啸鸫的红外相机照片及其全域分布网格图

第四节　物种间日活动节律分析

研究野生动物的活动节律是行为生态学中的重要内容，科学地评估野生动物的活动节律有助于我们了解它们的活动习性，从而为后续更加科学的保护与管理策略的制定积累重要的基础数据。

想要研究野生动物活动节律需要准备充足的科学数据，在较少数据的情况下是难以对物种的活动节律作出准确可靠的评估的。本书在进行活动节律分析时选择了保护区拍摄率较高、获得独立有效记录数较多的16种兽类和2种地栖性雉类为代表，数据年份选择了2022年（同一个完整年度）（见表6-25）。

表6-25　保护区2022年红外相机监测的部分鸟兽物种的独立有效记录数

序号	目	物种名称	独立有效记录数	序号	目	物种名称	独立有效记录数
1	灵长目	川金丝猴	165	10	鲸偶蹄目	毛冠鹿	183
2	食肉目	亚洲黑熊	102	11	鲸偶蹄目	小麂	99
3	食肉目	大熊猫	121	12	鲸偶蹄目	中华扭角羚	142
4	食肉目	黄喉貂	48	13	鲸偶蹄目	中华斑羚	985
5	食肉目	猪獾	88	14	鲸偶蹄目	中华鬣羚	87
6	食肉目	花面狸	92	15	啮齿目	岩松鼠	166
7	食肉目	豹猫	111	16	啮齿目	马来豪猪	108
8	鲸偶蹄目	野猪	432	17	鸡形目	血雉	59
9	鲸偶蹄目	林麝	49	18	鸡形目	红腹角雉	232

一、竞争物种之间的日活动节律比较

在满足开展活动节律分析的16种兽类和2种地栖性雉类物种中，各类群物种之间均可能存在着竞争或者潜在竞争关系，分别对它们的日活动节律曲线及重叠关系进行绘制和分析。结果表明：在选择的兽类竞争物种中，花面狸和豹猫、亚洲黑熊和黄喉貂、中华斑羚和中华鬣羚之间的日活动节律曲线具有较高重叠度，且它们的日活动节律曲线差异不显著（$P>0.05$），而其余兽类竞争物种的日活动节律曲线重叠度在0.181~0.886，日活动节律曲线存在显著甚至极显著差异（见表6-26，图6-65至图6-76），这说明兽类物种之间的竞争强度较大。对血雉和红腹角雉的日活动节律进行比较时发现血雉和红腹角雉虽具有较高重叠度，但日活动节律曲线存在极显著差异（见表6-26、图6-77），这说明血雉和红腹角雉可能存在着较强的竞争关系。

表6-26 保护区竞争物种之间日活动节律曲线的重叠度

存在竞争关系的物种	重叠度	*P*值	95%置信区间下限	95%置信区间上限
亚洲黑熊—大熊猫	0.728	<0.001	0.864	0.890
亚洲黑熊—黄喉貂	0.870	0.112	0.896	0.901
亚洲黑熊—猪獾	0.533	<0.001	0.821	0.877
亚洲黑熊—花面狸	0.280	<0.001	0.770	0.864
亚洲黑熊—豹猫	0.329	<0.001	0.765	0.850
大熊猫—黄喉貂	0.645	<0.001	0.832	0.868
大熊猫—猪獾	0.770	<0.001	0.872	0.892
大熊猫—花面狸	0.559	<0.001	0.833	0.887
大熊猫—豹猫	0.584	<0.001	0.824	0.871
黄喉貂—猪獾	0.455	<0.001	0.796	0.862
黄喉貂—花面狸	0.199	<0.001	0.745	0.850
黄喉貂—豹猫	0.237	<0.001	0.739	0.836

续表

存在竞争关系的物种	重叠度	*P*值	95%置信区间下限	95%置信区间上限
猪獾—花面狸	0.732	<0.001	0.889	0.919
猪獾—豹猫	0.791	<0.001	0.889	0.908
花面狸—豹猫	0.893	0.102	0.916	0.921
野猪—林麝	0.459	<0.001	0.815	0.884
野猪—毛冠鹿	0.745	<0.001	0.914	0.946
野猪—小麂	0.709	<0.001	0.901	0.939
野猪—中华扭角羚	0.755	<0.001	0.867	0.889
野猪—中华斑羚	0.647	<0.001	0.890	0.937
野猪—中华鬣羚	0.600	<0.001	0.843	0.890
林麝—毛冠鹿	0.613	<0.001	0.859	0.906
林麝—小麂	0.577	<0.001	0.848	0.901
林麝—中华扭角羚	0.407	<0.001	0.783	0.855
林麝—中华斑羚	0.644	<0.001	0.862	0.905
林麝—中华鬣羚	0.632	<0.001	0.840	0.880
毛冠鹿—小麂	0.886	<0.001	0.935	0.944
毛冠鹿—中华扭角羚	0.743	<0.001	0.852	0.873
毛冠鹿—中华斑羚	0.862	<0.001	0.933	0.947
毛冠鹿—中华鬣羚	0.818	<0.001	0.880	0.892
小麂—中华扭角羚	0.741	<0.001	0.858	0.880
小麂—中华斑羚	0.826	<0.001	0.923	0.941
小麂—中华鬣羚	0.835	<0.001	0.890	0.900
中华扭角羚—中华斑羚	0.726	<0.001	0.860	0.886
中华扭角羚—中华鬣羚	0.690	<0.001	0.833	0.861
中华斑羚—中华鬣羚	0.869	0.022	0.901	0.908
岩松鼠—马来豪猪	0.181	<0.001	0.765	0.877
血雉—红腹角雉	0.743	<0.001	0.879	0.905

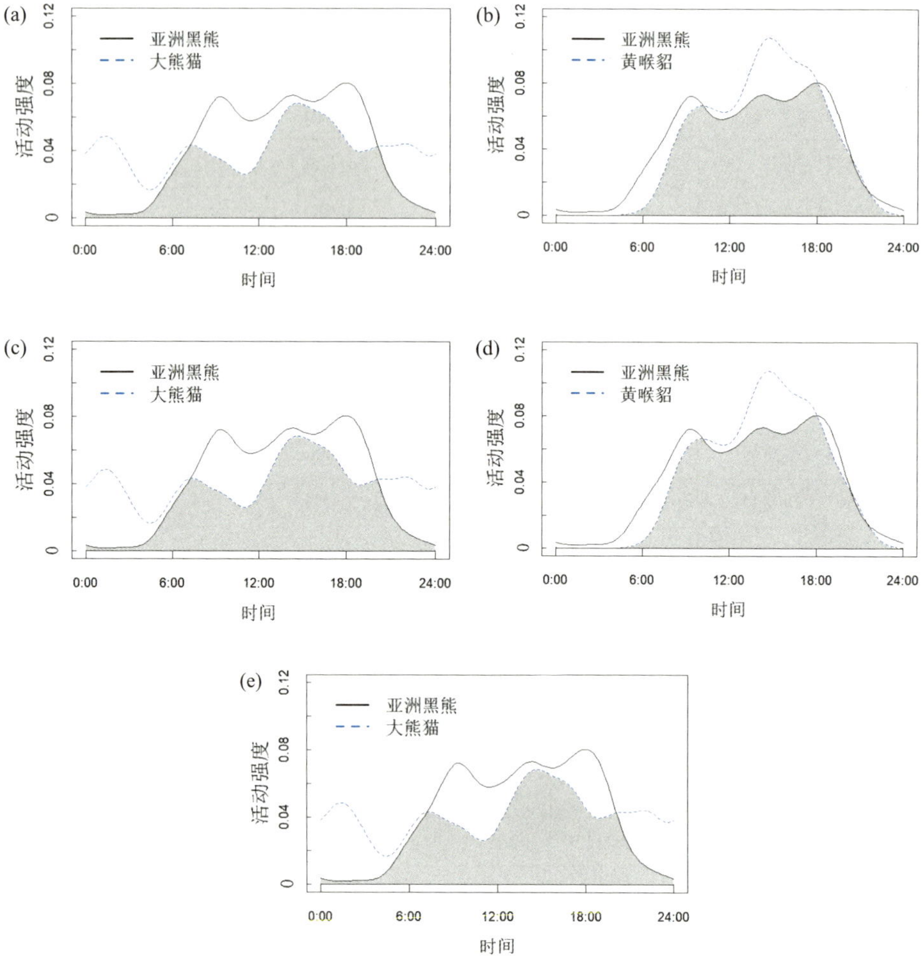

图6-65　保护区亚洲黑熊与其竞争物种的日活动节律曲线重叠关系图

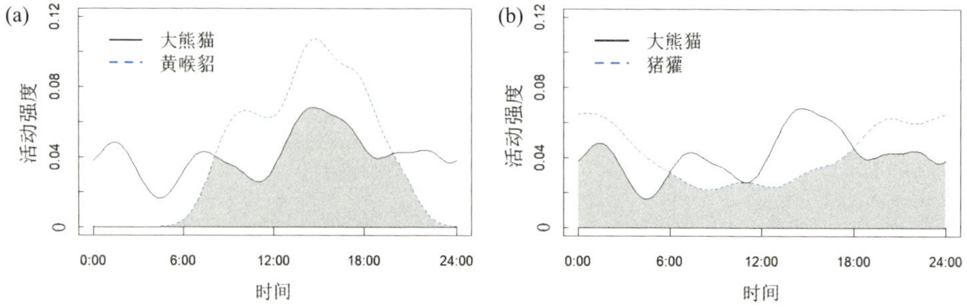

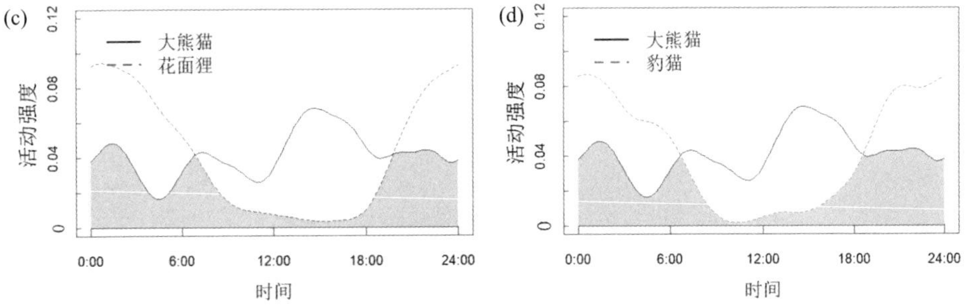

图6-66　保护区大熊猫与其竞争物种的日活动节律曲线重叠关系图

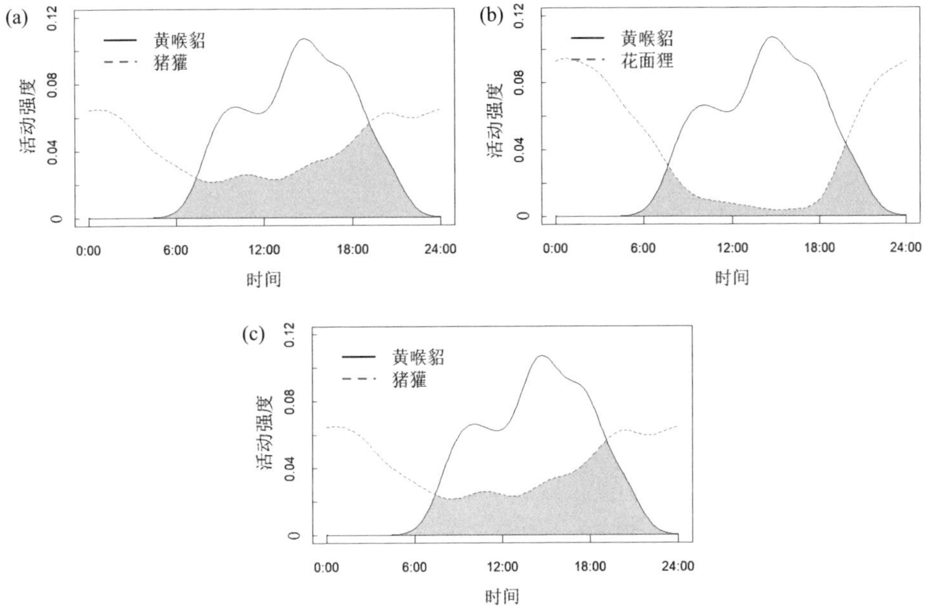

图6-67　保护区黄喉貂与其竞争物种的日活动节律曲线重叠关系图

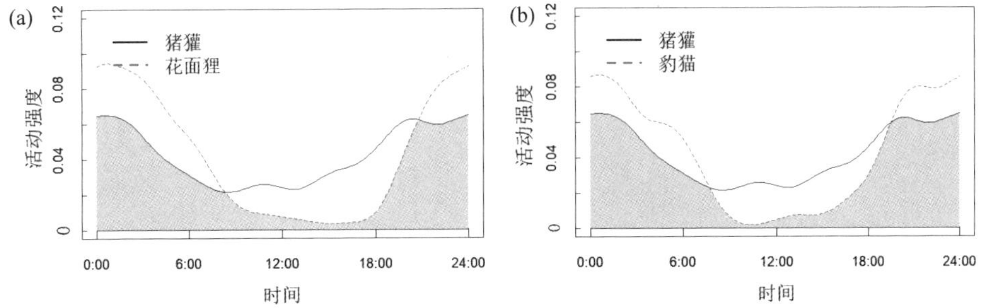

图6-68　保护区猪獾与其竞争物种的日活动节律曲线重叠关系图

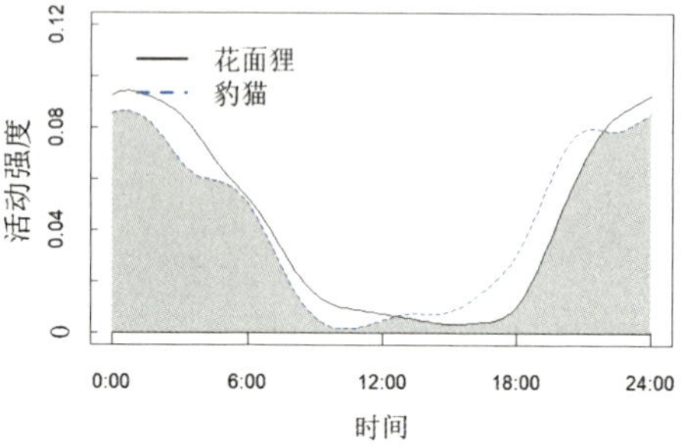

图6-69 保护区花面狸与其竞争物种的日活动节律曲线重叠关系图

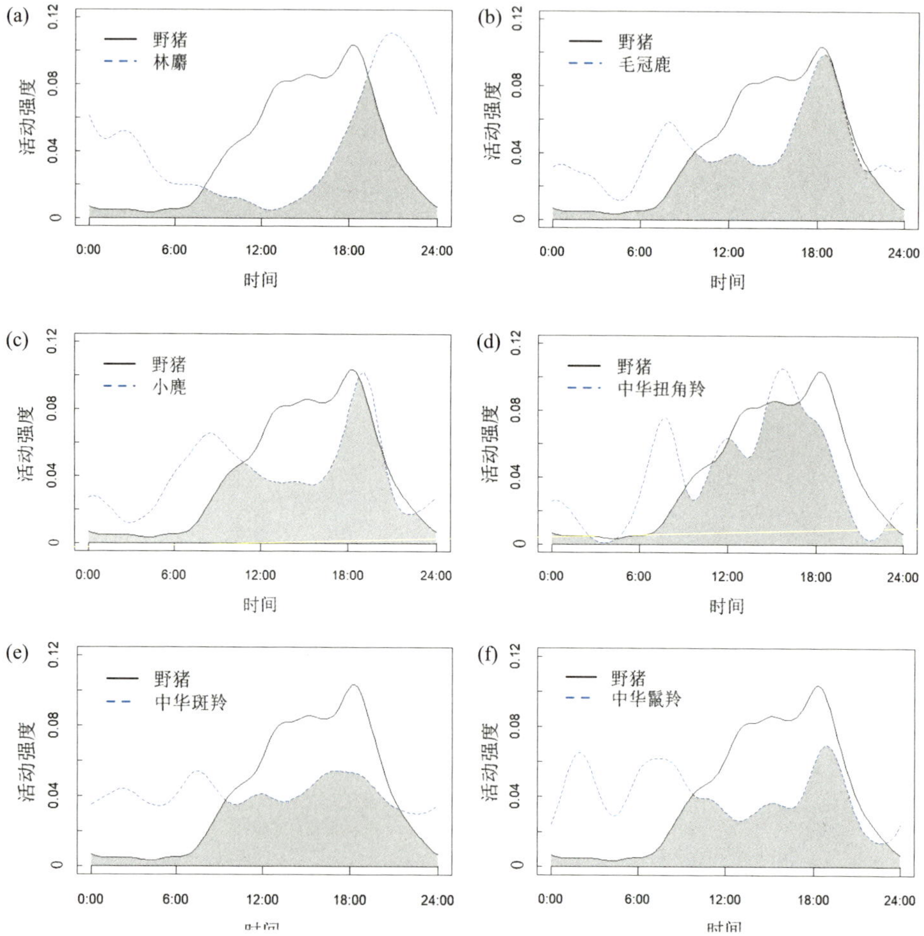

图6-70 保护区野猪与其竞争物种的日活动节律曲线重叠关系图

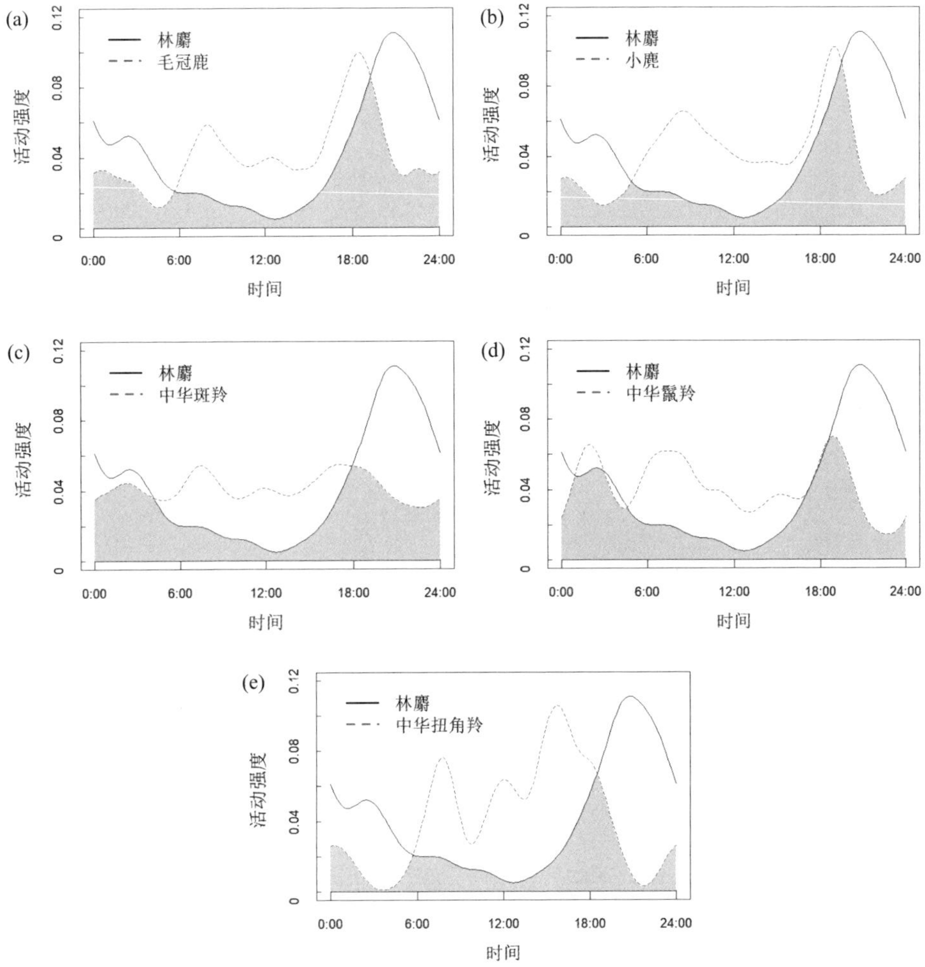

图6-71　保护区林麝与其竞争物种的日活动节律曲线重叠关系图

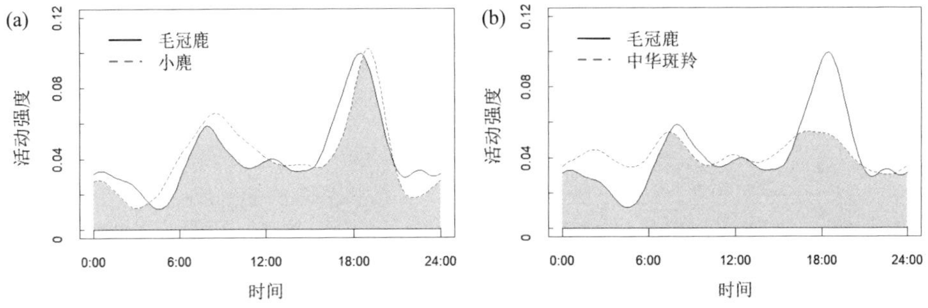

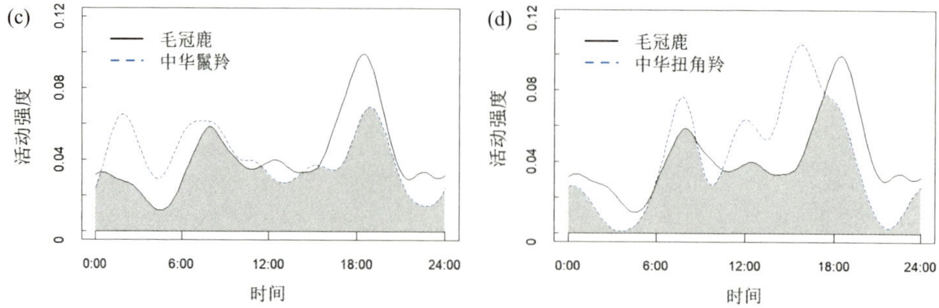

图6-72　保护区毛冠鹿与其竞争物种的日活动节律曲线重叠关系图

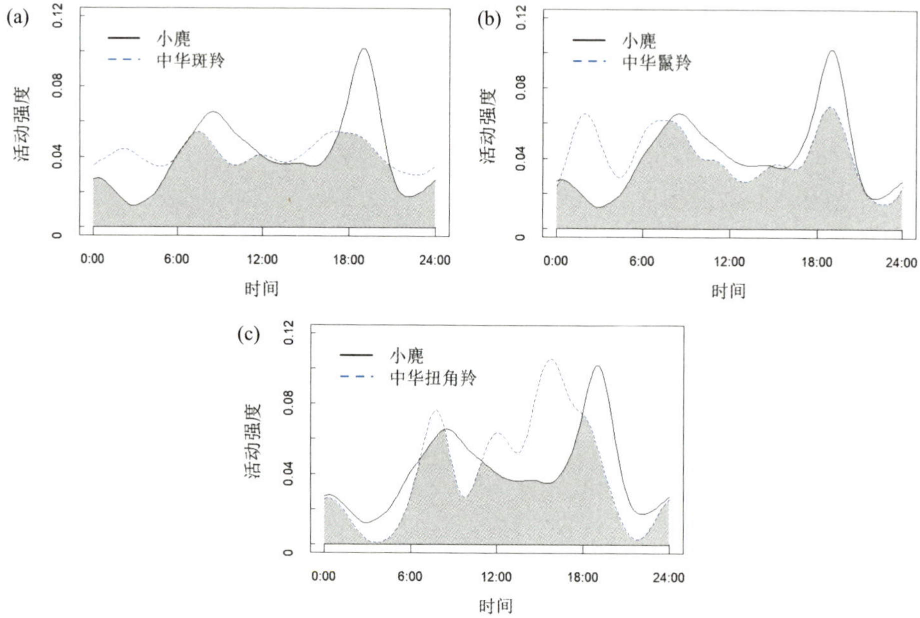

图6-73　保护区小麂与其竞争物种的日活动节律曲线重叠关系图

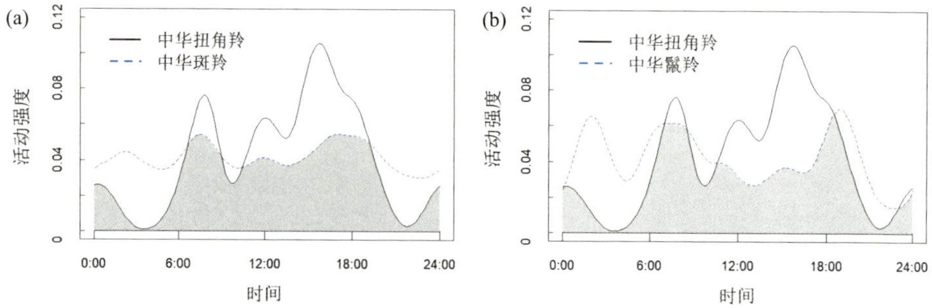

图6-74　保护区中华扭角羚与其竞争物种的日活动节律曲线重叠关系图

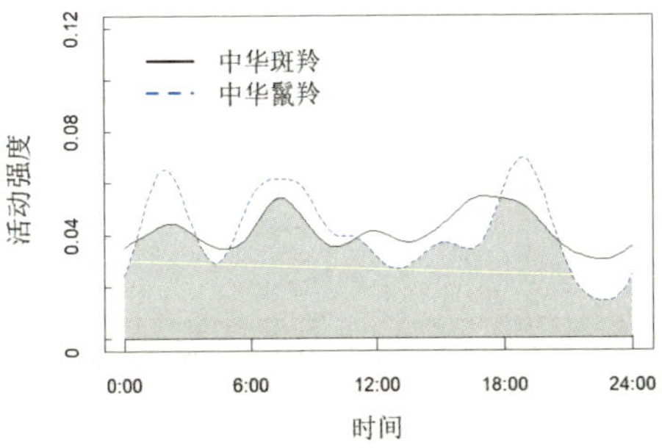

图6-75 保护区中华斑羚与其竞争物种的日活动节律曲线重叠关系图

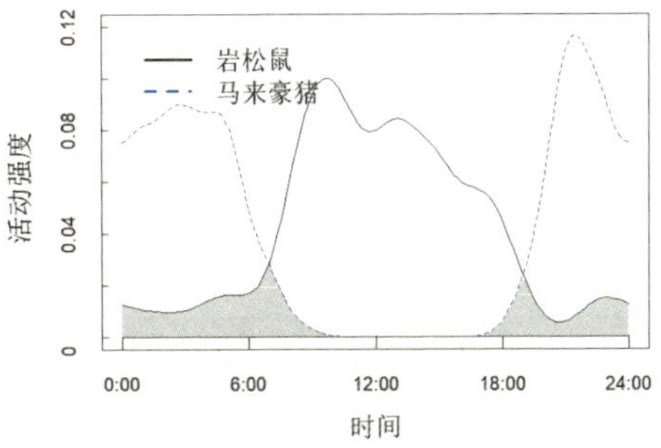

图6-76 保护区岩松鼠与其竞争物种的日活动节律曲线重叠关系图

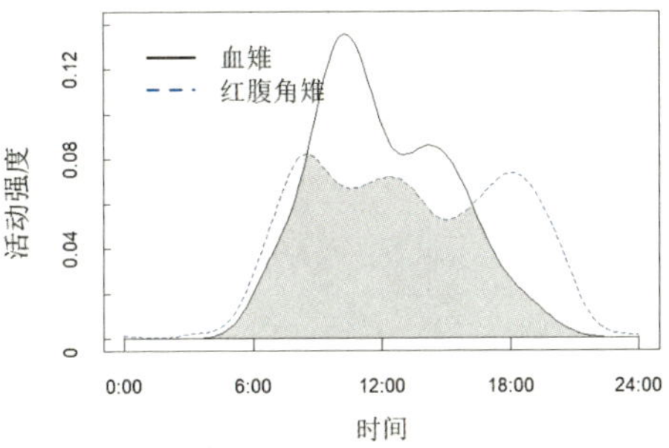

图6-77 保护区血雉与其竞争物种的日活动节律曲线重叠关系图

二、捕食者与猎物之间的日活动节律比较

在满足开展活动节律分析的16种兽类和2种地栖性雉类物种中，主要是食肉目物种与鲸偶蹄目、啮齿目和鸡形目之间存在着捕食关系。它们的捕食关系如表6-27所示，分别对存在捕食关系物种的日活动节律曲线及重叠关系进行绘制和分析。结果表明：亚洲黑熊与各猎物之间的日活动节律曲线重叠度在0.420~0.823，亚洲黑熊与各猎物的日活动节律曲线存在极显著差异；黄喉貂与各猎物之间的日活动节律曲线重叠度在0.345~0.821，黄喉貂与各猎物的日活动节律曲线存在极显著差异；花面狸与各猎物之间的日活动节律曲线重叠度在0.176~0.278，花面狸与各猎物的日活动节律曲线存在极显著差异；豹猫与各猎物之间的日活动节律曲线重叠度在0.183~0.323，豹猫与各猎物的日活动

节律曲线存在极显著差异（见表6-27，图6-78至图6-81）。整体来看，存在捕食关系的物种之间的日活动节律曲线不管存在怎样的重叠度，这两条曲线均存在极显著差异，这可能是潜在猎物为了躲避被捕食而采取的生存策略。

表6-27　保护区捕食者与猎物之间日活动节律曲线的重叠度

存在捕食关系的物种	重叠度	*P*值	95%置信区间下限	95%置信区间上限
亚洲黑熊—野猪	0.823	<0.001	0.911	0.928
亚洲黑熊—林麝	0.420	<0.001	0.794	0.866
亚洲黑熊—毛冠鹿	0.766	<0.001	0.891	0.915
亚洲黑熊—小麂	0.779	<0.001	0.894	0.916
亚洲黑熊—中华扭角羚	0.816	0.006	0.883	0.896
亚洲黑熊—中华斑羚	0.706	<0.001	0.875	0.907
亚洲黑熊—中华鬣羚	0.692	<0.001	0.855	0.886
黄喉貂—林麝	0.345	<0.001	0.772	0.854
黄喉貂—毛冠鹿	0.656	<0.001	0.857	0.895
黄喉貂—小麂	0.654	<0.001	0.856	0.895
黄喉貂—中华斑羚	0.613	<0.001	0.843	0.887
黄喉貂—岩松鼠	0.744	<0.001	0.878	0.904
黄喉貂—血雉	0.715	<0.001	0.869	0.899
黄喉貂—红腹角雉	0.821	0.004	0.898	0.913
花面狸—岩松鼠	0.262	<0.001	0.784	0.885
花面狸—血雉	0.176	<0.001	0.741	0.851
花面狸—红腹角雉	0.278	<0.001	0.785	0.883
豹猫—岩松鼠	0.282	<0.001	0.777	0.873
豹猫—血雉	0.183	<0.001	0.733	0.840
豹猫—红腹角雉	0.323	<0.001	0.783	0.872

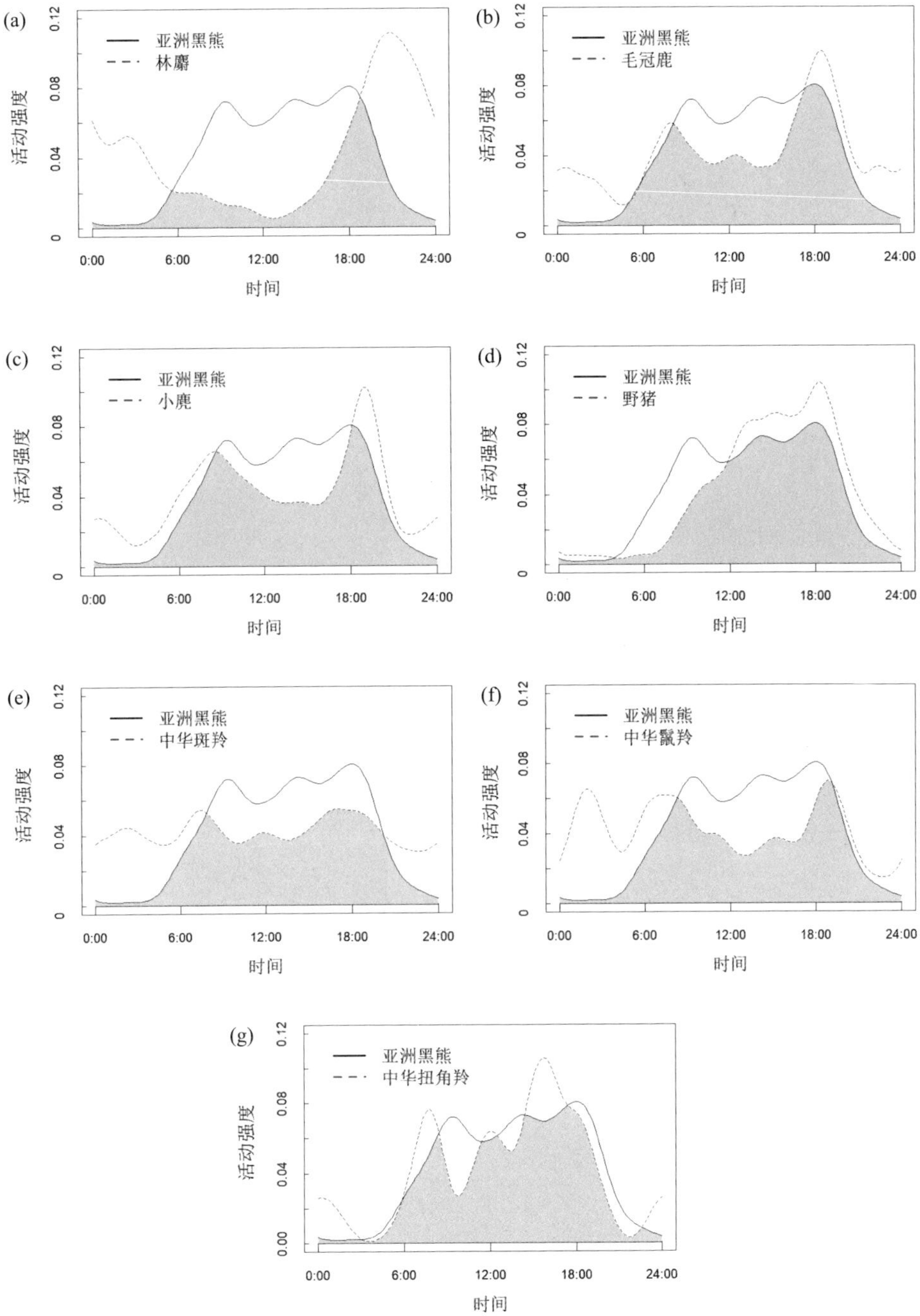

图6-78　亚洲黑熊与其猎物的日活动节律曲线重叠关系图

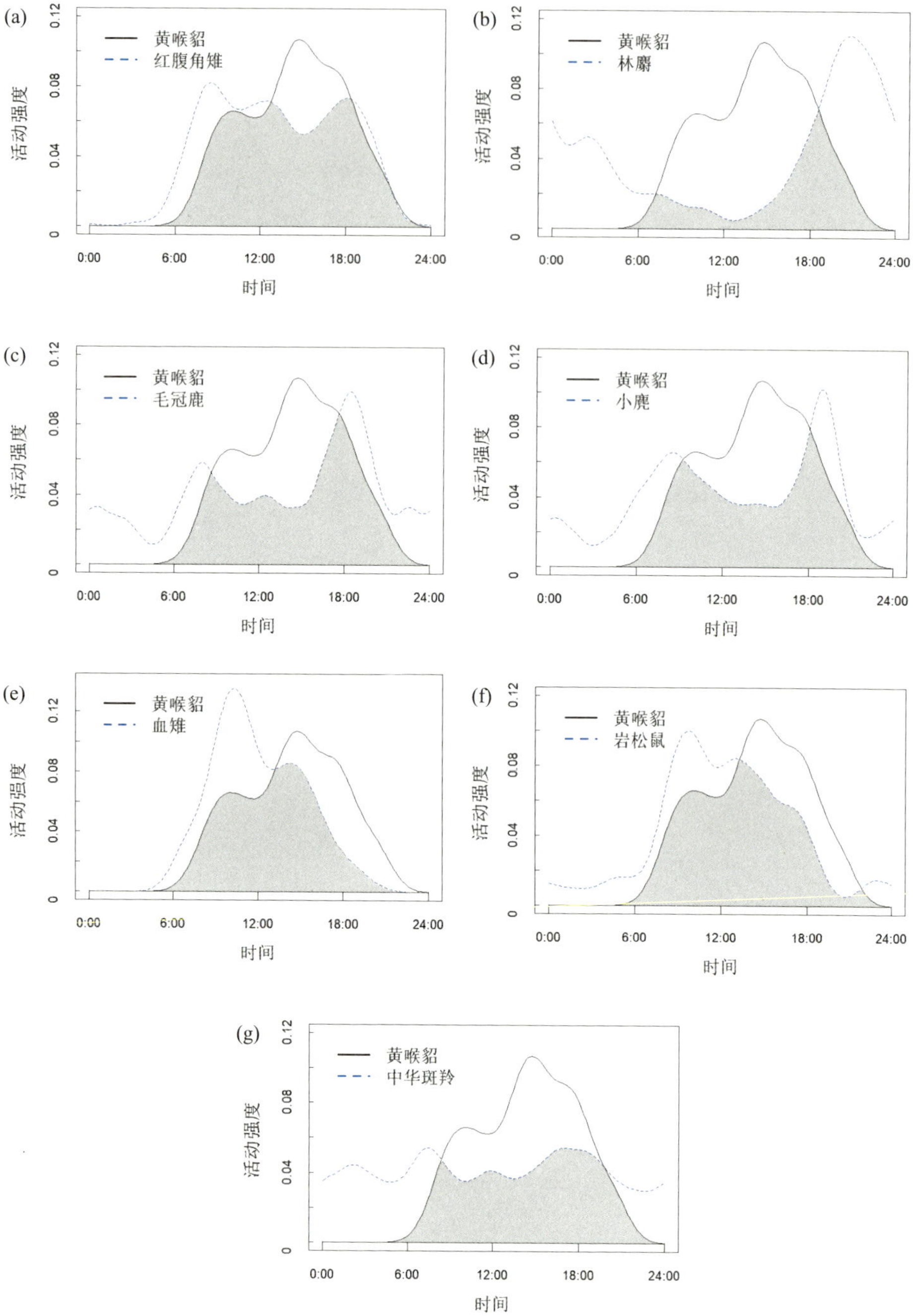

图6-79　黄喉貂与其猎物的日活动节律曲线重叠关系图

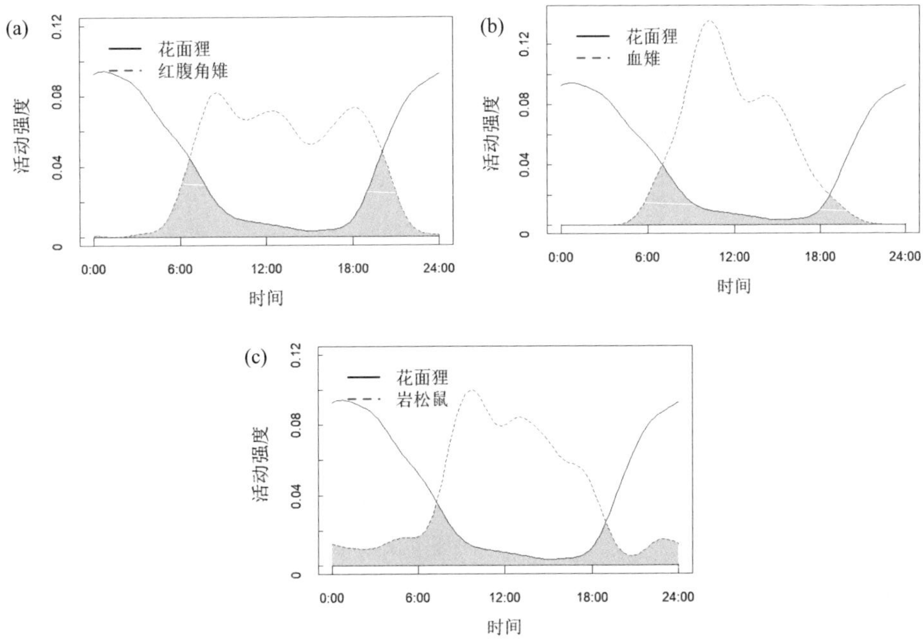

图6-80　花面狸与其猎物的日活动节律曲线重叠关系图

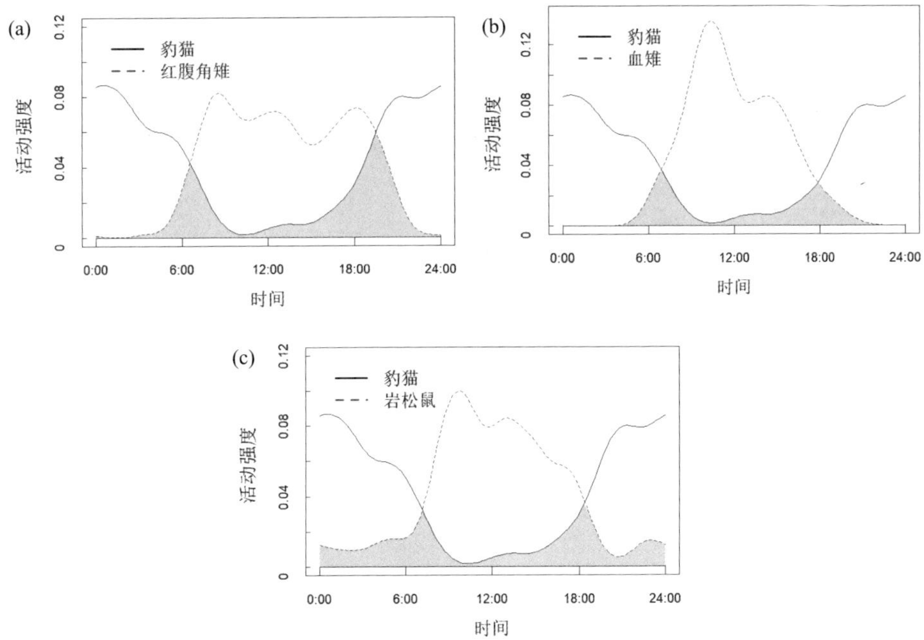

图6-81　豹猫与其猎物的日活动节律曲线重叠关系图

第五节　物种丰富度及其影响因素

一、全域物种丰富度分布图

2017—2023年，四川小寨子沟国家级自然保护区红外相机监测工作累计拍摄到野生兽类4目13科22种，野生鸟类3目9科31种。拍摄到的这些物种在保护区的总体分布情况详见图6-82、图6-83和图6-84。整体来看，兽类与鸟类物种主要分布在保护区核心区内。

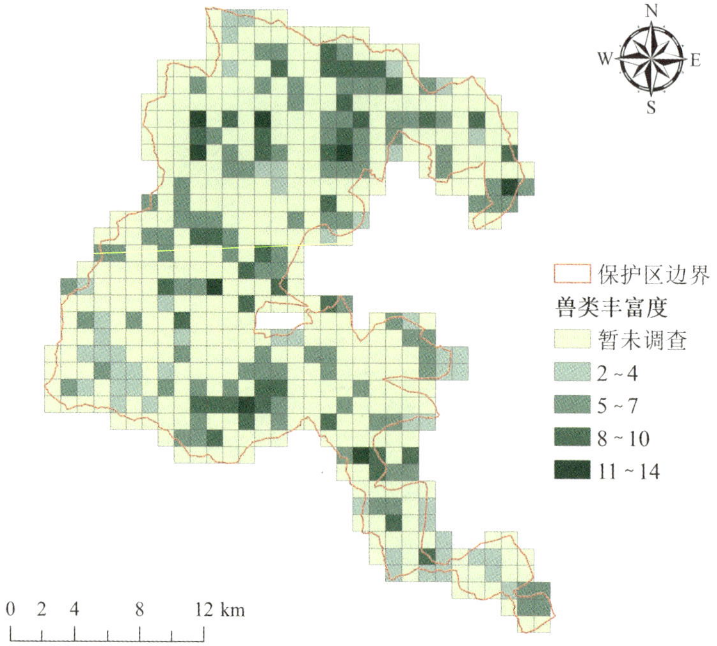

图6-82　保护区红外相机监测单独网格中兽类物种丰富度分布示意图

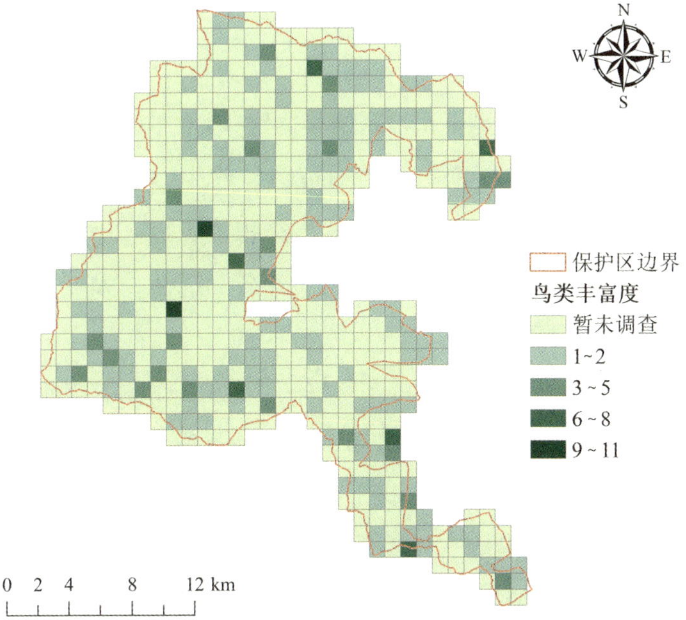

图6-83　保护区红外相机监测单独网格中鸟类物种丰富度分布示意图

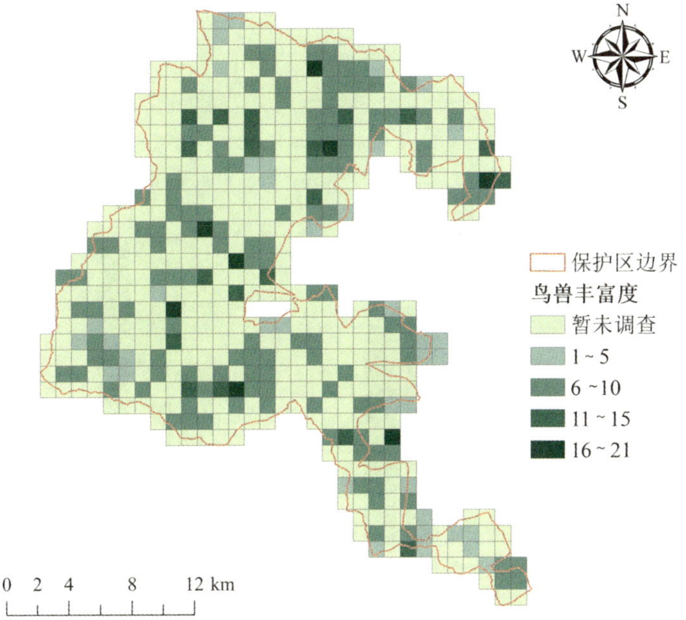

图6-84　保护区红外相机监测单独网格中鸟兽物种丰富度分布示意图

二、不同生境对物种丰富度的影响

在保护区不同生境类型下拍摄到的兽类与鸟类的物种数是不同的。

在流石滩生境下拍摄到的兽类物种明显较少，仅有1种（岩羊）；而在其他6种生境类型下均拍摄到较多的兽类物种（15~20种）（见图6-85和表6-28）。可见，保护区内兽类物种的分布较为广泛，大多数生境类型下的兽类物种丰富度均较高。

在混交林生境（包括落叶阔叶与常绿阔叶混交林和针阔叶混交林）下拍摄到的鸟类物种（19~20种）明显多于在其他生境类型（0~11种）（见图6-85和表6-29）下拍摄到的鸟类物种。以上内容表明不同生境类型对鸟类物种多样性的影响较大，混交林生境下的鸟类物种丰富度更高。

统计分析不同生境类型下拍摄到的具体鸟兽物种组成（见表6-28和表6-29）后发现有19种兽类（占比86.36%）和12种鸟类（占比38.71%）在至少3种生境类型下均有分布；不同物种在不同生境下存在分布差异，这在一定程度上反映出不同物种对生境的选择偏好。

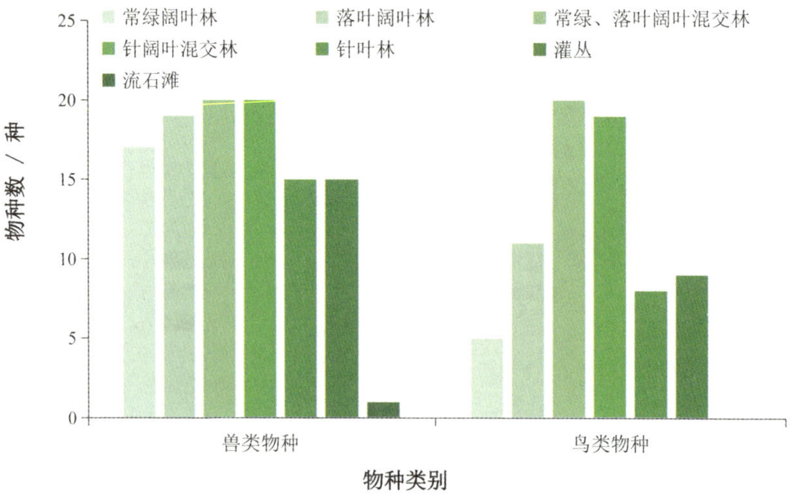

图6-85 保护区不同生境类型下红外相机拍摄到的兽类物种数与鸟类物种数

表6-28　在保护区不同生境类型下拍摄到的兽类物种

序号	目名	科名	种名	学名	不同生境类型						
					A	B	C	D	E	F	G
1	灵长目	猴科	猕猴	*Macaca mulatta*	√	–	√	–	–	–	–
2	灵长目	猴科	藏酋猴	*Macaca thibetana*	–	√	√	√	–	–	–
3	灵长目	猴科	川金丝猴	*Rhinopithecus roxellana*	√	√	√	√	√	√	–
4	食肉目	犬科	赤狐	*Vulpes vulpes*	–	–	–	–	–	√	–
5	食肉目	熊科	亚洲黑熊	*Ursus thibetanus*	√	√	√	√	√	√	–
6	食肉目	熊科	大熊猫	*Ailuropoda melanoleuca*	–	√	√	√	√	√	–
7	食肉目	鼬科	黄喉貂	*Martes flavigula*	√	√	√	√	√	√	–
8	食肉目	鼬科	黄鼬	*Mustela sibirica*	√	√	√	√	√	–	–
9	食肉目	鼬科	猪獾	*Arctonyx collaris*	√	√	√	√	√	√	–
10	食肉目	灵猫科	花面狸	*Paguma larvata*	√	√	√	√	√	√	–
11	食肉目	猫科	豹猫	*Prionailurus bengalensis*	√	√	√	√	√	√	–
12	鲸偶蹄目	猪科	野猪	*Sus scrofa*	√	√	√	√	√	√	–
13	鲸偶蹄目	麝科	林麝	*Moschus berezovskii*	√	√	√	√	–	√	–
14	鲸偶蹄目	鹿科	毛冠鹿	*Elaphodus cephalophus*	√	√	√	√	√	√	–
15	鲸偶蹄目	鹿科	小麂	*Muntiacus reevesi*	√	√	√	√	–	–	–
16	鲸偶蹄目	牛科	中华扭角羚	*Budorcas tibetana*	√	√	√	√	√	√	–
17	鲸偶蹄目	牛科	中华斑羚	*Naemorhedus griseus*	√	√	√	√	√	√	–
18	鲸偶蹄目	牛科	岩羊	*Pseudois nayaur*	–	–	–	√	–	–	√
19	鲸偶蹄目	牛科	中华鬣羚	*Capricornis milneedwardsii*	√	√	√	√	√	√	–
20	啮齿目	松鼠科	隐纹花鼠	*Tamiops swinhoei*	–	√	√	√	√	–	–
21	啮齿目	松鼠科	岩松鼠	*Sciurotamias davidianus*	√	√	√	√	√	–	–
22	啮齿目	豪猪科	马来豪猪	*Hystrix brachyura*	√	√	√	√	–	√	–

注：A代表常绿阔叶林；B代表落叶阔叶林；C代表落叶阔叶与常绿阔叶混交林；D代表针阔叶混交林；E代表针叶林；F代表灌丛；G代表流石滩。“√”表示有分布记录，“–”表示无分布记录。

表6-29 在保护区不同生境类型下拍摄到的鸟类物种

序号	目名	科名	种名	学名	不同生境类型						
					A	B	C	D	E	F	G
1	鸡形目	雉科	雪鹑	*Lerwa lerwa*	–	–	–	–	–	√	–
2	鸡形目	雉科	红喉雉鹑	*Tetraophasis obscurus*	–	–	–	√	√	√	–
3	鸡形目	雉科	藏雪鸡	*Tetraogallus tibetanus*	–	–	–	√	–	–	–
4	鸡形目	雉科	血雉	*Ithaginis cruentus*	–	√	√	√	√	√	–
5	鸡形目	雉科	红腹角雉	*Tragopan temminckii*	√	√	√	√	√	√	–
6	鸡形目	雉科	勺鸡	*Pucrasia macrolopha*	–	√	√	√	√	–	–
7	鸡形目	雉科	绿尾虹雉	*Lophophorus lhuysii*	–	√	–	√	√	√	–
8	鸡形目	雉科	环颈雉	*Phasianus colchicus*	–	–	√	–	–	–	–
9	鸡形目	雉科	红腹锦鸡	*Chrysolophus pictus*	√	√	√	√	–	–	–
10	雀形目	鸦科	红嘴蓝鹊	*Urocissa erythroryncha*	√	√	√	–	–	–	–
11	雀形目	鸦科	星鸦	*Nucifraga caryocatactes*	–	–	–	√	–	–	–
12	雀形目	鸦科	红嘴山鸦	*Pyrrhocorax pyrrhocorax*	–	–	–	√	–	–	–
13	雀形目	山雀科	绿背山雀	*Parus monticolus*	–	–	√	√	–	–	–
14	雀形目	莺鹛科	红嘴鸦雀	*Conostoma aemodium*	–	√	√	√	√	–	–
15	雀形目	莺鹛科	白眶鸦雀	*Sinosuthora conspicillata*	–	–	–	√	–	–	–
16	雀形目	噪鹛科	斑背噪鹛	*Garrulax lunulatus*	–	√	√	–	–	–	–
17	雀形目	噪鹛科	大噪鹛	*Garrulax maximus*	–	–	√	–	–	–	–
18	雀形目	噪鹛科	眼纹噪鹛	*Garrulax ocellatus*	√	√	√	–	√	–	–
19	雀形目	噪鹛科	白喉噪鹛	*Pterorhinus albogularis*	–	–	√	–	–	–	–
20	雀形目	噪鹛科	橙翅噪鹛	*Trochalopteron elliotii*	–	–	√	√	√	–	–
21	雀形目	噪鹛科	黑顶噪鹛	*Trochalopteron affine*	–	√	√	√	–	√	–
22	雀形目	噪鹛科	红翅噪鹛	*Trochalopteron formosum*	–	–	√	–	–	–	–
23	雀形目	鸫科	长尾地鸫	*Zoothera dixoni*	–	–	√	√	–	–	–

续表

序号	目名	科名	种名	学名	不同生境类型						
					A	B	C	D	E	F	G
24	雀形目	鸫科	虎斑地鸫	*Zoothera aurea*	–	–	–	√	–	–	–
25	雀形目	鸫科	灰头鸫	*Turdus rubrocanus*	–	–	√	–	–	–	–
26	雀形目	鹟科	白眉林鸲	*Tarsiger indicus*	–	–	√	–	–	√	–
27	雀形目	鹟科	红胁蓝尾鸲	*Tarsiger cyanurus*	–	–	√	–	–	–	–
28	雀形目	鹟科	白顶溪鸲	*Phoenicurus leucocephalus*	–	–	–	√	–	–	–
29	雀形目	鹟科	紫啸鸫	*Myophonus caeruleus*	√	√	√	√	–	√	–
30	雀形目	燕雀科	斑翅朱雀	*Carpodacus trifasciatus*	–	–	–	√	–	–	–
31	雀形目	燕雀科	白眉朱雀	*Carpodacus dubius*	–	–	–	–	–	√	–

注：A代表常绿阔叶林；B代表落叶阔叶林；C代表落叶阔叶与常绿阔叶混交林；D代表针阔叶混交林；E代表针叶林；F代表灌丛；G代表流石滩。“√”表示有分布记录，“–”表示无分布记录。

三、不同海拔段对物种丰富度的影响

在保护区不同海拔段下拍摄到的兽类与鸟类物种数同样存在着差异。

在4 000 m以上海拔段拍摄到的兽类物种明显较少，仅有4种；而在其他海拔段下均拍摄到较多的兽类物种（17~20种）（见图6–86和表6–30）。可见，保护区内兽类物种的分布较为广泛，大多数海拔段下的兽类物种丰富度均较高。

在不同海拔段下，保护区鸟类物种丰富度呈现出明显的向左偏移的“中峰模式”，鸟类物种丰富度先随海拔的增加而增加，后随海拔的增加而减小，且在中间海拔段（2 500~<3 000 m）拍摄到的鸟类物种最多（19种）（见图6–86和表6–31）。

统计分析不同海拔段下拍摄到的具体鸟兽物种组成（见表6–30和表6–31）后发现有19种兽类（占比86.36%）和14种鸟类（占比45.16%）在至

少3个海拔段下有分布；不同物种在不同海拔段下存在分布差异，这在一定程度上反映出不同物种对海拔的选择偏好。

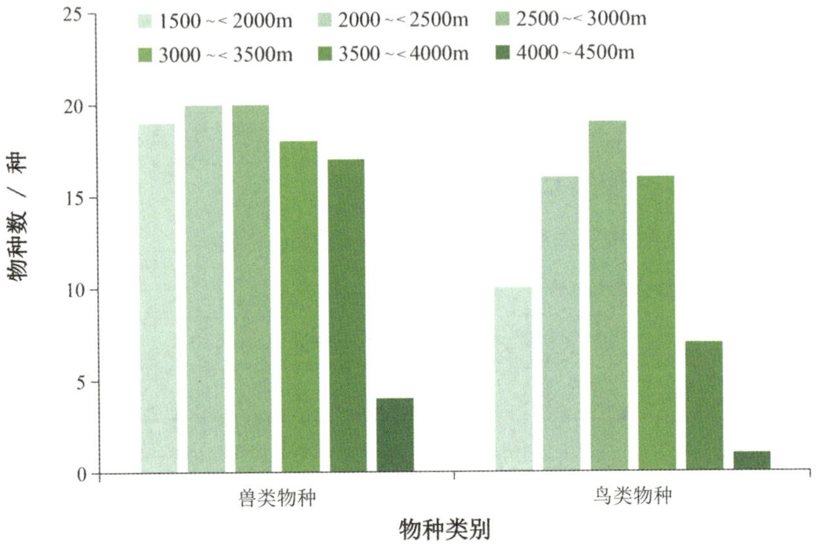

图6-86　在保护区不同海拔段下拍摄到的兽类与鸟类物种

表6-30　在保护区不同海拔段下拍摄到的兽类物种

序号	目名	科名	种名	学名	不同海拔段					
					a	b	c	d	e	f
1	灵长目	猴科	猕猴	*Macaca mulatta*	√	√	-	-	-	-
2	灵长目	猴科	藏酋猴	*Macaca thibetana*	√	√	√	-	-	-
3	灵长目	猴科	川金丝猴	*Rhinopithecus roxellana*	√	√	√	√	√	√
4	食肉目	犬科	赤狐	*Vulpes vulpes*	-	-	-	-	√	-
5	食肉目	熊科	亚洲黑熊	*Ursus thibetanus*	√	√	√	√	√	√
6	食肉目	熊科	大熊猫	*Ailuropoda melanoleuca*	√	√	√	√	√	√
7	食肉目	鼬科	黄喉貂	*Martes flavigula*	√	√	√	√	√	-
8	食肉目	鼬科	黄鼬	*Mustela sibirica*	√	√	√	√	√	-

续表

序号	目名	科名	种名	学名	不同海拔段					
					a	b	c	d	e	f
9	食肉目	鼬科	猪獾	*Arctonyx collaris*	√	√	√	√	√	–
10	食肉目	灵猫科	花面狸	*Paguma larvata*	√	√	√	√	√	–
11	食肉目	猫科	豹猫	*Prionailurus bengalensis*	√	√	√	√	√	–
12	鲸偶蹄目	猪科	野猪	*Sus scrofa*	√	√	√	√	√	–
13	鲸偶蹄目	麝科	林麝	*Moschus berezovskii*	√	√	√	√	√	–
14	鲸偶蹄目	鹿科	毛冠鹿	*Elaphodus cephalophus*	√	√	√	√	√	–
15	鲸偶蹄目	鹿科	小麂	*Muntiacus reevesi*	√	√	√	–	√	–
16	鲸偶蹄目	牛科	中华扭角羚	*Budorcas tibetana*	√	√	√	√	√	–
17	鲸偶蹄目	牛科	中华斑羚	*Naemorhedus griseus*	√	√	√	√	√	√
18	鲸偶蹄目	牛科	岩羊	*Pseudois nayaur*	–	–	√	√	–	–
19	鲸偶蹄目	牛科	中华鬣羚	*Capricornis milneedwardsii*	√	√	√	√	–	–
20	啮齿目	松鼠科	隐纹花鼠	*Tamiops swinhoei*	–	√	√	√	√	–
21	啮齿目	松鼠科	岩松鼠	*Sciurotamias davidianus*	√	√	√	√	–	–
22	啮齿目	豪猪科	马来豪猪	*Hystrix brachyura*	√	√	√	√	√	–

注：a代表1 500~<2 000 m海拔段；b代表2 000~<2 500 m海拔段；c代表2 500~<3 000 m海拔段；d代表3 000~<3 500 m海拔段；e代表3 500~<4 000 m海拔段；f代表4 000~4 500 m海拔段。“√”表示有分布记录，“–”表示无分布记录。

表6-31　在保护区不同海拔段下拍摄到的鸟类物种

序号	目名	科名	种名	学名	不同海拔段					
					a	b	c	d	e	f
1	鸡形目	雉科	雪鹑	*Lerwa lerwa*	–	–	–	–	√	–
2	鸡形目	雉科	红喉雉鹑	*Tetraophasis obscurus*	–	–	√	√	√	–
3	鸡形目	雉科	藏雪鸡	*Tetraogallus tibetanus*	–	–	–	√	–	–

续表

序号	目名	科名	种名	学名	不同海拔段					
					a	b	c	d	e	f
4	鸡形目	雉科	血雉	*Ithaginis cruentus*	–	√	√	√	√	–
5	鸡形目	雉科	红腹角雉	*Tragopan temminckii*	√	√	√	√	√	–
6	鸡形目	雉科	勺鸡	*Pucrasia macrolopha*	–	√	√	√	–	–
7	鸡形目	雉科	绿尾虹雉	*Lophophorus lhuysii*	–	–	√	√	√	√
8	鸡形目	雉科	环颈雉	*Phasianus colchicus*	–	√	–	–	–	–
9	鸡形目	雉科	红腹锦鸡	*Chrysolophus pictus*	√	√	√	√	–	–
10	雀形目	鸦科	红嘴蓝鹊	*Urocissa erythroryncha*	√	√	√	–	–	–
11	雀形目	鸦科	星鸦	*Nucifraga caryocatactes*	–	–	–	√	–	–
12	雀形目	鸦科	红嘴山鸦	*Pyrrhocorax pyrrhocorax*	–	–	–	√	–	–
13	雀形目	山雀科	绿背山雀	*Parus monticolus*	–	√	√	–	–	–
14	雀形目	莺鹛科	红嘴鸦雀	*Conostoma aemodium*	–	√	√	√	√	–
15	雀形目	莺鹛科	白眶鸦雀	*Sinosuthora conspicillata*	–	–	√	–	–	–
16	雀形目	噪鹛科	斑背噪鹛	*Garrulax lunulatus*	√	√	√	–	–	–
17	雀形目	噪鹛科	大噪鹛	*Garrulax maximus*	–	–	√	–	–	–
18	雀形目	噪鹛科	眼纹噪鹛	*Garrulax ocellatus*	√	√	–	√	–	–
19	雀形目	噪鹛科	白喉噪鹛	*Pterorhinus albogularis*	√	√	–	–	–	–
20	雀形目	噪鹛科	橙翅噪鹛	*Trochalopteron elliotii*	–	√	√	√	–	–
21	雀形目	噪鹛科	黑顶噪鹛	*Trochalopteron affine*	√	√	√	√	–	–
22	雀形目	噪鹛科	红翅噪鹛	*Trochalopteron formosum*	√	–	–	–	–	–
23	雀形目	鸫科	长尾地鸫	*Zoothera dixoni*	–	√	√	√	–	–
24	雀形目	鸫科	虎斑地鸫	*Zoothera aurea*	–	–	–	√	–	–
25	雀形目	鸫科	灰头鸫	*Turdus rubrocanus*	√	–	–	–	–	–
26	雀形目	鹟科	白眉林鸲	*Tarsiger indicus*	–	–	√	–	–	–
27	雀形目	鹟科	红胁蓝尾鸲	*Tarsiger cyanurus*	–	√	–	–	–	–

续表

序号	目名	科名	种名	学名	不同海拔段					
					a	b	c	d	e	f
28	雀形目	鹟科	白顶溪鸲	*Phoenicurus leucocephalus*	–	–	√	–	–	–
29	雀形目	鹟科	紫啸鸫	*Myophonus caeruleus*	√	√	√	√	–	–
30	雀形目	燕雀科	斑翅朱雀	*Carpodacus trifasciatus*	–	–	√	–	–	–
31	雀形目	燕雀科	白眉朱雀	*Carpodacus dubius*	–	–	–	–	√	–

注：a代表1 500~<2 000 m海拔段；b代表2 000~<2 500 m海拔段；c代表2 500~<3 000 m海拔段；d代表3 000~<3 500 m海拔段；e代表3 500~<4 000 m海拔段；f代表4 000~4 500 m海拔段。"√"表示有分布记录，"–"表示无分布记录。

四、利用占域模型评估保护区的物种丰富度及其影响因素

本部分将结合前面第六章第三节"物种种群动态与分布"这一节中关于16种兽类和2种地栖性雉类的占域模型分析结果，进一步分析环境因子对物种丰富度的影响。

关于这16种兽类物种的占域率，有5种兽类的占域率随着距居民点的距离的增大而增大，有7种兽类的占域率则随着距居民点的距离的增大而减小；有5种兽类的占域率随着NDVI的增大而增大，有10种兽类的占域率则随着NDVI的增大而减小；有4种兽类的占域率随着海拔的升高而增大，有5种兽类的占域率则随着海拔的升高而减小；有4种兽类的占域率随着坡度的增加而减小。关于16种兽类物种的探测率，有3种兽类的探测率随着距居民点的距离的增大而增大，有5种兽类的探测率则随着距居民点的距离的增大而减小；有7种兽类的探测率随着NDVI的增大而增大，有9种兽类的探测率则随着NDVI的增大而减小；有7种兽类的探测率随着海拔的升高而增大，有6种兽类的探测率则随着海拔的升高而减小（见表6–32和表6–33）。

关于2种地栖性雉类的占域率，距居民点的距离对2种地栖性雉类的占域率均

为负影响；NDVI对2种地栖性雉类的占域率均为正影响；海拔和坡度均对1种地栖性雉类的占域率为正影响。关于2种地栖性雉类的探测率，NDVI和海拔均对2种地栖性雉类的探测率为正影响（见表6-32和表6-33）。

表6-32　环境因子对16种兽类和2种地栖性雉类的影响汇总

类别	环境因子	兽类物种数/种		鸟类物种数/种	
		正	负	正	负
占域率	距居民点的距离	5	7	0	2
	NDVI	5	10	2	0
	海拔	4	5	1	0
	坡度	0	4	1	0
探测率	距居民点的距离	3	5	0	0
	NDVI	7	9	2	0
	海拔	7	6	2	0

表6-33　环境因子对16种兽类和2种地栖性雉类的具体影响

物种名称	拉丁学名	占域率				探测率		
		距居民点的距离	NDVI	海拔	坡度	距居民点的距离	NDVI	海拔
大熊猫	*Ailuropoda melanoleuca*	负	负	正	负	负	正	正
川金丝猴	*Rhinopithecus roxellana*	正	负	正	负	负	负	负
中华扭角羚	*Budorcas tibetana*	正	负			正	负	
林麝	*Moschus berezovskii*	负	正	正	负	负	正	正
毛冠鹿	*Elaphodus cephalophus*		负	负			正	正
中华斑羚	*Naemorhedus griseus*	正	负			正	负	正
中华鬣羚	*Capricornis milneedwardsii*	负	正				正	正
亚洲黑熊	*Ursus thibetanus*		正	负	负		负	负

续表

物种名称	拉丁学名	占域率				探测率		
		距居民点的距离	NDVI	海拔	坡度	距居民点的距离	NDVI	海拔
黄喉貂	*Martes flavigula*		负	负			正	正
豹猫	*Prionailurus bengalensis*	负	正				负	负
猪獾	*Arctonyx collaris*	正	负	正			正	负
花面狸	*Paguma larvata*	负	负			负	负	
野猪	*Sus scrofa*	正	负			正	负	负
小麂	*Muntiacus reevesi*	负	负				正	正
岩松鼠	*Sciurotamias davidianus*			负		负	负	
马来豪猪	*Hystrix brachyura*	负	正	负			负	负
血雉	*Ithaginis cruentus*	负	正	正	正		正	正
红腹角雉	*Tragopan temminckii*	负	正				正	正

第七章

四川小寨子沟国家级自然保护区栖息地质量评估

第一节　保护区全域栖息地质量评估

一、生态本底现状评估

1. 地形地貌

保护区的最低海拔超1 100 m，最高海拔超4 700 m，海拔跨度约3 600 m，区内高海拔区域主要分布在西部区域，低海拔区域主要分布在东部靠近外围的区域（见图7-1）。保护区超90%的区域的海拔为2 000~4 000 m，而在海拔2 000 m以下和海拔4 000 m以上的分布面积相对较少，仅分别为3.88%和1.66%（见表7-1）。

保护区的坡度多在10°以上。保护区内坡度为10°~60°的分布面积达到了98.45%，尤以坡度为20°~50°的分布面积较大，其中坡度为30°~40°的分布面积更是达到了40.21%（见图7-2、表7-2）。

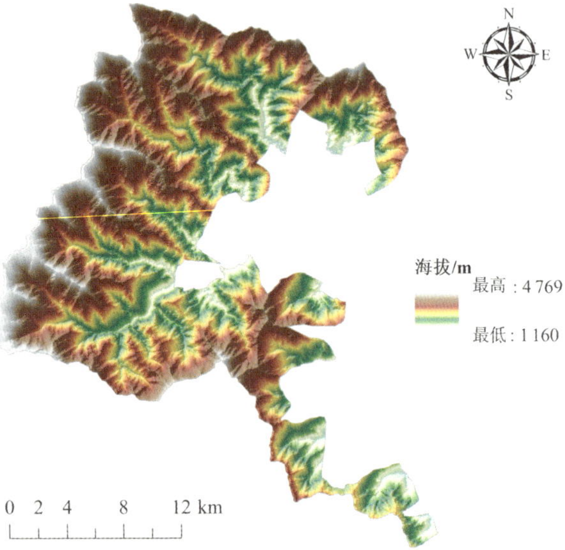

图7-1　保护区2022年海拔图

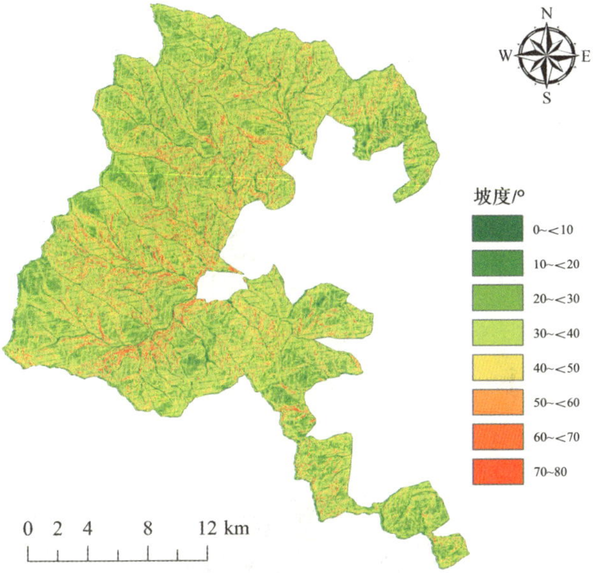

图7-2　保护区2022年坡度图

表7-1　保护区海拔统计表

海拔/m	面积/hm^2	比例/%
<1 500	133.42	0.30
1 500~<2 000	1 588.70	3.58
2 000~<2 500	9 572.93	21.57
2 500~<3 000	15 198.35	34.24
3 000~<3 500	12 194.12	27.47
3 500~<4 000	4 960.23	11.18
4 000~4 500	693.12	1.56
>4 500	43.83	0.10

表7-2　保护区坡度统计表

坡度/°	面积/hm^2	比例/%
0~<10	415.82	0.94
10~<20	2 808.28	6.33
20~<30	10 222.24	23.03
30~<40	17 846.37	40.21
40~<50	10 533.71	23.73
50~<60	2 287.10	5.15
60~70	266.61	0.60
>70	4.57	0.01

2. 土地利用

可以将从多种渠道获得的卫星遥感数据进行遥感分类，再以此计算出保护区范围内的土地利用和土地覆盖现状，也可以直接利用由可持续发展大数据国际研究中心发布在地球大数据科学工程官网上的某年全球30 m精细土地覆盖监测数据集，然后对该数据集进行分类统计。2022年，保护区的林地覆盖率为89.78%。林地是保护区中最主要的土地覆盖类型，破碎化程度较低，其次是草地。草地主要集中在保护区西部高山区域，总面积占10.12%。湿地水域的分布比例较低，仅为0.09%，其斑块零碎且单体面积较小。保护区的地类多样性指数为0.677 2，这表明保护区在以林地为主的条件下，仍维持了较高的地类多样性（见图7-3和表7-3）。

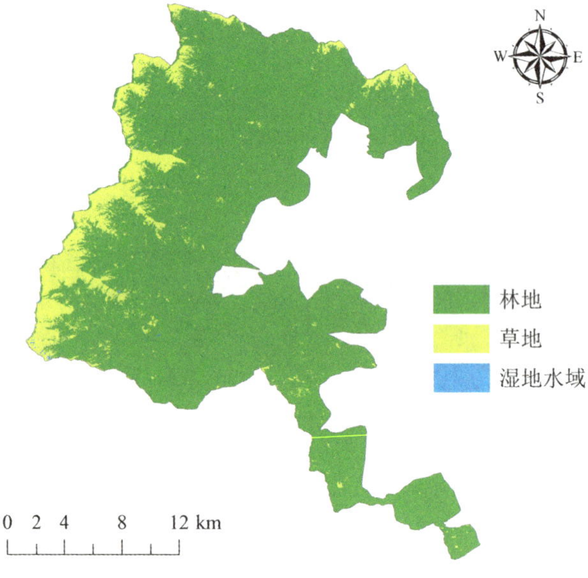

图7-3　保护区2022年的土地利用

表7-3　2022年保护区土地利用结果及相关指标

类型	林地	草地	湿地水域
总面积/hm^2	39 850.14	4 493.12	41.44
斑块数量	10 046	4 234	220

续表

类型	林地	草地	湿地水域
面积比例/%	89.78	10.12	0.09
破碎化指数	0.012 3	0.045 8	0.257 0
多样性指数	0.677 2		

3. NDVI

为了监测植被变化，以及了解这些变化对环境造成的影响，科学家们利用卫星遥感信号测量和绘制了地球表面的绿色植物分布，并用植被指数来对地球表面植被的状况进行简单、有效和经验的度量。植被指数从最初的植被覆盖度、叶面积指数发展到了如今基于遥感影像的垂直植被指数、土壤调整植被指数、修改型土壤调整植被指数等，现在的植被指数种类繁多，用途也各不相同。NDVI是可体现植被密度及健康状况的一种植被指数，因为其计算简单、监测范围较宽且与生物量、植被盖度、叶面积指数等量化植物生长状况的指标有很好的相关性，所以成为了用于表征地表植被状况的主要指标之一。

从去云后的Landsat-8卫星数据中提取了保护区2022年度及当年不同季度的NDVI。图7-4是保护区2022年全年NDVI整体情况，保护区的NDVI仅在西南高海拔边界及陆地水域等区域低于0.3，其余地区普遍在0.3以上，林地覆盖区域的NDVI普遍在0.5以上。

通过将保护区的NDVI分层统计到各海拔段，可以了解保护区植被生长状态的垂直空间分布特征。表7-4统计了不同海拔段下NDVI的平均值和标准差。从表7-4可以看出，保护区2 500 m以下海拔段的NDVI平均值均大于0.8；2 500~＜4 000 m海拔段的NDVI平均值在0.581~0.739；4 000~4 500 m海拔段的NDVI平均值超过了0.3；4 500 m以上海拔段的NDVI平均值低于0.3。可见，保护区2022年的地表植被覆盖度较高，植被生长状态良好。

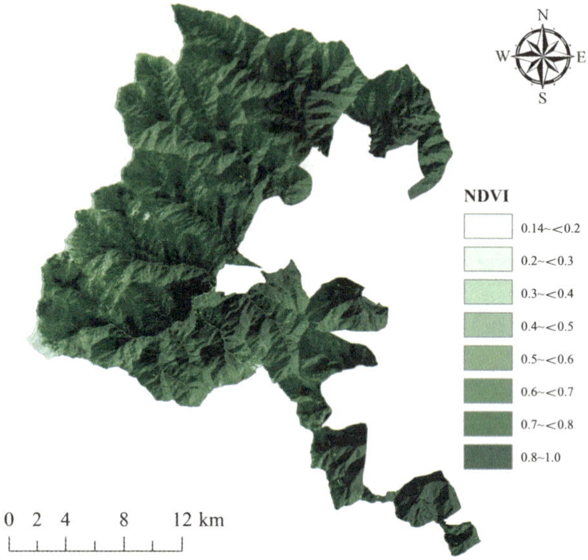

图7-4 2022年保护区NDVI分布图

表7-4 2022年保护区NDVI海拔段分布统计

海拔/m	NDVI平均值±标准差	海拔/m	NDVI平均值±标准差
<1 500	0.805 ± 0.320	3 000~<3 500	0.663 ± 0.803
1 500~<2 000	0.810 ± 0.660	3 500~<4 000	0.581 ± 0.104
2 000~<2 500	0.803 ± 0.534	4 000~4 500	0.434 ± 0.148
2 500~<3 000	0.739 ± 0.724	>4 500	0.276 ± 0.167

4. 森林覆盖

森林覆盖率是反映森林资源的丰富程度和生态平衡状况的重要指标。关于森林覆盖的分布与统计，可以对卫星遥感影像数据进行分析，也可以直接利用现有的数据集。

由图7-5可知，2022年保护区的森林覆盖度较高，约90%，未被森林覆盖区域主要是高海拔地段。2022年在整个保护区中针叶林的覆盖面积达27 024.31 hm^2，阔叶林的覆盖面积达12 825.83 hm^2。其中，针叶林主要覆盖

2 000~4 000 m的海拔段，尤其以2 500~3 500 m的海拔段较为集中；阔叶林主要覆盖1 500~3 500 m的海拔段，尤其以2 000~3 000 m的海拔段较为集中（详见表7-5）。

表7-5　2022年保护区森林覆盖及海拔段分布统计

海拔/m	针叶林面积/hm²	针叶林面积占比/%	阔叶林面积//hm²	阔叶林面积占比/%
<1 500	0	0	133.42	1.04
1 500~<2 000	400.68	1.48	1 194.91	9.32
2 000~<2 500	3 618.51	13.39	5 913.84	46.11
2 500~<3 000	10 616.12	39.28	4 427.14	34.52
3 000~<3 500	10 535.28	38.98	939.13	7.32
3 500~<4 000	1 739.12	6.44	214.18	1.67
4 000~4 500	97.18	0.36	3.21	0.03
>4500	17.42	0.06	0	0

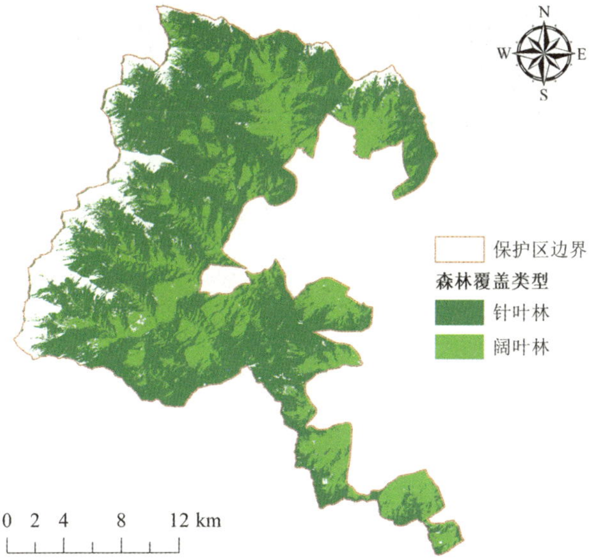

图7-5　2022年保护区森林覆盖图

5. 人为活动影响

人为活动（包括居民点、道路、耕地、建筑等）会对保护区的野生动植物产生一定干扰，因此人为活动影响也是评估保护区生态本底现状的重要指标之一。评估人为活动影响程度时往往需要先提取保护区及周边地区人为活动较为频繁的区域，这里将保护区边界向外扩展5 km以作为保护区周边研究区域；再提取保护区及周边地区的人居环境影响主体，详见图7–6；最后计算保护区内及周边地区受人居环境主体的影响程度（见图7–7）。从2022年保护区人居环境分布图以及人为活动影响热度图可以看到，人为活动影响主要集中在保护区外较低海拔的村落，主要包括村落居民点、耕地、建筑物，而保护区内几乎不受人为活动影响。

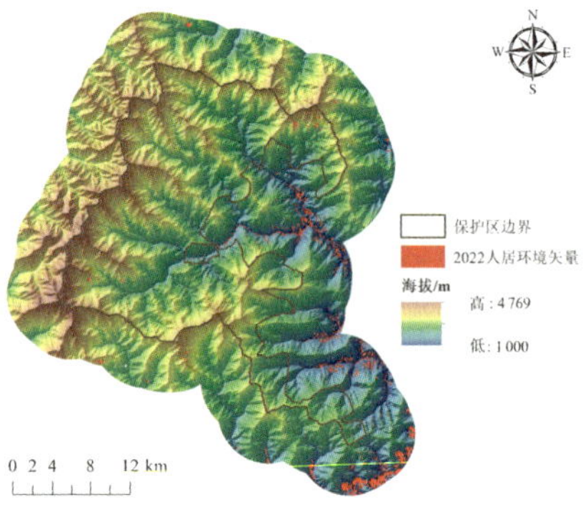

图7–6　2022年保护区及周边5 km范围内人居环境分布图

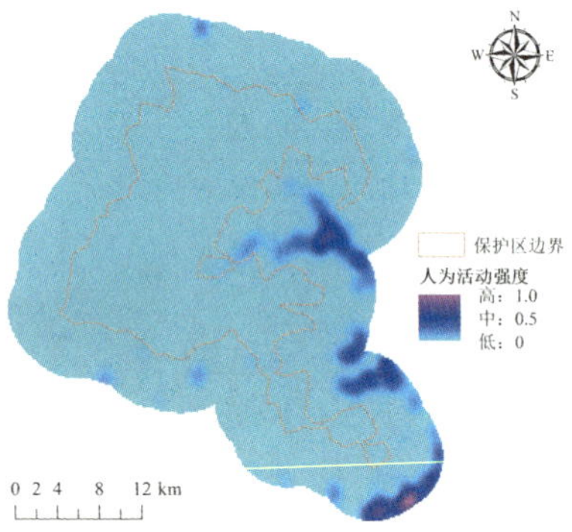

图7–7　2022年保护区及周边5 km范围内人为活动影响热度图

二、栖息地质量的时间动态趋势评估

1. 土地利用/覆盖的变化

保护区内以林地为主的天然植被覆盖区域是区内野生动物的重要栖息地。林地的稳定性是影响区内野生动物栖息地质量的重要因子之一，因此可以基于土地利用/覆盖数据，比较分析某区域林地在不同时期上的范围，了解它的一致性与稳定性，进而判定栖息地质量的动态变化。

选定保护区重新颁发林权证并首次完成总体规划编制的年份（1995年）作为起始年份，然后以每5年为1个时间节点，对现有的30 m精度土地覆被分类数据集（杨轩、柏永青，2023）进行提取、计算和分析，最后得到不同时期的土地利用/覆盖分类结果。如图7-8所示，在1995—2020年的25年间，保护区绿色的林地几乎无变化。通过对不同时期不同类型的土地利用/覆盖的面积占比、破碎化指数和多样性指数的计算分析可知（见表7-6），不同时期林地的面积均远远高于其他类型土地的面积；保护区内的林地稳定存在；各土地类型的破碎化指数均较低，多样性指数较高且较为稳定。上述结论可说明保护区内以林地为主的天然植被具有一定稳定性，保护区内野生动物的栖息地质量较好。

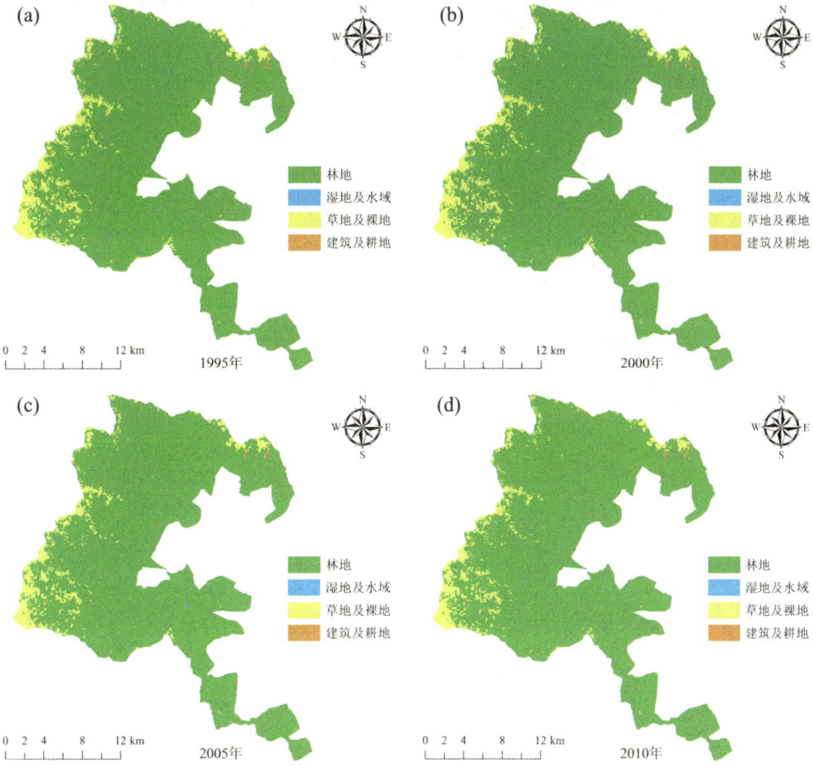

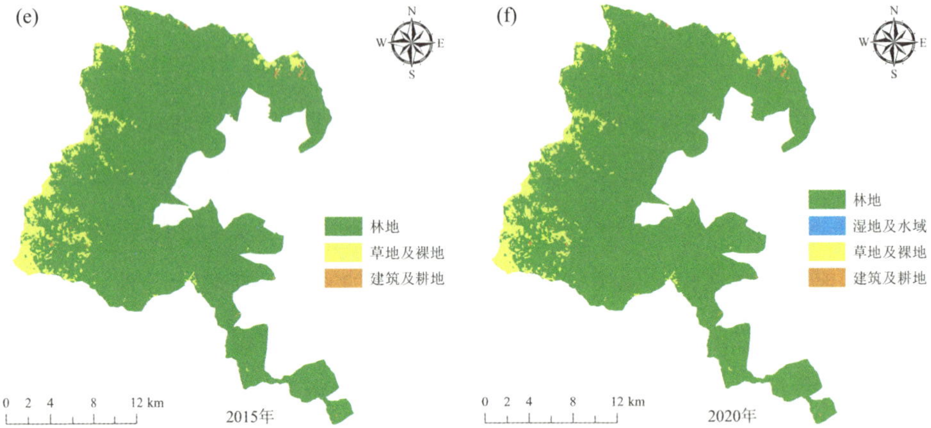

图7-8　1995—2020年保护区土地利用/覆盖变化

表7-6　1995—2020年保护区土地利用/覆盖变化统计

年份/年	指标	土地利用/覆盖类型			
		林地	草地及裸地	湿地及水域	建筑及耕地
1995	面积占比/%	92.745 5	7.048 9	0.000 1	0.205 5
	破碎化指数	0.000 1	0.003 3	0	0.016 1
	多样性指数	0.269 5			
2000	面积占比/%	92.738 5	7.053 6	0.001 5	0.206 4
	破碎化指数	0.000 1	0.001 2	0	0.033 0
	多样性指数	0.269 9			
2005	面积占比/%	93.672 8	6.152 6	0.000 7	0.173 9
	破碎化指数	0.000 1	0.002 3	0	0.036 0
	多样性指数	0.243 9			
2010	面积占比/%	93.581 5	6.226 1	0.000 7	0.191 7
	破碎化指数	0.000 1	0.002 6	0	0.035 1
	多样性指数	0.247 0			

续表

年份/年	指标	土地利用/覆盖类型			
		林地	草地及裸地	湿地及水域	建筑及耕地
2015	面积占比/%	93.618 5	6.186 1	0	0.195 4
	破碎化指数	0.000 1	0.000 5	0	0.053 0
	多样性指数	0.246 1			
2020	面积占比/%	93.601 0	6.202 0	0.000 4	0.196 6
	破碎化指数	0.000 1	0.000 5	0	0.050 8
	多样性指数	0.246 6			

为了进一步了解保护区周边区域的栖息地情况，将保护区外边界向外扩展5 km的范围作为研究区域，以进一步比较分析保护区及其周边区域的土地利用/覆盖情况。1995—2020年保护区及其周边5 km区域的土地利用/覆盖变化如图7–9所示，可以看出建筑及耕地主要集中在保护区周边区域，在这25年间，保护区及其周边5 km区域的土地利用/覆盖几乎无变化。1995—2020年保护区及其周边5 km区域的土地利用/覆盖变化统计如表7–7所示，从表中可以发现这25年间保护区及其周边的林地覆盖比例均较高且较为稳定（均在92%以上），建筑及耕地主要集中在保护区周边区域。由此可见，保护区野生动物的栖息地质量较好且较为稳定。

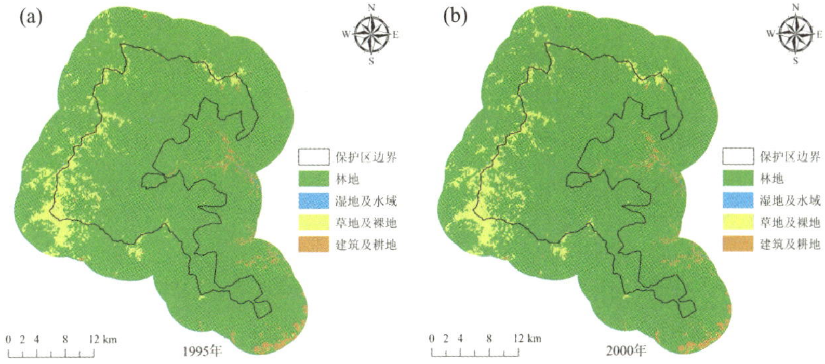

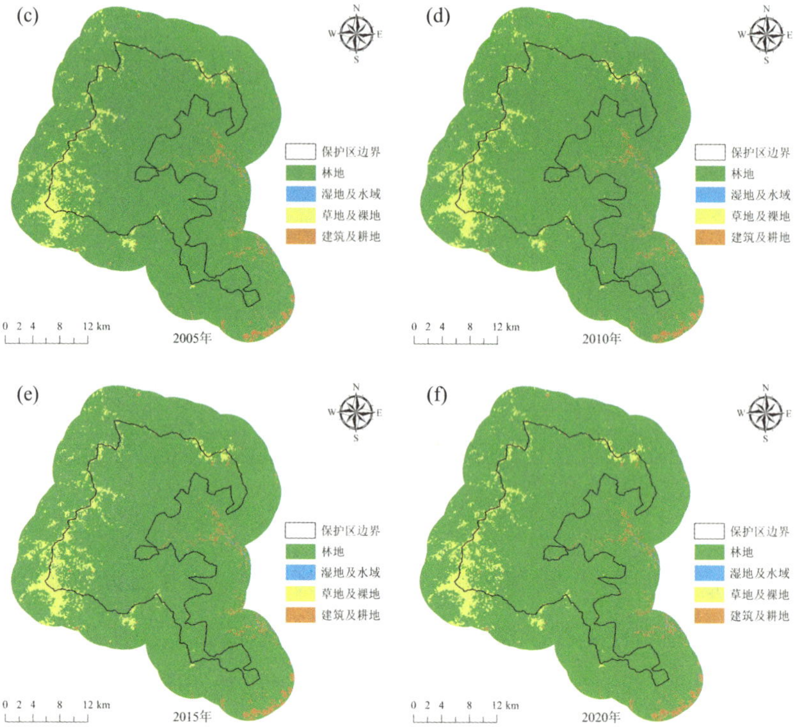

图7-9　1995—2020年保护区及其周边5 km区域的土地利用/覆盖变化

表7-7　1995—2020年保护区及其周边5 km区域的土地利用/覆盖变化统计

土地利用/覆盖类型	1995年面积占比/%	2000年面积占比/%	2005年面积占比/%	2010年面积占比/%	2015年面积占比/%	2020年面积占比/%
保护区						
林地	92.745 5	92.738 5	93.672 8	93.581 5	93.618 5	93.601 0
草地及裸地	7.048 9	7.053 6	6.152 6	6.226 1	6.186 1	6.202 0
湿地及水域	0.000 1	0.001 5	0.000 7	0.000 7	0	0.000 4
建筑及耕地	0.205 5	0.206 4	0.173 9	0.191 7	0.195 4	0.196 6
保护区周边						
林地	92.724 8	92.690 0	93.597 8	93.350 1	93.364 9	93.383 2
草地及裸地	4.869 9	4.874 8	4.202 0	4.325 3	4.313 9	4.306 5

续表

土地利用/覆盖类型	1995年面积占比/%	2000年面积占比/%	2005年面积占比/%	2010年面积占比/%	2015年面积占比/%	2020年面积占比/%
保护区周边						
湿地及水域	0.055 5	0.058 7	0.059 7	0.079 8	0.081 7	0.075 8
建筑及耕地	2.349 9	2.376 5	2.140 5	2.244 8	2.239 5	2.234 4

2. NDVI的变化

利用去云后的Landsat-8卫星数据提取保护区及其周边5 km区域不同年份的NDVI数据，以分析保护区及其周边区域植被状况的变化趋势。图7-10展示了保护区及其周边5 km区域1995—2020年NDVI的空间分布，从图中可以看出，“绿色”程度逐渐加深，这表示该区域的植被质量逐渐趋好。

通过对比1995—2020年保护区及其周边5 km区域的NDVI的变化可知，不管是保护区还是其周边区域，NDVI的平均值均逐渐增大，这进一步说明保护区及其周边区域的植被质量整体趋好（见表7-8）。

表7-8　保护区及其周边5 km区域NDVI变化统计

指标	1995年	2000年	2005年	2010年	2015年	2020年
保护区						
NDVI最大值	0.819	0.840	0.862	0.879	0.899	0.899
NDVI最小值	0.699	0.706	0.688	0.709	0.382	0.358
NDVI平均值	0.774	0.764	0.805	0.804	0.875	0.869
NDVI标准差	0.021	0.023	0.026	0.027	0.047	0.047
保护区周边						
NDVI最大值	0.836	0.848	0.881	0.908	0.920	0.916
NDVI最小值	0.692	0.656	0.568	0.684	0.254	0.196

续表

指标	1995年	2000年	2005年	2010年	2015年	2020年
保护区周边						
NDVI平均值	0.782	0.776	0.822	0.814	0.881	0.873
NDVI标准差	0.023	0.028	0.029	0.036	0.051	0.058

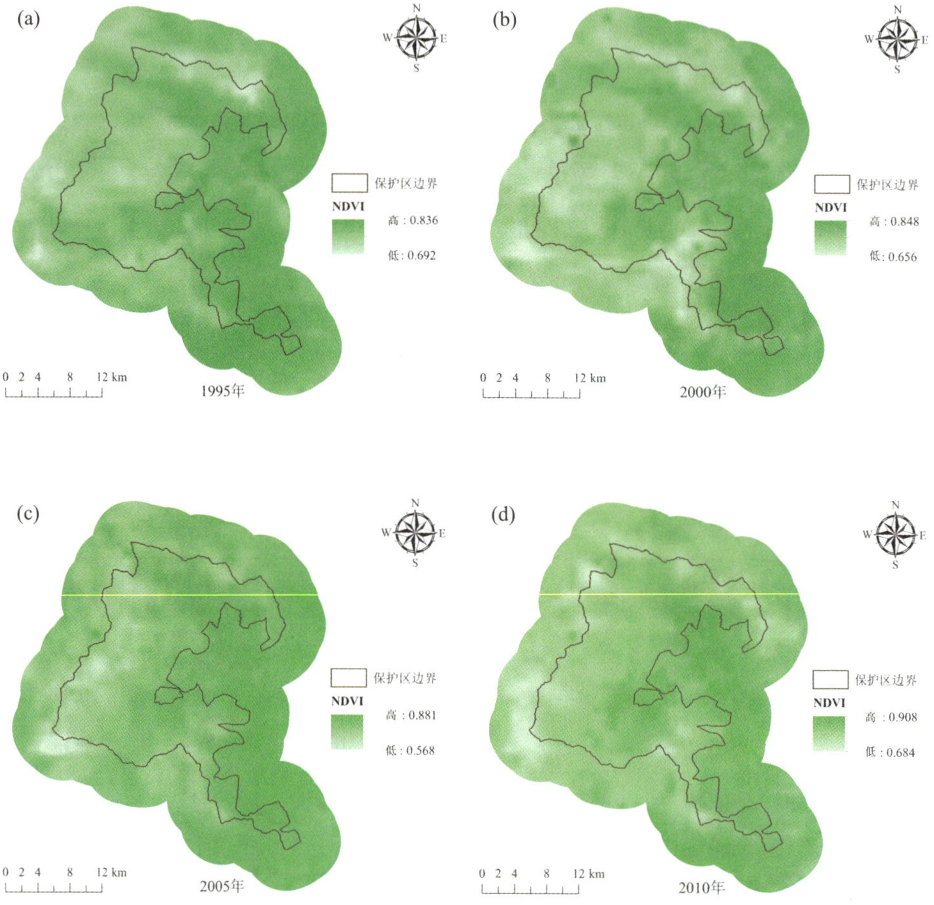

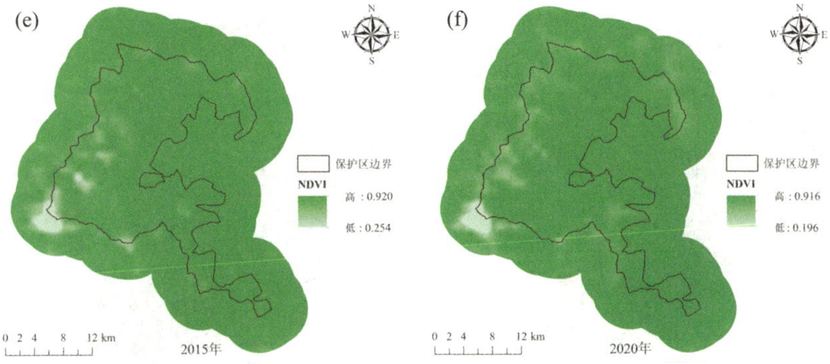

图7-10　1995—2020年保护区及其周边5 km区域NDVI变化

3. 人为活动影响程度的变化

人为活动影响程度是评估保护地生态环境质量的重要指标。先从1995—2020年的遥感影像中提取保护区及其周边5 km区域的人居环境影响主体，然后利用ArcGIS的空间分析功能，分别计算出不同年份下人为活动影响程度，最后绘制人为活动影响程度空间分布图。由图7-11可知，在1995—2020年保护区内几乎无人为活动影响，人为活动影响主要集中在保护区外较低海拔的村落及附近。

通过对1995—2020年保护区及其周边5 km区域人为活动影响程度进行比较，可知保护区内人为活动影响程度基本维持原状，保护区外主要村落的人为活动影响程度降低，人为活动影响程度升高的区域零散分布在保护区外。

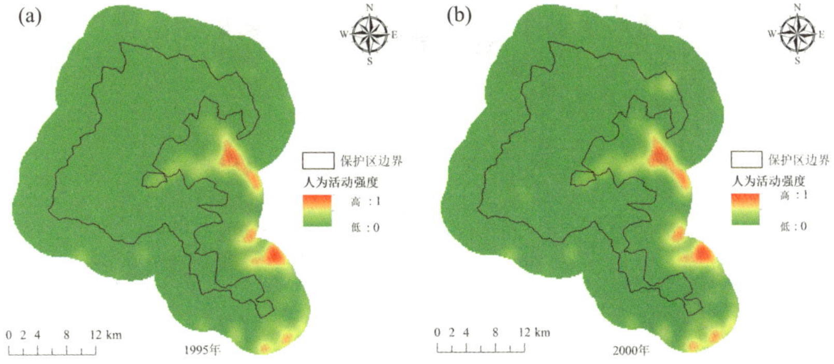

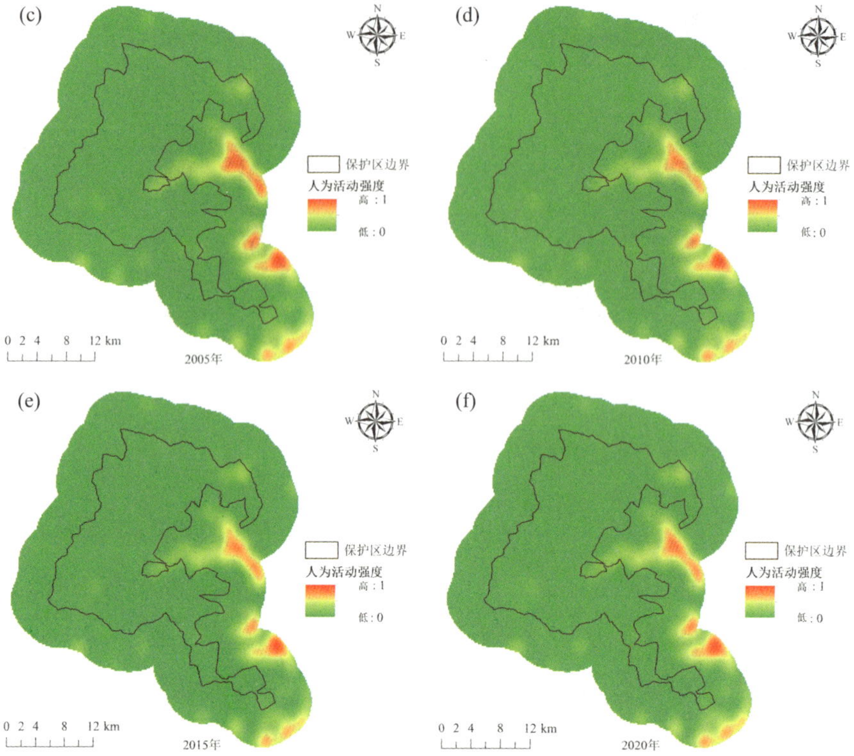

图7-11　1995—2020年保护区及其周边5 km区域人为活动影响的分布

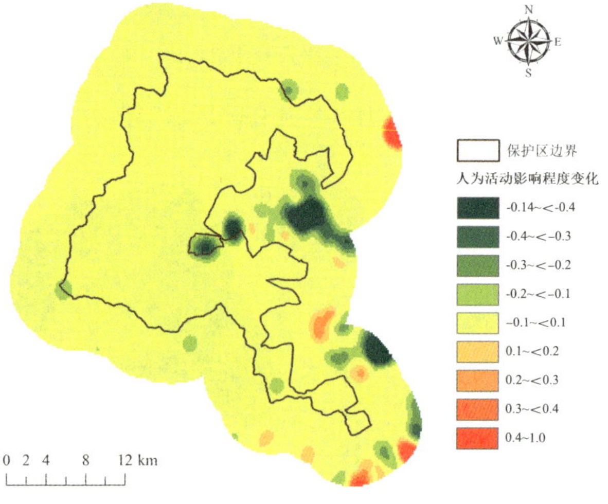

图7-12　1995—2020年保护区及其周边5 km区域人为活动影响程度变化

第二节 重点保护物种与优势物种栖息地质量评估

本节将利用常用的MaxEnt模型对保护区重点保护物种和优势物种的栖息地质量进行评估。综合目前积累的鸟兽物种分布点以及MaxEnt模型的要求，对14种兽类和2种地栖性雉类（见表7-9），开展栖息地质量评估分析。

表7-9 用于MaxEnt模型分析的鸟兽物种的分布点统计

类群	目名	种名	学名	有效分布点数量/个	筛选后分布点数量/个
兽类	灵长目	川金丝猴	*Rhinopithecus roxellana*	66	54
兽类	食肉目	亚洲黑熊	*Ursus thibetanus*	95	68
兽类	食肉目	大熊猫	*Ailuropoda melanoleuca*	87	52
兽类	食肉目	豹猫	*Prionailurus bengalensis*	63	51
兽类	食肉目	猪獾	*Arctonyx collaris*	59	47
兽类	食肉目	黄喉貂	*Martes flavigula*	57	45
兽类	食肉目	花面狸	*Paguma larvata*	46	41
兽类	鲸偶蹄目	中华斑羚	*Naemorhedus griseus*	182	118
兽类	鲸偶蹄目	野猪	*Sus scrofa*	133	78
兽类	鲸偶蹄目	毛冠鹿	*Elaphodus cephalophus*	53	39
兽类	鲸偶蹄目	中华扭角羚	*Budorcas tibetana*	41	33

续表

类群	目名	种名	学名	有效分布点数量/个	筛选后分布点数量/个
兽类	鲸偶蹄目	中华鬣羚	*Capricornis milneedwardsii*	40	29
兽类	鲸偶蹄目	林麝	*Moschus berezovskii*	32	25
兽类	鲸偶蹄目	小麂	*Muntiacus reevesi*	20	19
鸟类	鸡形目	血雉	*Ithaginis cruentus*	41	29
鸟类	鸡形目	红腹角雉	*Tragopan temminckii*	96	75

一、用于建模的环境变量

本研究基于已有的相关参考文献，并从气候、地形、植被、地类、干扰因子等因素考虑，经过相关性分析验证后，最终筛选出13个环境变量，包括地表覆盖类型、NDVI、海拔高度、坡度、坡向、年平均温度、年温度变化范围、最干季度降水量、最干月降水量、最冷季度降水量、距最近公路的距离、距最近河流的距离和距最近居民点的距离（详见图7-13）。

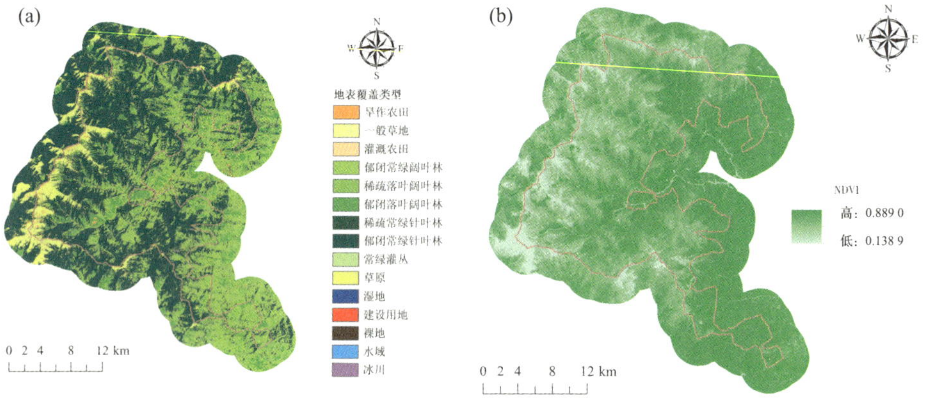

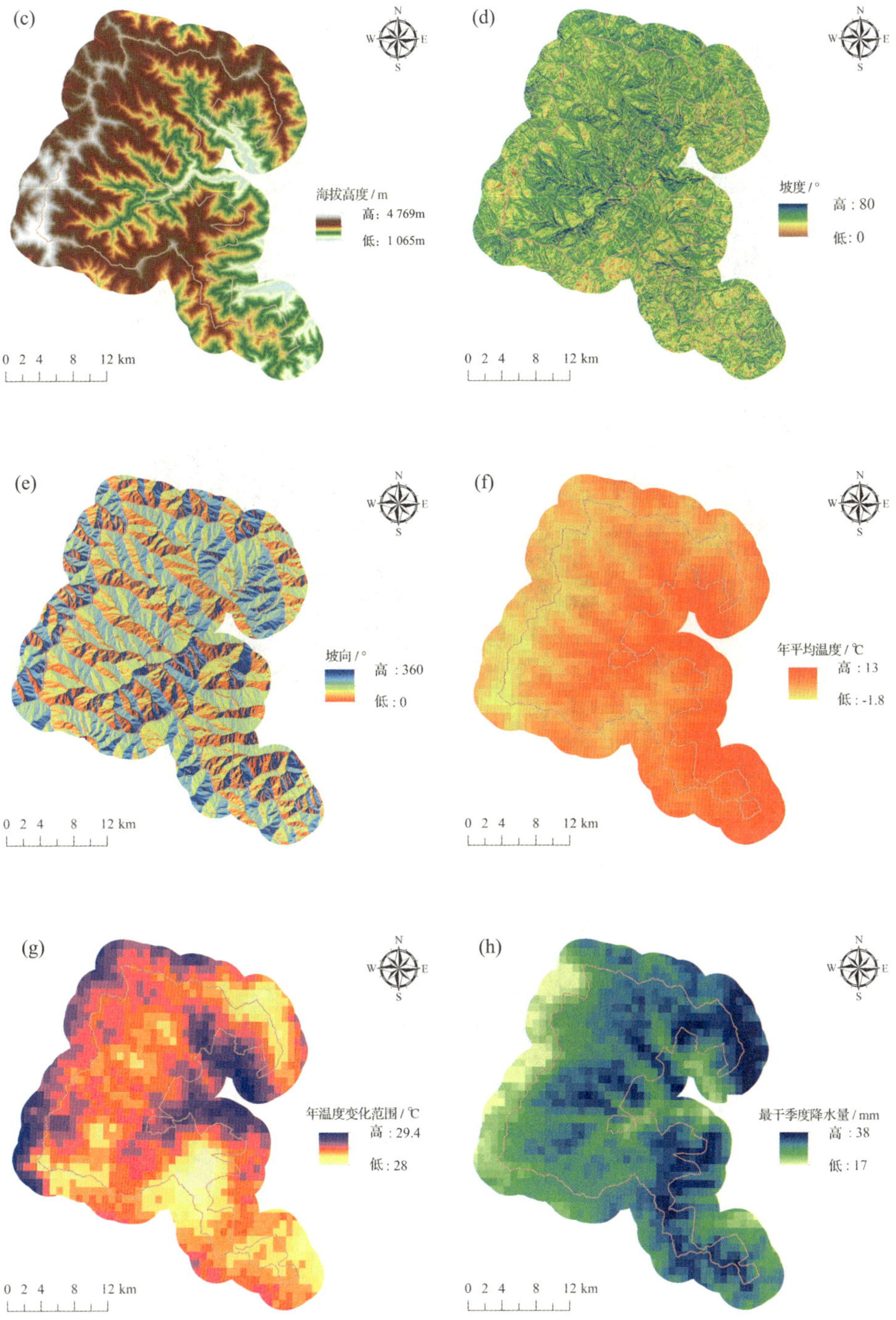
(c)
N
W
E
S
海拔高度 / m
高：4 769m
低：1 065m
0 2 4 8 12 km
(d)
N
W
E
S
坡度 / °
高：80
低：0
0 2 4 8 12 km
(e)
N
W
E
S
坡向 / °
高：360
低：0
0 2 4 8 12 km
(f)
N
W
E
S
年平均温度 / ℃
高：13
低：-1.8
0 2 4 8 12 km
(g)
N
W
E
S
年温度变化范围 / ℃
高：29.4
低：28
0 2 4 8 12 km
(h)
N
W
E
S
最干季度降水量 / mm
高：38
低：17
0 2 4 8 12 km

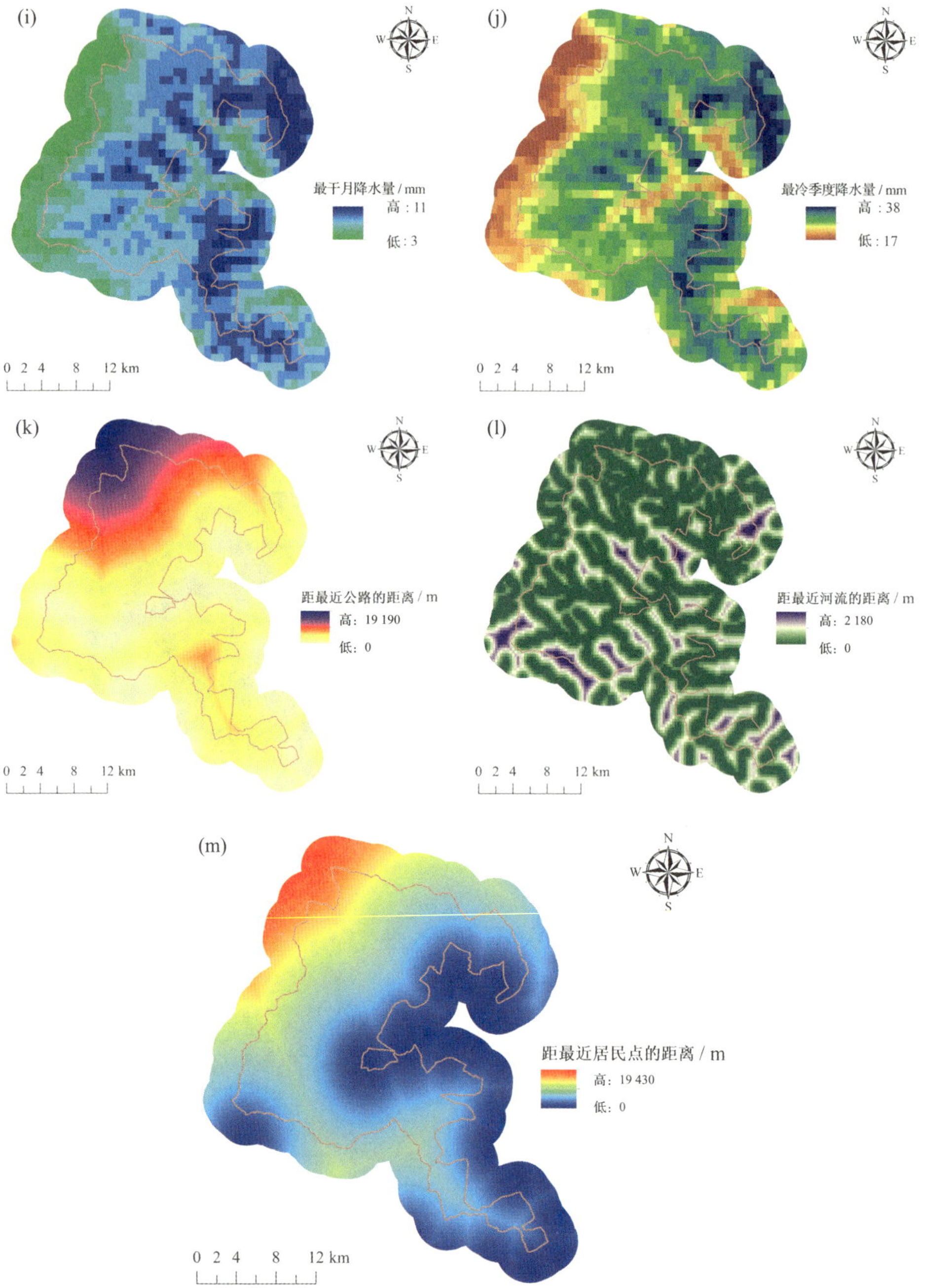

图7-13 用于MaxEnt模型的环境变量

二、单一物种栖息地评估

1. 大熊猫

（1）MaxEnt模型预测精度：经过20次重复建模后AUC平均值和标准差分别为0.941和0.007，这表明MaxEnt模型的预测结果为“优”，该模型结果可以较为准确地预测大熊猫适宜栖息地的地理分布，详见图7–14（a）。

（2）各环境变量的重要性：12个参与建模的变量中贡献率高于5%的有5个，其中贡献率最大的变量是距最近居民点的距离，占比62.5%；其次是最干季度降水量（8%）和最干月降水量（7.1%）；海拔高度（6.2%）和距最近河流的距离（5.1%）的贡献率也较高（见表7–10）。以上5个变量的累计贡献率高达88.9%。图7–14（b）显示，在仅利用单个环境变量建模时，距最近居民点的距离的训练增益值最高，其次是海拔高度、最干季度降水量、最冷季度降水量、最干月降水量，即这4个变量对模型预测具有较高的价值。综合环境变量刀切验证结果和贡献率分析结果可知，距最近居民点的距离、最干季度降水量、海拔高度、最干月降水量是影响大熊猫适宜栖息地分布的主要变量。

（3）栖息地分布及面积：大熊猫栖息地模型评估结果如图7–14（c）所示，图中展示了保护区及其边界外延3 km范围的大熊猫栖息地分布情况，可以看出保护区及周边区域均有大面积的大熊猫适宜栖息地分布。基于模型结果，利用ArcGIS软件的空间分析工具，可测算出大熊猫适宜栖息地面积为25 451.58 hm^2，次适宜栖息地面积为14 840.19 hm^2，如表7–11所示。

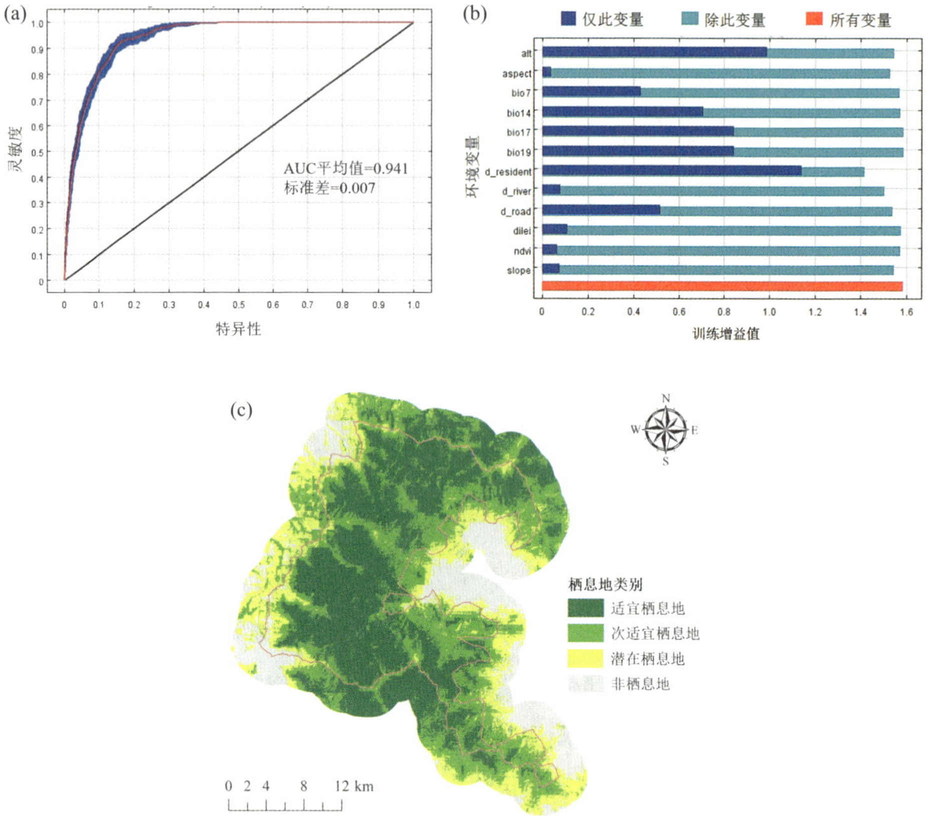

图7-14　大熊猫的MaxEnt模型ROC曲线验证结果（a）、环境变量刀切验证结果（b）及栖息地分布（c）

表7-10　大熊猫MaxEnt模型中各环境变量的贡献率

环境变量	贡献率/%	环境变量	贡献率/%
距最近居民点的距离d-resident	62.5	坡向aspect	2.3
最干季度降水量bio17	8.0	坡度slope	1.8
最干月降水量bio14	7.1	年温度变化范围bio7	1.6
海拔高度alt	6.2	最冷季度降水量bio19	1.0
距最近河流的距离d-river	5.1	地表覆盖类型dilei	0.9
距最近公路的距离d-road	2.8	NDVI ndvi	0.7

表7-11　基于MaxEnt模型评估的大熊猫栖息地面积

栖息地类别	面积/hm²	占比/%
适宜栖息地	25 451.58	57.34
次适宜栖息地	14 840.19	33.44
潜在栖息地	3 396.14	7.65
非适宜栖息地	696.79	1.57

2. 川金丝猴

（1）MaxEnt模型预测精度：经过20次重复建模后AUC平均值和标准差分别为0.963和0.006，这表明MaxEnt模型的预测结果为“优”，该模型结果可以较为准确地预测川金丝猴适宜栖息地的地理分布，详见图7-15（a）。

（2）各环境变量的重要性：12个参与建模的变量中贡献率高于5%的有5个，其中贡献率最大的变量是距最近公路的距离，占比48.5%；其次是距最近居民点的距离（19.9%）和年温度变化范围（9.3%）；坡向（5.5%）和最干季度降水量（5.1%）的贡献率也较高（见表7-12）。以上5个变量的累计贡献率高达88.3%。图7-15（b）显示，在仅利用单个环境变量建模时，距最近公路的距离的训练增益值最高，其次是距最近居民点的距离、海拔高度、年温度变化范围，即这4个变量对模型预测有较高的价值。综合环境变量刀切验证结果和贡献率分析结果可知，距最近公路的距离、距最近居民点的距离、年温度变化范围是影响川金丝猴适宜栖息地分布的主要变量。

（3）栖息地分布及面积：川金丝猴栖息地模型评估结果如图7-15（c）所示，图中展示了保护区及其边界外延3 km范围的川金丝猴栖息地分布，可以看出川金丝猴的适宜栖息地主要集中在保护区中部和北部，南部的适宜栖息地相对较少。基于模型结果，利用ArcGIS软件的空间分析工具，可测算出川金丝猴适宜栖息地面积为15 051.01 hm^2，次适宜栖息地面积为13 448.11 hm^2，如表7-13所示。

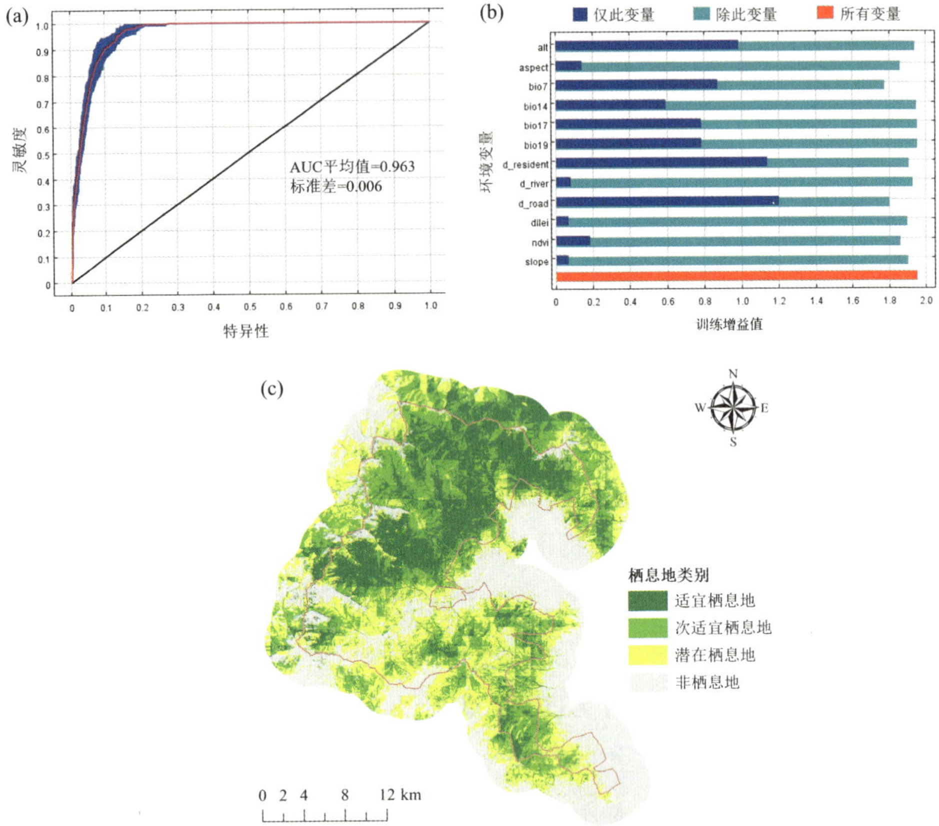

图7-15　川金丝猴的MaxEnt模型ROC曲线验证结果（a）、环境变量刀切验证结果（b）及栖息地分布（c）

表7-12　川金丝猴MaxEnt模型中各环境变量的贡献率

环境变量	贡献率/%	环境变量	贡献率/%
距最近公路的距离d-road	48.5	坡度slope	2.4
距最近居民点的距离d-resident	19.9	地表覆盖类型dilei	2.3
年温度变化范围bio7	9.3	距最近河流的距离d-river	1.3
坡向aspect	5.5	海拔高度alt	1.2
最干季度降水量bio17	5.1	最干月降水量bio14	1.1
NDVI ndvi	3.1	最冷季度降水量bio19	0.3

表7-13　基于MaxEnt模型评估的川金丝猴栖息地面积

栖息地类别	面积/hm^2	占比/%
适宜栖息地	15 051.01	33.91
次适宜栖息地	13 448.11	30.30
潜在栖息地	10 179.27	22.93
非适宜栖息地	5 706.31	12.86

3. 中华扭角羚

（1）MaxEnt模型预测精度：经过20次重复建模后AUC平均值和标准差分别为0.983和0.004，这表明MaxEnt模型的预测结果为“优”，该模型结果可以较为准确地预测中华扭角羚适宜栖息地的地理分布，详见图7-16（a）。

（2）各环境变量的重要性：12个参与建模的变量中贡献率高于6%的有4个，其中贡献率最大的变量是距最近公路的距离，占比41.4%；其次是距最近居民点的距离（17%）和NDVI（10.6%）；海拔高度的贡献率也较高，达6.7%（见表7-14）。以上4个变量的累计贡献率高达75.7%。图7-16（b）显示，在仅利用单个环境变量建模时，距最近公路的距离和距最近居民点的距离的训练增益值较高，其次是海拔高度、年温度变化范围、最干季度降水量、最冷季度降水量、NDVI，即这7个变量对模型预测有较高的价值。综合环境变量刀切验证结果和贡献率分析结果可知，距最近公路的距离、距最近居民点的距离、NDVI、海拔高度、最干季度降水量是影响中华扭角羚适宜栖息地分布的主要变量。

（3）栖息地分布及面积：中华扭角羚栖息地模型评估结果如图7-16（c）所示，图中展示了保护区及其边界外延3 km范围的中华扭角羚栖息地分布情况，可以看出中华扭角羚的适宜栖息地主要集中在保护区中部和北部，南部的适宜栖息地相对较少。基于模型结果，利用ArcGIS软件的空间分析工具，可测算出中华扭角羚适宜栖息地面积为16 482.68 hm^2，次适宜栖息地面积为13 337.55 hm^2，如表7-15所示。

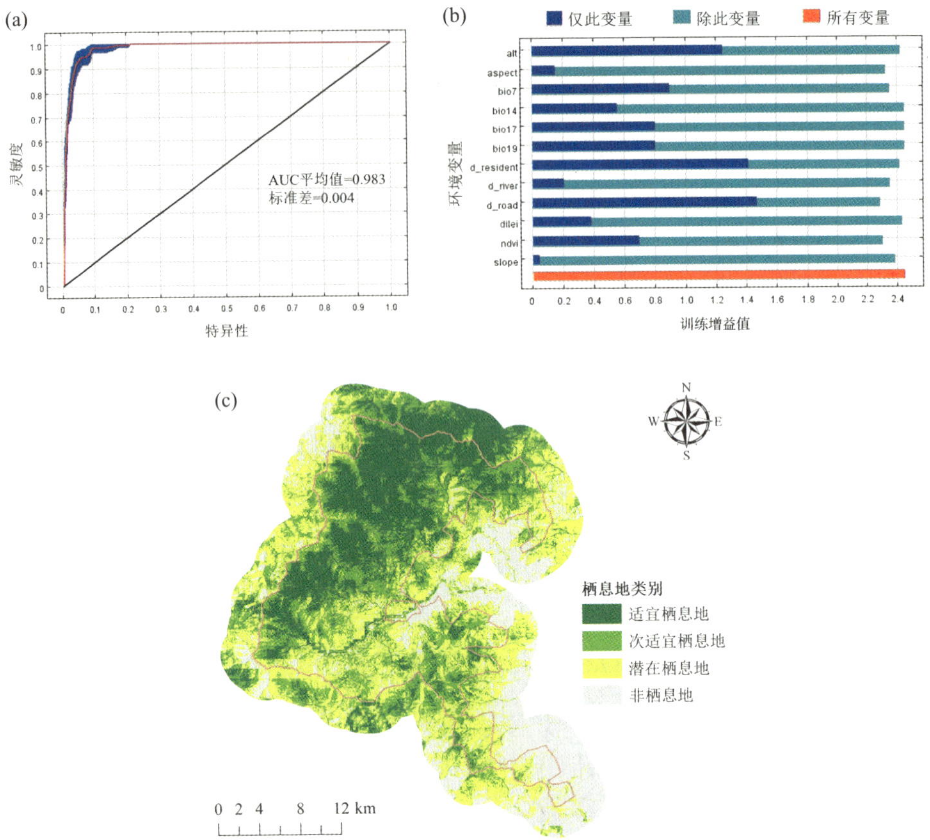

图7-16 中华扭角羚的MaxEnt模型ROC曲线验证结果（a）、
环境变量刀切验证结果（b）及栖息地分布（c）

表7-14 中华扭角羚MaxEnt模型中各环境变量的贡献率

环境变量	贡献率/%	环境变量	贡献率/%
距最近公路的距离d-road	41.4	坡向aspect	5.3
距最近居民点的距离d-resident	17.0	年温度变化范围bio7	3.3
NDVI ndvi	10.6	坡度slope	2.0
海拔高度alt	6.7	最干月降水量bio14	0.8
最干季度降水量bio17	5.8	地表覆盖类型dilei	0.7
距最近河流的距离d-river	5.8	最冷季度降水量 bio19	0.6

表7-15 基于MaxEnt模型评估的中华扭角羚栖息地面积

栖息地类别	面积/hm^2	占比/%
适宜栖息地	16 482.68	37.14
次适宜栖息地	13 337.55	30.05
潜在栖息地	11 922.58	26.86
非适宜栖息地	2 641.89	5.95

4. 林麝

（1）MaxEnt模型预测精度：经过20次重复建模后AUC平均值和标准差分别为0.965和0.012，这表明MaxEnt模型的预测结果为“优”，该模型结果可以较为准确地预测林麝适宜栖息地的地理分布，详见图7-17（a）。

（2）各环境变量的重要性：12个参与建模的变量中贡献率高于5%的有4个，其中贡献率最大的变量是距最近公路的距离，占比42.1%；其次是距最近居民点的距离（25.9%）和最干季度降水量（7%）；坡向的贡献率也较高，达5.3%（见表7-16）。以上4个变量的累计贡献率高达80.3%。图7-17（b）显示，在仅利用单个环境变量建模时，距最近公路的距离和距最近居民点的距离的训练增益值较高，其次是海拔高度、最干季度降水量、最冷季度降水量，即这5个变量对模型预测有较高的价值。综合环境变量刀切验证结果和贡献率分析结果可知，距最近公路的距离、距最近居民点的距离、最干季度降水量是影响林麝适宜栖息地分布的主要变量。

（3）栖息地分布及面积：林麝栖息地模型评估结果如图7-17（c）所示，图中展示了保护区及其边界外延3 km范围的林麝栖息地分布情况，可以看出林麝的适宜栖息地分布较广，保护区南北片区均有其大面积的适宜栖息地。基于模型结果，利用ArcGIS软件的空间分析工具，可测算出林麝适宜栖息地面积为19 894.38 hm^2，次适宜栖息地面积为16 002.74 hm^2，如表7-17所示。

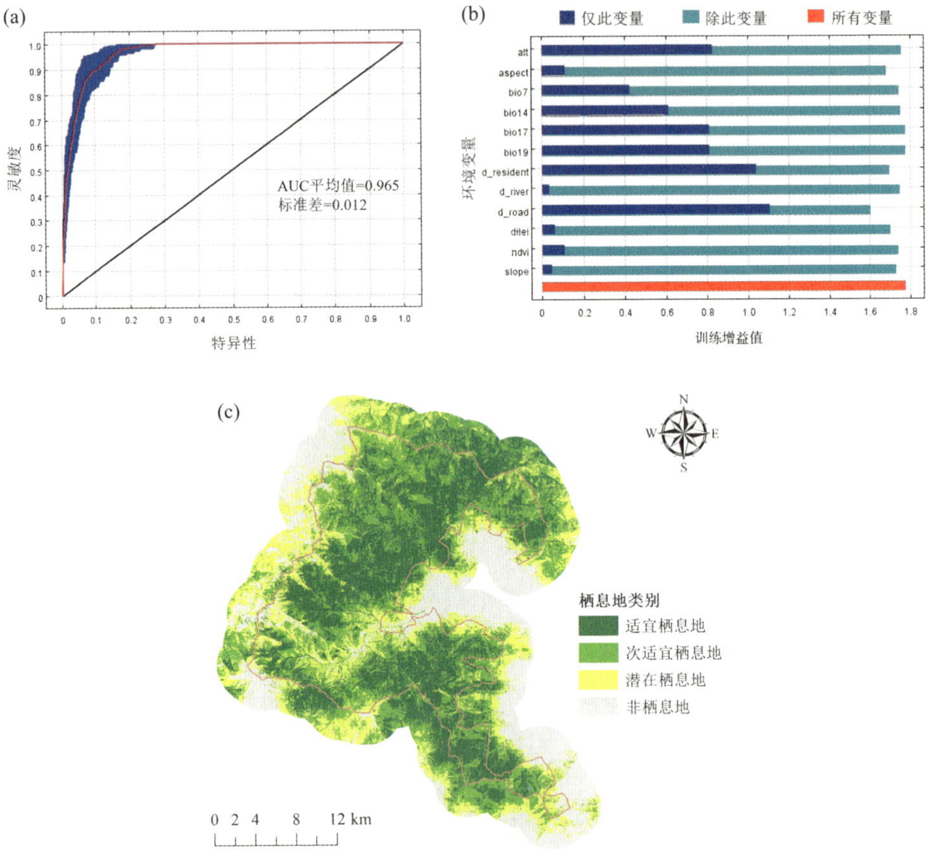

图7-17　林麝的MaxEnt模型ROC曲线验证结果（a）、
环境变量刀切验证结果（b）及栖息地分布（c）

表7-16　林麝MaxEnt模型中各环境变量的贡献率

环境变量	贡献率/%	环境变量	贡献率/%
距最近公路的距离d-road	42.1	海拔高度alt	3.0
距最近居民点的距离d-resident	25.9	NDVI ndvi	2.6
最干季度降水量bio17	7.0	坡度slope	2.0
坡向aspect	5.3	距最近河流的距离d-river	1.9
地表覆盖类型dilei	4.6	最冷季度降水量 bio19	1.5
最干月降水量bio14	3.1	年温度变化范围bio7	1.1

表7-17　基于MaxEnt模型评估的林麝栖息地面积

栖息地类别	面积/hm^2	占比/%
适宜栖息地	19 894.38	44.82
次适宜栖息地	16 002.74	36.06
潜在栖息地	6 731.21	15.17
非适宜栖息地	1 756.38	3.96

5. 亚洲黑熊

（1）MaxEnt模型预测精度：经过20次重复建模后AUC平均值和标准差分别为0.960和0.010，这表明MaxEnt模型的预测结果为“优”，该模型结果可以较为准确地预测亚洲黑熊适宜栖息地的地理分布，详见图7-18（a）。

（2）各环境变量的重要性：12个参与建模的变量中贡献率高于5%的有5个，其中贡献率最大的变量是距最近居民点的距离，占比44.0%；其次是年温度变化范围（11.3%）、距最近公路的距离（10.4%）、最干季度降水量（9.4%）；距最近河流的距离（7.6%）的贡献率也较高（见表7-18）。以上5个变量的累计贡献率高达82.7%。图7-18（b）显示，在仅利用单个环境变量建模时，距最近居民点的距离的训练增益值最高，其次是海拔高度、年温度变化范围、最干季度降水量、最冷季度降水量、距最近公路的距离，即这6个变量对模型预测有较高的价值。综合环境变量刀切验证结果和贡献率分析结果可知，距最近居民点的距离、年温度变化范围、距最近公路的距离、最干季度降水量是影响亚洲黑熊适宜栖息地分布的主要变量。

（3）栖息地分布及面积：亚洲黑熊栖息地模型评估结果如图7-18（c）所示，图中展示了保护区及其边界外延3 km范围的亚洲黑熊栖息地分布情况，可以看出亚洲黑熊的适宜栖息地分布较广，保护区内分布有大面积的亚洲黑熊适宜栖息地。基于模型结果，利用ArcGIS软件的空间分析工具，可测算出亚洲黑熊适宜栖息地面积为20 891.84 hm²，次适宜栖息地面积为15 660.34 hm²，如表7-19所示。

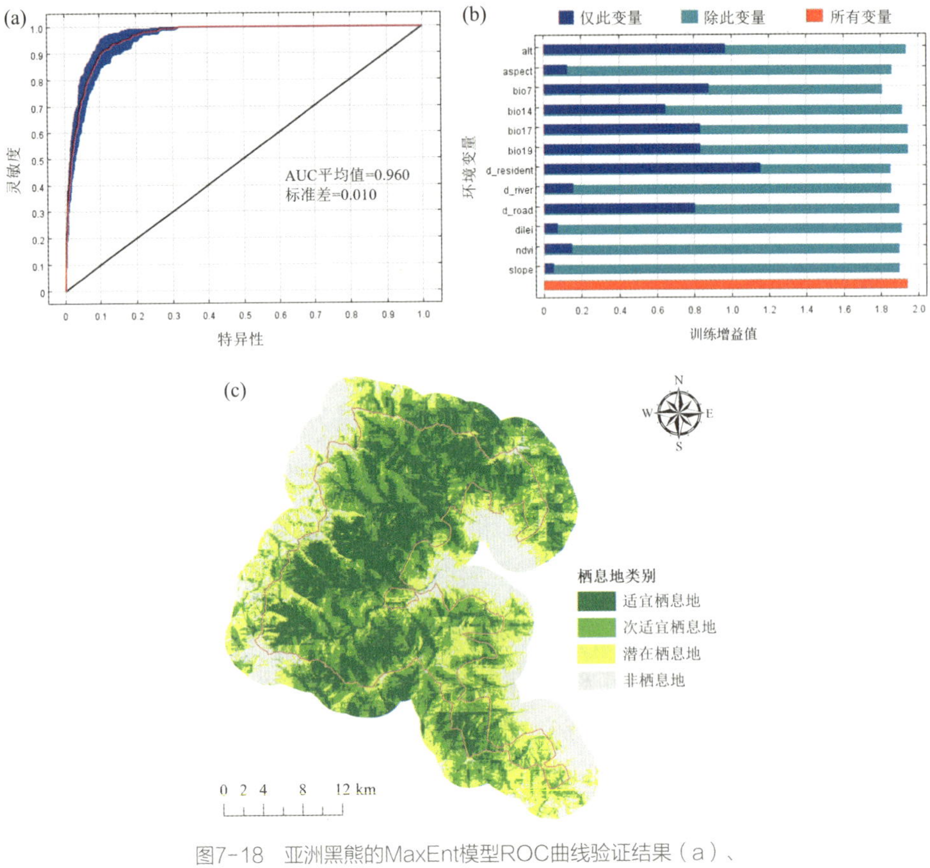

图7-18　亚洲黑熊的MaxEnt模型ROC曲线验证结果（a）、环境变量刀切验证结果（b）及栖息地分布（c）

表7-18　亚洲黑熊MaxEnt模型中各环境变量的贡献率

环境变量	贡献率/%	环境变量	贡献率/%
距最近居民点的距离d-resident	44.0	海拔高度alt	3.5
年温度变化范围bio7	11.3	最干月降水量bio14	2.9
距最近公路的距离d-road	10.4	坡度slope	2.3

续表

环境变量	贡献率/%	环境变量	贡献率/%
最干季度降水量bio17	9.4	NDVI ndvi	1.9
距最近河流的距离d-river	7.6	地表覆盖类型dilei	1.2
坡向aspect	4.6	最冷季度降水量bio19	0.8

表7-19　基于MaxEnt模型评估的亚洲黑熊栖息地面积

栖息地类别	面积/hm^2	占比/%
适宜栖息地	11 749.78	26.47
次适宜栖息地	15 168.96	34.18
潜在栖息地	12 160.32	27.40
非适宜栖息地	5 305.64	11.95

6. 豹猫

（1）MaxEnt模型预测精度：经过20次重复建模后AUC平均值和标准差分别为0.963和0.005，这表明MaxEnt模型的预测结果为“优”，该模型结果可以较为准确地预测豹猫适宜栖息地的地理分布，详见图7-19（a）。

（2）各环境变量的重要性：12个参与建模的变量中贡献率高于5%的有5个，其中贡献率最大的变量是距最近居民点的距离，占比48.3%；其次是距最近河流的距离（10.0%）、最干季度降水量（8.4%）和年温度变化范围（7.6%）；距最近公路的距离（5.1%）的贡献率也较高（见表7-20）。以上5个变量的累计贡献率高达79.4%。图7-19（b）显示，在仅利用单个环境变量建模时，距最近居民点的距离的训练增益值最高，其次是海拔高度、距最近公路的距离、年温度变化范围、最干季度降水量、最冷季度降水量，即这6个变量对模型预测有较高的价值。综合环境变量刀切验证结果和贡献率分析结果可知，距最近居民点的距离、距最近公路的距离、年温度变化范围、最干季度降水量是影响豹猫适宜栖息地分布的主要变量。

（3）栖息地分布及面积：豹猫栖息地模型评估结果如图7–19（c）所示，图中展示了保护区及其边界外延3 km范围的豹猫栖息地分布情况，可以看出豹猫的适宜栖息地主要集中在保护区中部和北部，其南部适宜栖息地相对较少。基于模型结果，利用ArcGIS软件的空间分析工具，可测算出豹猫适宜栖息地面积为11 749.78 hm^2，次适宜栖息地面积为15 168.96 hm^2，如表7–21所示。

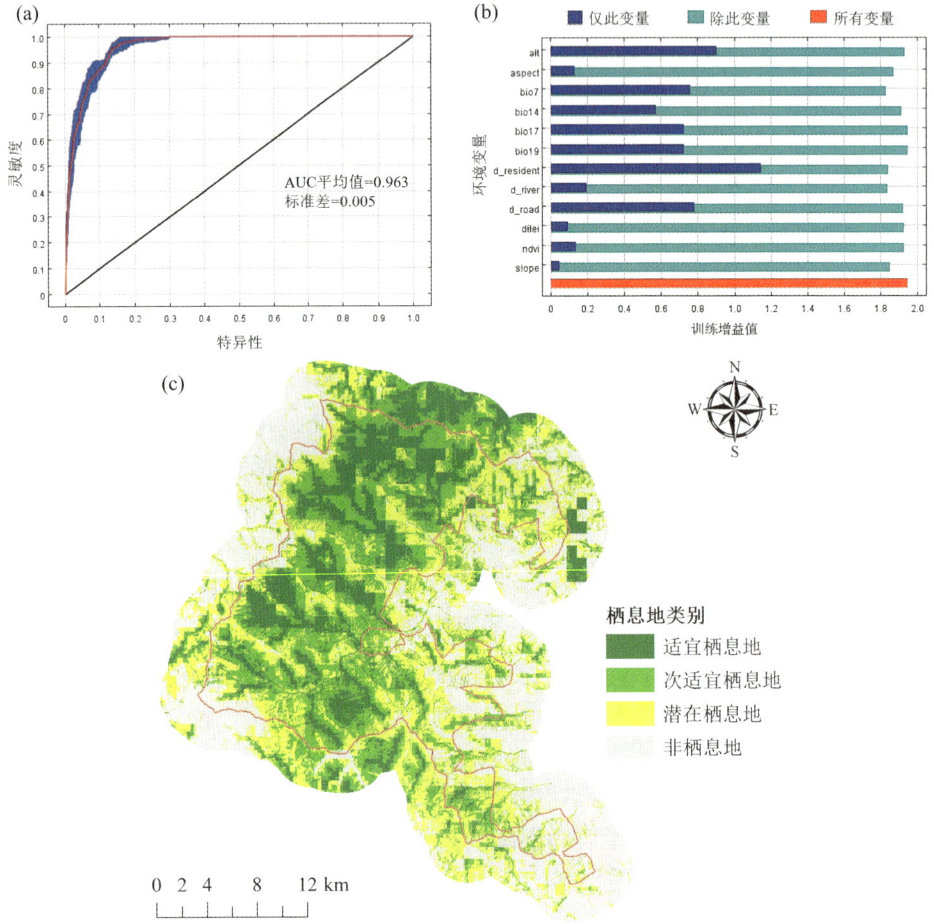

图7–19　豹猫的MaxEnt模型ROC曲线验证结果（a）、
环境变量刀切验证结果（b）及栖息地分布（c）

表7-20　豹猫MaxEnt模型中各环境变量的贡献率

环境变量	贡献率/%	环境变量	贡献率/%
距最近居民点的距离d-resident	48.3	坡向aspect	4.7
距最近河流的距离d-river	10.0	坡度slope	4.3
最干季度降水量bio17	8.4	最干月降水量bio14	3.4
年温度变化范围bio7	7.6	地表覆盖类型dilei	1.4
距最近公路的距离d-road	5.1	NDVI ndvi	1.3
海拔高度alt	4.8	最冷季度降水量 bio19	0.6

表7-21　基于MaxEnt模型评估的豹猫栖息地面积

栖息地类别	面积/hm^2	占比/%
适宜栖息地	11 749.78	26.47
次适宜栖息地	15 168.96	34.18
潜在栖息地	12 160.32	27.40
非适宜栖息地	5 305.64	11.95

7. 黄喉貂

（1）MaxEnt模型预测精度：经过20次重复建模后AUC平均值和标准差分别为0.969和0.005，这表明MaxEnt模型的预测结果为“优”，该模型结果可以较为准确地预测黄喉貂适宜栖息地的地理分布，详见图7-20（a）。

（2）各环境变量的重要性：12个参与建模的变量中贡献率高于5%的有5个，其中贡献率最大的变量是距最近公路的距离，占比35.2%；其次是距最近居民点的距离（29.9%）；最干月降水量（7.6%）、年温度变化范围（5.8%）、坡向（5.5%）的贡献率也较高（见表7-22）。以上5个变量的累计贡献率高达84.0%。图7-20（b）显示，在仅利用单个环境变量建模时，距最近居民点的距离的训练增益值最高，其次是距最近公路的距离、年平均温度、最干季度降水量、最冷季度降水量，即这5个变量对模型预测有较高的价值。综合环境变量刀切验证结果和贡献率分析结果可知，距最近公路的距离和距最近居民点的距离是影响黄喉貂适宜栖息地分布的主要变量。

（3）栖息地分布及面积：黄喉貂栖息地模型评估结果如图7–20（c）所示，图中展示了保护区及其边界外延3km范围的黄喉貂栖息地分布情况，可以看出黄喉貂的适宜栖息地主要集中在保护区中部和北部，其南部适宜栖息地相对较少。基于模型结果，利用ArcGIS软件的空间分析工具，可测算出黄喉貂适宜栖息地面积为14 712.67 hm²，次适宜栖息地面积为15 090.40 hm²，如表7–23所示。

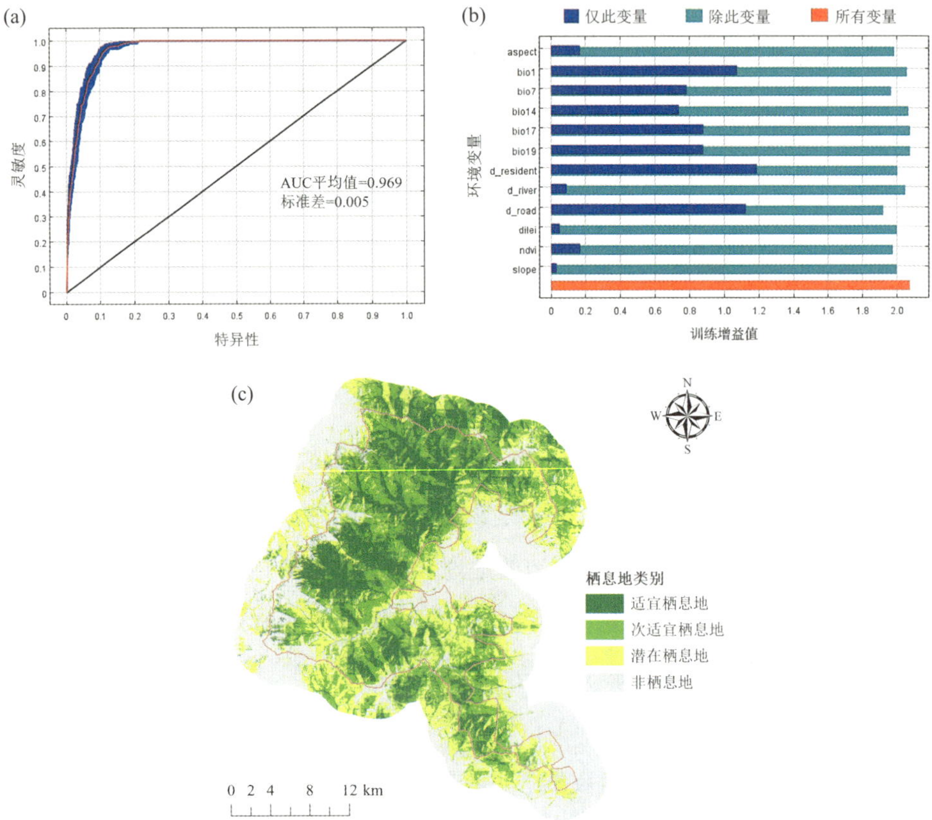

图7–20　黄喉貂的MaxEnt模型ROC曲线验证结果（a）、
环境变量刀切验证结果（b）及栖息地分布（c）

表7-22　黄喉貂MaxEnt模型中各环境变量的贡献率

环境变量	贡献率/%	环境变量	贡献率/%
距最近公路的距离d-road	35.2	最干季度降水量bio17	3.4
距最近居民点的距离d-resident	29.9	NDVI ndvi	2.9
最干月降水量bio14	7.6	地表覆盖类型dilei	2.8
年温度变化范围bio7	5.8	距最近河流的距离d-river	2.0
坡向aspect	5.5	年平均温度bio01	1.3
坡度slope	3.6	最冷季度降水量 bio19	0.1

表7-23　基于MaxEnt模型评估的黄喉貂栖息地面积

栖息地类别	面积/hm^2	占比/%
适宜栖息地	14 712.67	33.15
次适宜栖息地	15 090.40	34.00
潜在栖息地	9 053.39	20.40
非适宜栖息地	5 528.24	12.46

8. 中华斑羚

（1）MaxEnt模型预测精度：经过20次重复建模后AUC平均值和标准差分别为0.958和0.006，这表明MaxEnt模型的预测结果为“优”，该模型结果可以较为准确地预测中华斑羚适宜栖息地的地理分布，详见图7-21（a）。

（2）各环境变量的重要性：12个参与建模的变量中贡献率高于5%的有4个，其中贡献率最大的变量是距最近居民点的距离，占比55.3%；其次是最干季度降水量（9.0%）和年温度变化范围（8.9%）；距最近公路的距离（7.4%）的贡献率也较高（见表7-24）。以上4个变量的累计贡献率高达80.6%。图7-21（b）显示，在仅利用单个环境变量建模时，距最近居民点的距离的训练增益值最高，其次是海拔高度、距最近公路的距离、年温度变化范围、最干季度降水量和最冷季度降水量，即这6个变量对模型预测有较高的价值。综合环境变量刀切验证结果和贡献率分析结果可知，距最近居民点的距离、距最近公路的距离、年温度变化范围、最干季度降水量是影响中华斑羚适宜栖息地分布的主要变量。

（3）栖息地分布及面积：中华斑羚栖息地模型评估结果如图7–21（c）所示，图中展示了保护区及其边界外延3 km范围的中华斑羚栖息地分布情况，可以看出中华斑羚的适宜栖息地分布较广，保护区南北片区均有其大面积的适宜栖息地。基于模型结果，利用ArcGIS软件的空间分析工具，可测算出中华斑羚适宜栖息地面积为16 792.91 hm^2，次适宜栖息地面积为16 116.27 hm^2，如表7–25所示。

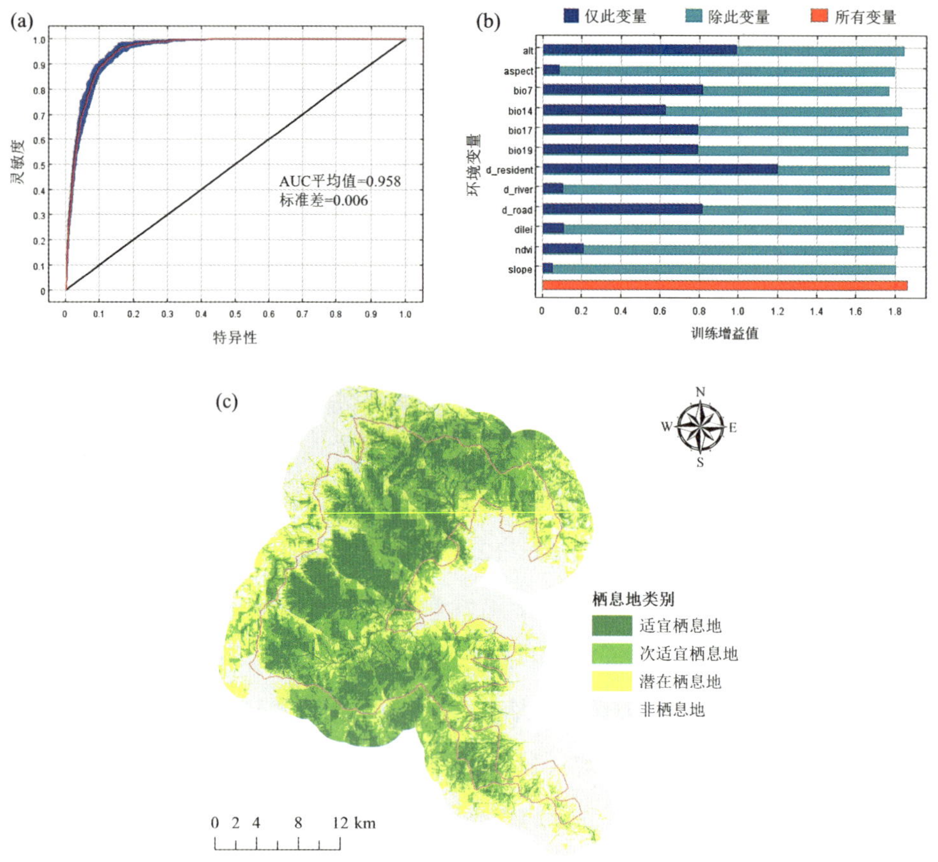

图7–21　中华斑羚的MaxEnt模型ROC曲线验证结果（a）、环境变量刀切验证结果（b）及栖息地分布（c）

表7-24　中华斑羚MaxEnt模型中各环境变量的贡献率

环境变量	贡献率/%	环境变量	贡献率/%
距最近居民点的距离d-resident	55.3	最干月降水量bio14	2.9
最干季度降水量bio17	9.0	NDVI ndvi	2.8
年温度变化范围bio7	8.9	海拔高度alt	2.6
距最近公路的距离d-road	7.4	坡度slope	2.1
距最近河流的距离d-river	4.7	地表覆盖类型dilei	0.8
坡向aspect	3.1	最冷季度降水量 bio19	0.4

表7-25　基于MaxEnt模型评估的中华斑羚栖息地面积

栖息地类别	面积/hm^2	占比/%
适宜栖息地	16 792.91	37.83
次适宜栖息地	16 116.27	36.31
潜在栖息地	8 522.34	19.20
非适宜栖息地	2 953.18	6.65

9. 毛冠鹿

（1）MaxEnt模型预测精度：经过20次重复建模后AUC平均值和标准差分别为0.948和0.007，这表明MaxEnt模型的预测结果为“优”，该模型结果可以较为准确地预测毛冠鹿适宜栖息地的地理分布，详见图7–22（a）。

（2）各环境变量的重要性：12个参与建模的变量中贡献率高于9%的有5个，其中贡献率最大的变量是距最近居民点的距离，占比32.1%；其次是年温度变化范围（15.0%）、海拔高度（13.1%）；距最近公路的距离（9.8%）和距最近河流的距离（9.1%）的贡献率也较高（见表7–26）。以上5个变量的累计贡献率高达79.1%。图7–22（b）显示，在仅利用单个环境变量建模时，海拔高度的训练增益值最高，其次是距最近居民点的距离、年温度变化范围、最干季度降水量、最冷季度降水量，即这5个变量对模型预测有较高的价值。

综合环境变量刀切验证结果和贡献率分析结果可知，距最近居民点的距离、年温度变化范围和海拔高度是影响毛冠鹿适宜栖息地分布的主要变量。

（3）栖息地分布及面积：毛冠鹿栖息地模型评估结果如图7-22（c）所示，图中展示了保护区及其边界外延3 km范围的毛冠鹿栖息地分布情况，可以看出毛冠鹿的适宜栖息地分布较广，保护区南北片区均有其大面积的适宜栖息地。基于模型结果，利用ArcGIS软件的空间分析工具，可测算出毛冠鹿适宜栖息地面积为17 526.00 hm^2，次适宜栖息地面积为17 627.74 hm^2，如表7-27所示。

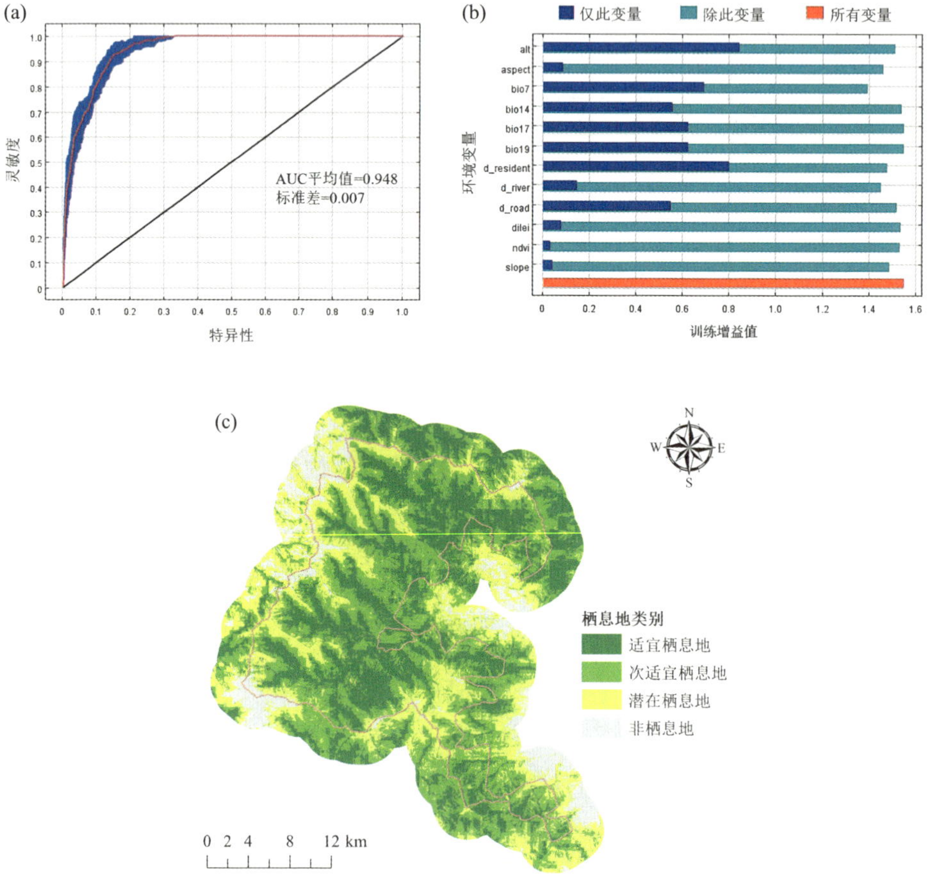

图7-22 毛冠鹿的MaxEnt模型ROC曲线验证结果（a）、环境变量刀切验证结果（b）及栖息地分布（c）

表7-26　毛冠鹿MaxEnt模型中各环境变量的贡献率

环境变量	贡献率/%	环境变量	贡献率/%
距最近居民点的距离d-resident	32.1	最干月降水量bio14	5.4
年温度变化范围bio7	15.0	最干季度降水量bio17	4.3
海拔高度alt	13.1	坡度slope	2.8
距最近公路的距离d-road	9.8	NDVI ndvi	1.6
距最近河流的距离d-river	9.1	地表覆盖类型dilei	0.7
坡向aspect	5.6	最冷季度降水量bio19	0.5

表7-27　基于MaxEnt模型评估的毛冠鹿栖息地面积

栖息地类别	面积/hm^2	占比/%
适宜栖息地	17 526.00	39.49
次适宜栖息地	17 627.74	39.72
潜在栖息地	8 130.54	18.32
非适宜栖息地	1 100.42	2.48

10. 中华鬣羚

（1）MaxEnt模型预测精度：经过20次重复建模后AUC平均值和标准差分别为0.974和0.005，这表明MaxEnt模型的预测结果为“优”，该模型结果可以较为准确地预测中华鬣羚适宜栖息地的地理分布，详见图7-23（a）。

（2）各环境变量的重要性：12个参与建模的变量中贡献率高于5%的有4个，其中贡献率最大的变量是距最近公路的距离，占比56.4%；其次是距最近居民点的距离（9.6%）和最干月降水量（9.0%）；最干季度降水量（6.6%）的贡献率也较高（见表7-28）。以上4个变量的累计贡献率高达81.6%。图7-23（b）显示，在仅利用单个环境变量建模时，距最近公路的距离的训练增益值最高，其次是距最近居民点的距离、最干季度降水量、最冷季度降水量、最干月降水量，即这5个变量对模型预测有较高的价值。综合环境变量刀切验证结果和贡献率分析结果可知，距最近公路的距离、距最近居民点的距离、最干月降水量、最干季度降水量是影响中华鬣羚适宜栖息地分布的主要变量。

（3）栖息地分布及面积：中华鬣羚栖息地模型评估结果如图7–23（c）所示，图中展示了保护区及其边界外延3 km范围的中华鬣羚栖息地分布情况，可以看出中华鬣羚的适宜栖息地主要集中在保护区中低海拔区域，南北片区均有大面积分布。基于模型结果，利用ArcGIS软件的空间分析工具，可测算出中华鬣羚适宜栖息地面积为13 166.79 hm^2，次适宜栖息地面积为9 598.68 hm^2，如表7–29所示。

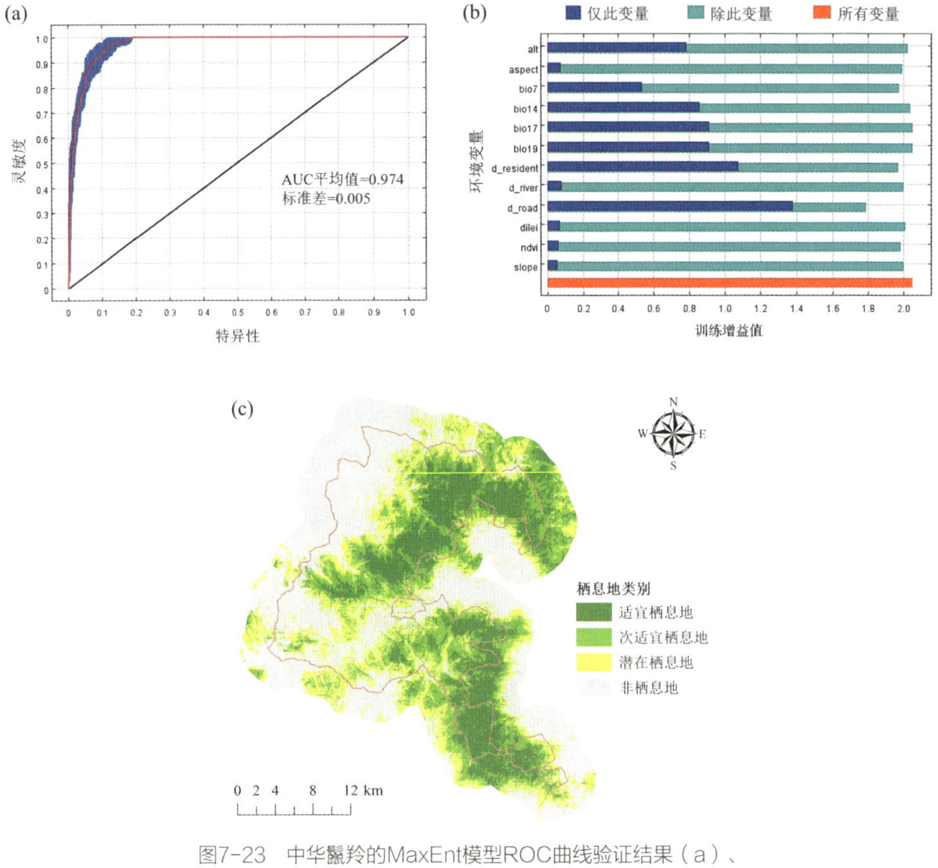

图7–23　中华鬣羚的MaxEnt模型ROC曲线验证结果（a）、
环境变量刀切验证结果（b）及栖息地分布（c）

表7-28　中华鬣羚MaxEnt模型中各环境变量的贡献率

环境变量	贡献率/%	环境变量	贡献率/%
距最近公路的距离d-road	56.4	距最近河流的距离d-river	2.7
距最近居民点的距离d-resident	9.6	坡度slope	2.4
最干月降水量bio14	9.0	年温度变化范围bio7	2.4
最干季度降水量bio17	6.6	NDVI ndvi	2.3
坡向aspect	3.4	地表覆盖类型dilei	1.4
海拔高度alt	2.9	最冷季度降水量 bio19	0.8

表7-29　基于MaxEnt模型评估的中华鬣羚栖息地面积

栖息地类别	面积/hm^2	占比/%
适宜栖息地	13 166.79	29.67
次适宜栖息地	9 598.68	21.63
潜在栖息地	9 478.06	21.35
非适宜栖息地	12 141.17	27.35

11. 花面狸

（1）MaxEnt模型预测精度：经过20次重复建模后AUC平均值和标准差分别为0.953和0.006，这表明MaxEnt模型的预测结果为“优”，该模型结果可以较为准确地预测花面狸适宜栖息地的地理分布，详见图7-24（a）。

（2）各环境变量的重要性：12个参与建模的变量中贡献率高于5%的有6个，其中贡献率最大的变量是年平均温度，占比31.6%；其次是距最近居民点的距离（26.4%）和年温度变化范围（12.2%）；最干月降水量（6.5%）、距最近公路的距离（5.7%）和最干季度降水量（5.3%）的贡献率也较高（见表7-30）。以上6个变量的累计贡献率高达87.7%。图7-24（b）显示，在仅利用单个环境变量建模时，年平均温度的训练增益值最高，其次是距最近居民点的距离、最干季度降水量、年温度变化范围、最冷季度降水量，即这5个变量对模型预测有较高的价值。综合环境变量刀切验证结果和贡献率分析结果可知，年平均温度、距最近居民点的距离、年温度变化范围、最干季度降水量是影响花面狸适宜栖息地分布的主要变量。

（3）栖息地分布及面积：花面狸栖息地模型评估结果如图7–24（c）所示，图中展示了保护区及其边界外延3 km范围的花面狸栖息地分布情况，可以看出花面狸的适宜栖息地主要集中在保护区中低海拔区域，南北片区均有大面积分布。基于模型结果，利用ArcGIS软件的空间分析工具，可测算出花面狸适宜栖息地面积为16 410.67 hm²，次适宜栖息地面积为16 319.91 hm²，如表7–31所示。

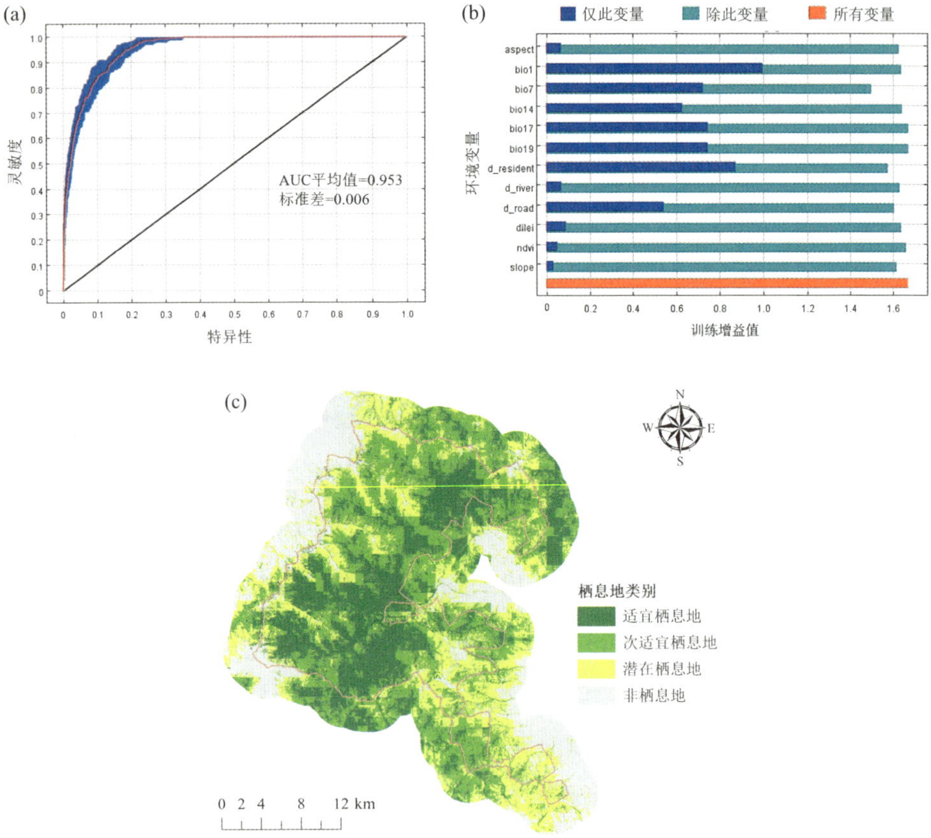

图7–24 花面狸的MaxEnt模型ROC曲线验证结果（a）、
环境变量刀切验证结果（b）及栖息地分布（c）

表7-30　花面狸MaxEnt模型中各环境变量的贡献率

环境变量	贡献率/%	环境变量	贡献率/%
年平均温度bio1	31.6	距最近河流的距离d-river	3.5
距最近居民点的距离d-resident	26.4	坡向aspect	2.9
年温度变化范围bio7	12.2	坡度slope	2.6
最干月降水量bio14	6.5	地表覆盖类型dilei	1.8
距最近公路的距离d-road	5.7	NDVI ndvi	0.8
最干季度降水量bio17	5.3	最冷季度降水量bio19	0.6

表7-31　基于MaxEnt模型评估的花面狸栖息地面积

栖息地类别	面积/hm^2	占比/%
适宜栖息地	16 410.67	36.97
次适宜栖息地	16 319.91	36.77
潜在栖息地	9 333.57	21.03
非适宜栖息地	2 320.55	5.23

12. 猪獾

（1）MaxEnt模型预测精度：经过20次重复建模后AUC平均值和标准差分别为0.975和0.004，这表明MaxEnt模型的预测结果为“优”，该模型结果可以较为准确地预测猪獾适宜栖息地的地理分布，详见图7-25（a）。

（2）各环境变量的重要性：12个参与建模的变量中贡献率高于5%的有5个，其中贡献率最大的变量是距最近居民点的距离，占比44.1%；其次是最干季度降水量，占比11.3%；年平均温度（9.9%）、坡向（9.2%）、距最近公路的距离（8.9%）的贡献率也较高（见表7-32）。以上5个变量的累计贡献率高达83.4%。图7-25（b）显示，在仅利用单个环境变量建模时，距最近居民点的距离的训练增益值最高，其次是年平均温度、最干季度降水量、最冷季度降水量、距最近公路的距离，即这5个变量对模型预测有较高的价值。综合环境变量刀切验证结果和贡献率分析结果可知，距最近居民点的距离、最干季度降水量、年平均温度、距最近公路的距离是影响猪獾适宜栖息地分布的主要变量。

（3）栖息地分布及面积：猪獾栖息地模型评估结果如图7-25（c）所示，图中展示了保护区及其边界外延3 km范围的猪獾栖息地分布情况，可以看出猪獾的适宜栖息地分布较广，但主要集中在保护区中高海拔区域，南北片区均有适宜栖息地分布。基于模型结果，利用ArcGIS软件的空间分析工具，可测算出猪獾适宜栖息地面积为11 179.06 hm²，次适宜栖息地面积为13 817.12 hm²，如表7-33所示。

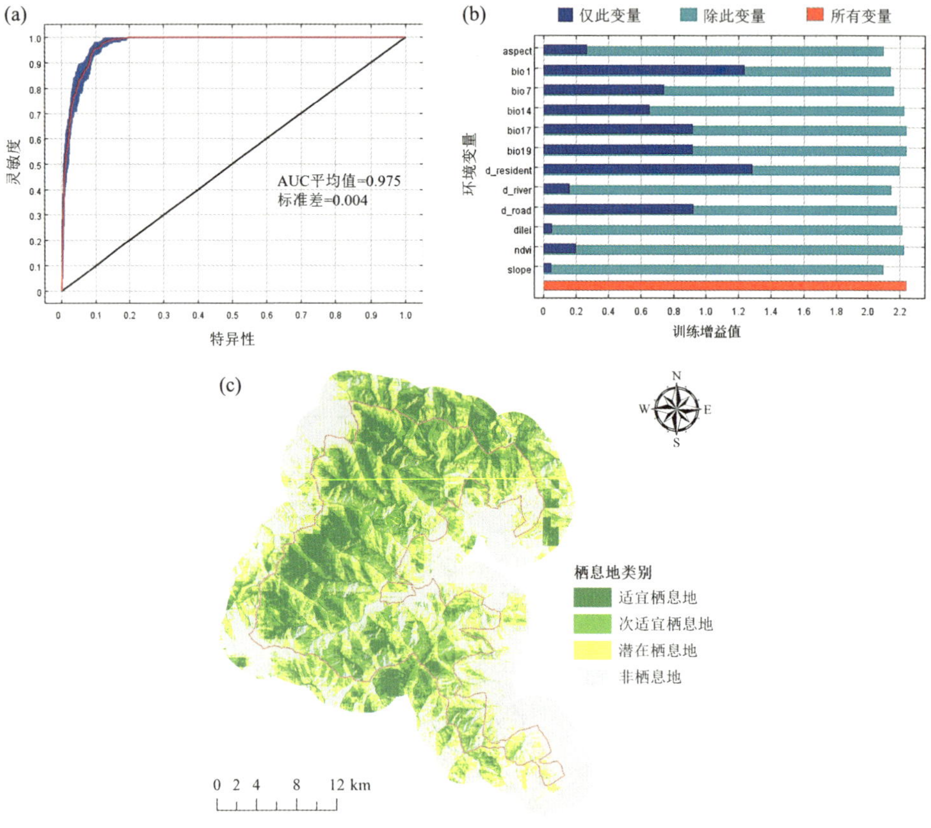

图7-25　猪獾的MaxEnt模型ROC曲线验证结果（a）、环境变量刀切验证结果（b）及栖息地分布（c）

表7-32　猪獾MaxEnt模型中各环境变量的贡献率

环境变量	贡献率/%	环境变量	贡献率/%
距最近居民点的距离d-resident	44.1	坡度slope	4.7
最干季度降水量bio17	11.3	年温度变化范围bio7	3.1
年平均温度bio1	9.9	最干月降水量bio14	1.8
坡向aspect	9.2	NDVI ndvi	0.9
距最近公路的距离d-road	8.9	地表覆盖类型dilei	0.7
距最近河流的距离d-river	5.0	最冷季度降水量 bio19	0.3

表7-33　基于MaxEnt模型评估的猪獾栖息地面积

栖息地类别	面积/hm^2	占比/%
适宜栖息地	11 179.06	25.19
次适宜栖息地	13 817.12	31.13
潜在栖息地	12 219.61	27.53
非适宜栖息地	7 168.91	16.15

13. 野猪

（1）MaxEnt模型预测精度：经过20次重复建模后AUC平均值和标准差分别为0.953和0.005，这表明MaxEnt模型的预测结果为“优”，该模型结果可以较为准确地预测野猪适宜栖息地的地理分布，详见图7-26（a）。

（2）各环境变量的重要性：12个参与建模的变量中贡献率高于4%的有5个，其中贡献率最大的变量是距最近居民点的距离，占比52.6%；其次是年温度变化范围（12.1%）与距最近公路的距离（10.3%）；距最近河流的距离（4.9%）与最干月降水量（4.7%）的贡献率也较高（见表7-34）。以上5个变量的累计贡献率高达84.6%。图7-26（b）显示，在仅利用单个环境变量建模时，距最近居民点的距离的训练增益值最高，其次是海拔高度、距最近公路的距离、年温度变化范围、最干季度降水量、最冷季度降水量，即这6个变量对模型预测有较高的价值。综合环境变量刀切验证结果和贡献率分析结果可知，距最近居民点的距离、年温度变化范围、距最近公路的距离是影响野猪适宜栖息地分布的主要变量。

（3）栖息地分布及面积：野猪栖息地模型评估结果如图7-26（c）所示，图中展示了保护区及其边界外延3 km范围的野猪栖息地分布情况，可以看出野猪的适宜栖息地分布较广，保护区南北片区均有其大面积的适宜栖息地。基于模型结果，利用ArcGIS软件的空间分析工具，可测算出野猪适宜栖息地面积为16 333.64 hm^2，次适宜栖息地面积为17 936.76 hm^2，如表7-35所示。

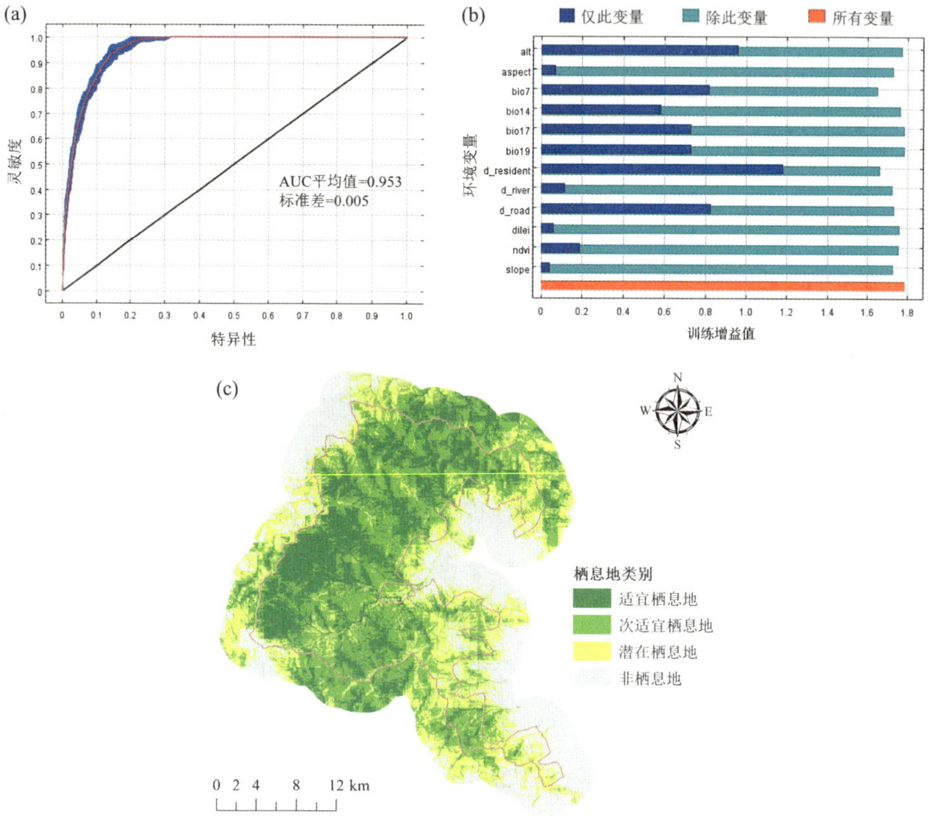

图7-26　野猪的MaxEnt模型ROC曲线验证结果（a）、环境变量刀切验证结果（b）及栖息地分布（c）

表7-34　野猪MaxEnt模型中各环境变量的贡献率

环境变量	贡献率/%	环境变量	贡献率/%
距最近居民点的距离d-resident	52.6	坡向aspect	2.9
年温度变化范围bio7	12.1	海拔高度alt	2.8
距最近公路的距离d-road	10.3	坡度slope	2.5
距最近河流的距离d-river	4.9	NDVI ndvi	2.0
最干月降水量bio14	4.7	地表覆盖类型dilei	1.2
最干季度降水量bio17	3.8	最冷季度降水量 bio19	0.3

表7-35　基于MaxEnt模型评估的野猪栖息地面积

栖息地类别	面积/hm^2	占比/%
适宜栖息地	16 333.64	36.80
次适宜栖息地	17 936.76	40.41
潜在栖息地	8 193.98	18.46
非适宜栖息地	1 920.32	4.33

14. 小麂

（1）MaxEnt模型预测精度：经过20次重复建模后AUC平均值和标准差分别为0.942和0.009，这表明MaxEnt模型的预测结果为“优”，该模型结果可以较为准确地预测小麂适宜栖息地的地理分布，详见图7-27（a）。

（2）各环境变量的重要性：12个参与建模的变量中贡献率高于6%的有5个，其中贡献率最大的变量是年平均温度，占比33.2%；其次是年温度变化范围，占比21.6%；距最近公路的距离（8.5%）、距最近河流的距离（8%）和地表覆盖类型（7.6%）的贡献率也较高（见表7-36）。以上5个变量的累计贡献率高达78.9%。图7-27（b）显示，在仅利用单个环境变量建模时，年平均温度和年温度变化范围的距离训练增益值较高，其次是距最近公路的距离、最干季度降水量和最冷季度降水量，即这5个变量对模型预测有较高的价值。综合环境变量刀切验证结果和贡献率分析结果，年平均温度、年温度变化范围、距最近公路的距离是影响小麂适宜栖息地分布的主要变量。

（3）栖息地分布及面积：小麂栖息地模型评估结果如图7–27（c）所示，图中展示了保护区及其边界外延3 km范围的小麂栖息地分布情况，可以看出小麂的适宜栖息地分布较广，但主要集中在保护区中低海拔区域，南北片区均有适宜栖息地分布。基于模型结果，利用ArcGIS软件的空间分析工具，可测算出小麂适宜栖息地面积为14 532.89 hm^2，次适宜栖息地面积为16 899.29 hm^2，如表7–37所示。

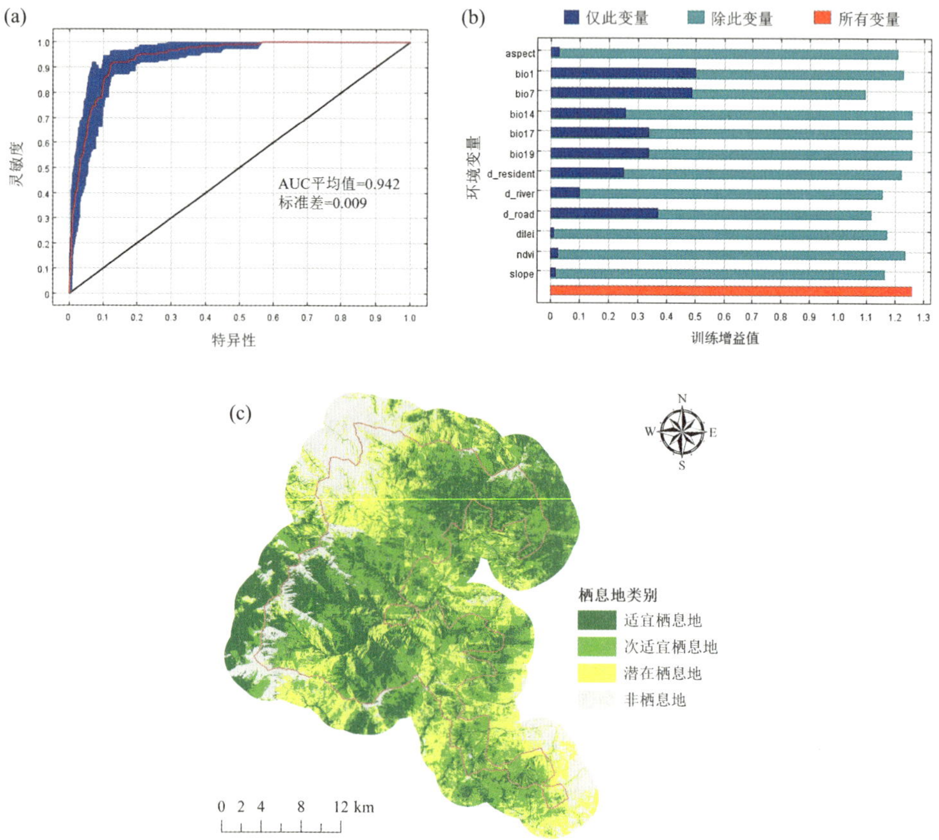

图7–27　小麂的MaxEnt模型ROC曲线验证结果（a）、
环境变量刀切验证结果（b）及栖息地分布（c）

表7-36　小麂MaxEnt模型中各环境变量的贡献率

环境变量	贡献率/%	环境变量	贡献率/%
年平均温度bio1	33.2	最干季度降水量bio17	5.2
年温度变化范围bio7	21.6	坡向aspect	3.2
距最近公路的距离d-road	8.5	最干月降水量bio14	2.1
距最近河流的距离d-river	8.0	NDVI ndvi	2.0
地表覆盖类型dilei	7.6	距最近居民点的距离d-resident	1.7
坡度slope	5.9	最冷季度降水量 bio19	0.9

表7-37　基于MaxEnt模型评估的小麂栖息地面积

栖息地类别	面积/hm^2	占比/%
适宜栖息地	14 532.89	32.74
次适宜栖息地	16 899.29	38.07
潜在栖息地	8 496.48	19.14
非适宜栖息地	4 456.05	10.04

15. 血雉

（1）MaxEnt模型预测精度：经过20次重复建模后AUC平均值和标准差分别为0.975和0.007，这表明MaxEnt模型的预测结果为“优”，该模型结果可以较为准确地预测血雉适宜栖息地的地理分布，详见图7-28（a）。

（2）各环境变量的重要性：12个参与建模的变量中贡献率高于5%的有3个，其中贡献率最大的变量是距最近居民点的距离，占比51.9%；其次是海拔高度，占比22.4%；最干季度降水量（8.3%）的贡献率也较高（见表7-38）。以上3个变量的累计贡献率高达82.6%。图7-28（b）显示，在仅利用单个环境变量建模时，距最近居民点的距离与海拔高度的训练增益值远远高于其他变量的训练增益值，即这2个变量对模型预测有较高的价值。综合环境变量刀切验证结果和贡献率分析结果可知，距最近居民点的距离和海拔高度是影响血雉适宜栖息地分布的主要变量。

（3）栖息地分布及面积：血雉栖息地模型评估结果如图7-28（c）所示，图中展示了保护区及其边界外延3 km范围的血雉栖息地分布情况，可以看出血雉的适宜栖息地分布较广，保护区南北片区均有其大面积的适宜栖息地。基于模型结果，利用ArcGIS软件的空间分析工具，可测算出血雉适宜栖息地面积为17 069.55 hm^2，次适宜栖息地面积为14 536.02 hm^2，如表7-39所示。

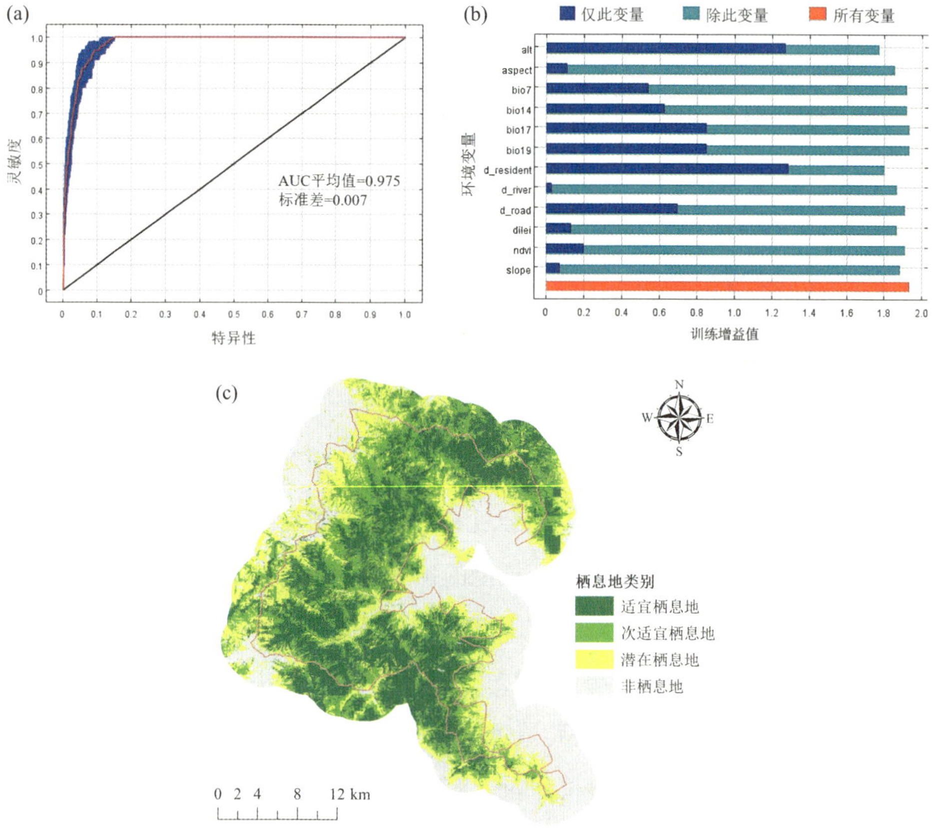

图7-28　血雉的MaxEnt模型ROC曲线验证结果（a）、环境变量刀切验证结果（b）及栖息地分布（c）

表7-38　血雉MaxEnt模型中各环境变量的贡献率

环境变量	贡献率/%	环境变量	贡献率/%
距最近居民点的距离d-resident	51.9	坡度slope	1.9
海拔高度alt	22.4	距最近公路的距离d-road	1.8
最干季度降水量bio17	8.3	最干月降水量bio14	1.4
坡向aspect	4.4	NDVI ndvi	1.4
地表覆盖类型dilei	2.7	最冷季度降水量 bio19	0.9
距最近河流的距离d-river	2.3	年温度变化范围bio7	0.7

表7-39　基于MaxEnt模型评估的血雉栖息地面积

栖息地类别	面积/hm^2	占比/%
适宜栖息地	17 069.55	38.46
次适宜栖息地	14 536.02	32.75
潜在栖息地	9 317.17	20.99
非适宜栖息地	3 461.96	7.80

16. 红腹角雉

（1）MaxEnt模型预测精度：经过20次重复建模后AUC平均值和标准差分别为0.951和0.008，这表明MaxEnt模型的预测结果为“优”，该模型结果可以较为准确地预测红腹角雉适宜栖息地的地理分布，详见图7-29（a）。

（2）各环境变量的重要性：12个参与建模的变量中贡献率高于5%的有5个，其中贡献率最大的变量是距最近居民点的距离，占比44.8%；其次是距最近公路的距离（14.0%）与年温度变化范围（13.6%）；最干季度降水量（5.9%）和最干月降水量（5.7%）的贡献率也较高（见表7-40）。以上5个变量的累计贡献率高达84.0%。图7-29（b）显示，在仅利用单个环境变量建模时，距最近居民点的距离的训练增益值最高，其次是海拔高度、距最近公路的距离、最干季度降水量、最冷季度降水量、年温度变化范围、最干月降水量，即这7个变量对模型预测有较高的价值。综合环境变量刀切验证结果和贡献率分析结果可知，距最近居民点的距离、距最近公路的距离、海拔高度、年温度变化范围、最干季度降水量、最干月降水量是影响红腹角雉适宜栖息地分布的主要变量。

（3）栖息地分布及面积：红腹角雉栖息地模型评估结果如图7–29（c）所示，图中展示了保护区及其边界外延3 km范围的红腹角雉栖息地分布情况，可以看出红腹角雉的适宜栖息地分布较广，保护区南北片区均有其大面积的适宜栖息地。基于模型结果，利用ArcGIS软件的空间分析工具，可测算出红腹角雉适宜栖息地面积为18 116.91 hm^2，次适宜栖息地面积为15 000.48 hm^2，如表7–41所示。

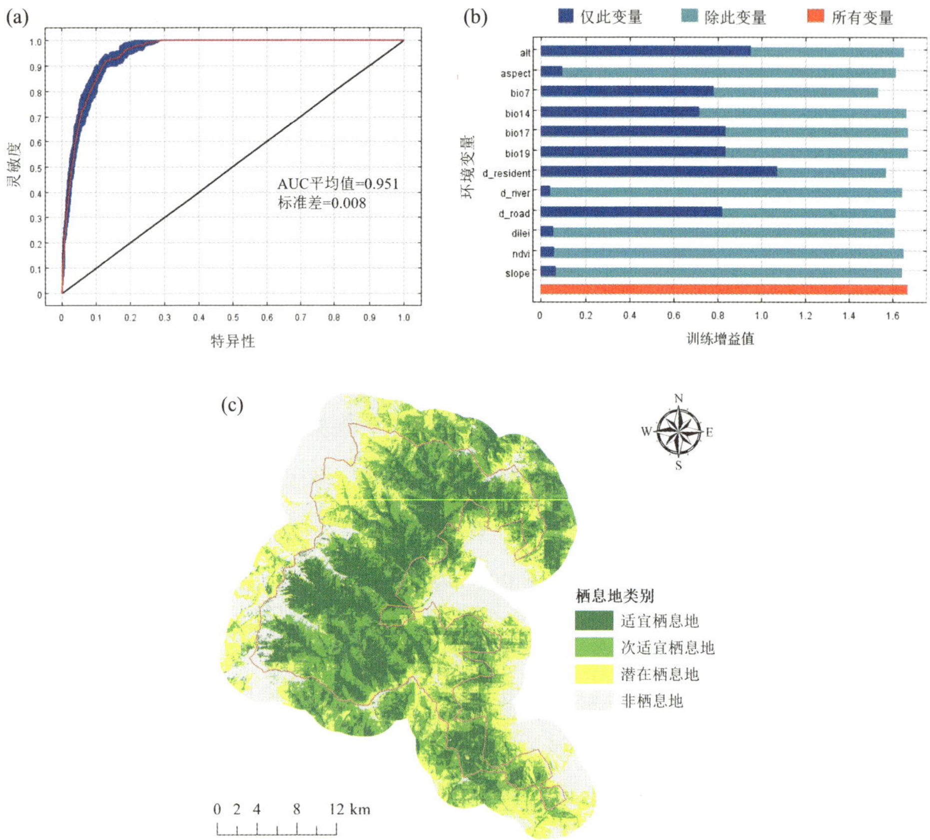

图7–29　红腹角雉的MaxEnt模型ROC曲线验证结果（a）、环境变量刀切验证结果（b）及栖息地分布（c）

表7-40　红腹角雉MaxEnt模型中各环境变量的贡献率

环境变量	贡献率/%	环境变量	贡献率/%
距最近居民点的距离d-resident	44.8	坡向aspect	3.9
距最近公路的距离d-road	14.0	距最近河流的距离d-river	2.0
年温度变化范围bio7	13.6	地表覆盖类型dilei	2.0
最干季度降水量bio17	5.9	坡度slope	1.6
最干月降水量bio14	5.7	NDVI ndvi	1.0
海拔高度alt	4.9	最冷季度降水量bio19	0.7

表7-41　基于MaxEnt模型评估的红腹角雉栖息地面积

栖息地类别	面积/hm^2	占比/%
适宜栖息地	18 116.91	40.82
次适宜栖息地	15 000.48	33.80
潜在栖息地	7 214.73	16.25
非适宜栖息地	4 052.58	9.13

三、特定类群物种栖息地评估

结合前文单一物种栖息地的评估结果，本部分以食肉目和鲸偶蹄目为代表，开展特定类群物种栖息地评估。

1. 食肉目物种栖息地

（1）栖息地分类阈值：对大熊猫、亚洲黑熊、豹猫、黄喉貂、猪獾、花面狸6种食肉目物种的栖息地评估结果进一步合并分析，最终得到食肉目物种栖息地适宜性等级划分阈值，具体为：非栖息地（0~<0.061）、潜在栖息地（0.061~<0.415）、次适宜栖息地（0.415~<0.628）、适宜栖息地（0.628~0.991）。

（2）各环境变量的重要性：图7-30展示了影响食肉目物种栖息地适宜性的主要环境变量，图中只展示了贡献率大于5%的环境变量。结果表明，同一类群下的不同物种对不同环境变量的响应存在较大差异，同一环境变量对同一类群下的不同物种的影响程度也不同。距最近居民点的距离、距最近公路的距离、年平均温度、最干季度降水量是影响食肉目物种分布的主要环境变量。

（3）栖息地分布及面积：食肉目物种栖息地分布示意图如图7-31所示，由此可见食肉目物种整体的适宜栖息地分布较广，保护区及其周边区域均有它们大面积的适宜栖息地。经测算可知食肉目物种适宜栖息地面积为33 772.44 hm^2，次适宜栖息地面积为6 331.65 hm^2，如表7-42所示。

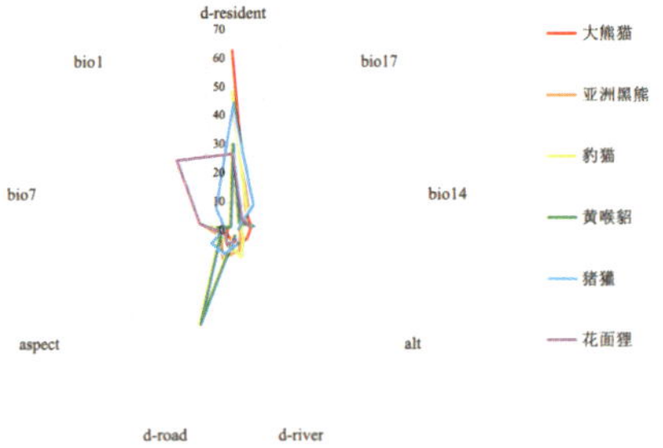

图7-30　食肉目物种MaxEnt模型中主要环境变量的贡献率

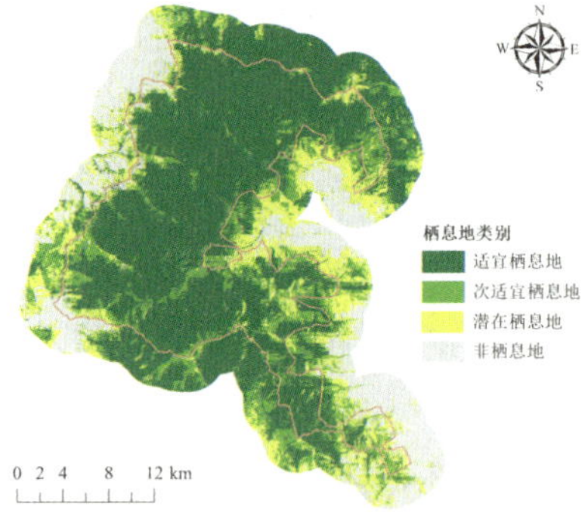

图7-31　食肉目物种栖息地分布示意图

表7-42　基于MaxEnt模型评估的食肉目物种栖息地面积

栖息地类别	面积/hm^2	占比/%
适宜栖息地	33 772.44	76.09%
次适宜栖息地	6 331.65	14.27%
潜在栖息地	3 259.02	7.34%
非适宜栖息地	1 021.59	2.30%

2. 鲸偶蹄目物种栖息地

（1）栖息地分类阈值：对中华扭角羚、中华斑羚、中华鬣羚、林麝、毛冠鹿、小麂、野猪7种鲸偶蹄目物种的栖息地评估结果进一步合并分析，最终得到鲸偶蹄目物种栖息地适宜性等级划分阈值，具体为非栖息地（0~<0.121）、潜在栖息地（0.121~<0.428）、次适宜栖息地（0.428~<0.696）、适宜栖息地（0.696~0.993）。

（2）各环境变量的重要性：图7-32展示了影响鲸偶蹄目物种栖息地适宜性的主要环境变量，图中只展示了贡献率大于5%的环境变量。结果表明，距最近居民点的距离、距最近公路的距离、年平均温度、年温度变化范围、海拔高度是影响鲸偶蹄目物种分布的主要环境变量。

（3）栖息地分布及面积：鲸偶蹄目物种栖息地分布示意图如图7-33所示，由此可见鲸偶蹄目物种整体的适宜栖息地分布较广，保护区及其周边区域均有它们大面积的适宜栖息地。经测算可知鲸偶蹄目物种适宜栖息地面积为27 257.25 hm²，次适宜栖息地面积为12 810.13 hm²，如表7-43所示。

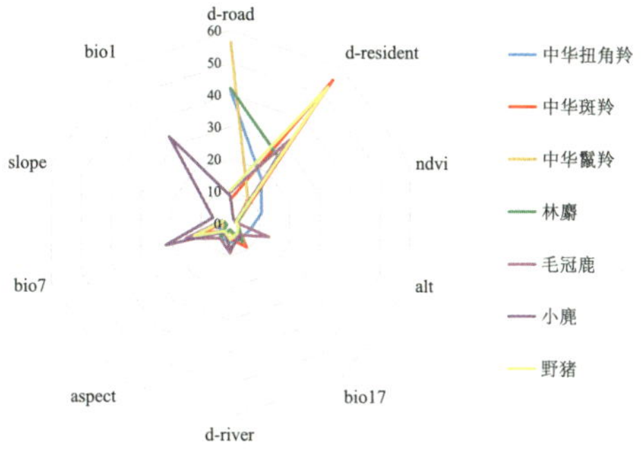

图7-32　鲸偶蹄目物种MaxEnt模型中主要环境变量的贡献率

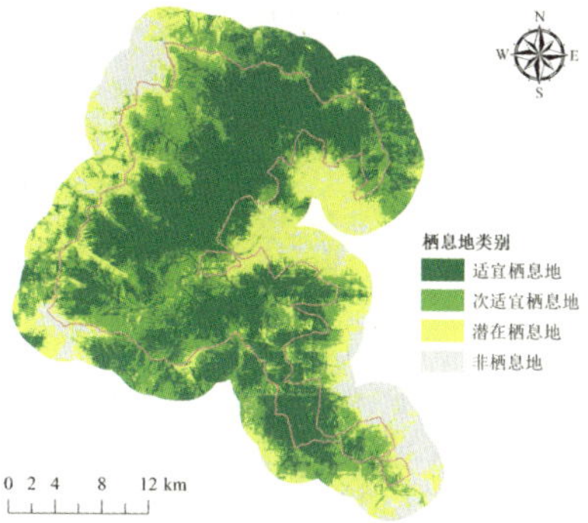

图7-33鲸偶蹄目物种栖息地分布示意图

表7-43　基于MaxEnt模型评估的鲸偶蹄目物种栖息地面积

栖息地类别	面积/hm²	占比/%
适宜栖息地	27 257.25	61.41
次适宜栖息地	12 810.13	28.86
潜在栖息地	3 954.55	8.91
非适宜栖息地	362.77	0.82

第八章 总结与展望

第一节　总结

自20世纪90年代以来，历经几十年的发展和推广，红外相机技术已经在全国乃至全球范围内得到广泛应用，并发展成为大中型兽类和林下鸟类资源调查研究的重要手段。该技术在区域物种新发现、物种编目评估、物种形态学、物种行为学、物种生态学等多个领域发挥了重要作用。在这一技术的广泛推广与应用过程中，相关科研人员、管理人员、地方保护者与民间组织等在扩大监测规模、制定监测规范、建设监测平台（系统）、多维度挖掘数据价值等方面作出了积极贡献。

然而，已有的相关监测与研究成果多以技术报告、科研论文、技术规程、新媒体报道等方式呈现，关于红外相机技术在实际应用中的经验总结与案例分析的论著还十分少见。考虑到我国幅员辽阔，生境类型复杂多样，不同区域在红外相机技术的应用上均积累了重要的工作经验，这些工作经验值得学习与借鉴。因此，通过系统地梳理与总结，形成科学、规范的区域监测研究案例，可以进一步指导并优化红外相机监测工作，提升监测成效。

四川省位于我国西南腹地，是大熊猫国家公园的重要组成，省内生物多样性资源极其丰富。四川省在高度重视以大熊猫为代表的野生动植物及其栖息地保护与管理过程中，敢于技术创新与突破，早在2002年便开始在大熊猫保护区开展红外相机监测工作试点，并于2016年12月发布了《野生动物红外相机监测技术规程》（DB51/T 2287—2016），目前也是全国范围内红外相机监测位点覆盖最多的省份。

四川小寨子沟国家级自然保护区位于岷山山系，是虎牙野生大熊猫局域种群分布的关键区域，区内野生动植物资源十分丰富，具有重要的区位优势。在四川众多开展红外相机监测工作的保护区中，四川小寨子沟国家级自然保护区可以作为拥有丰富生物多样性资源的典型代表。本书以四川小寨子沟国家级自然保护区为研究对象，科学评估了该保护区多年来全域红外相机技术的应用成效，系统分析了基于标准公里网格体系下保护区内鸟兽物种多样性、种群分布、物种生态行为、物种栖息地等内容，形成了红外相机监测技术应用案例。本书是四川小寨子沟国家级自然保护区开展红外相机监测工作以来首次全面的成果汇总，不仅有助于全面掌握四川小寨子沟国家级自然保护区内野生动物及栖息地现状，进而为后续更具针对性的保护与管理决策提供科学依据，还有助于推动四川小寨子沟国家级自然保护区成为四川省甚至全国红外相机技术应用的先进典范，供广大自然保护地借鉴与参考。

第二节 展望

结合当前红外相机技术在野生动物研究中的应用与发展现状，为了进一步推进我国以国家公园为主体的自然保护地体系的资源调查与动态评估，进一步发挥红外相机技术能效，笔者特提出以下建议。

（1）加强多技术融合与创新应用，进一步完善野生动物红外相机动态监测体系。随着智能传感器、移动终端、人工智能、云计算等新技术的发展，红外相机技术、无人机技术、3S技术、物联网技术等技术已有效应用到野生动物资源调查与评估中且已发挥了重要作用。未来，系统地推进多技术融合与创新应用，构建并完善野生动物红外相机动态监测体系，在不同尺度上建立更加统一的技术标准和规范，将助力获取更具科学性、连续性和可比性的监测数据，进而提升监测能效。

（2）积极推进新一代红外相机的研发，加强多功能红外相机的应用。随着红外相机设备的不断更新，当前市面上已经出现具有常规监测、夜间彩色、高清拍摄、微距拍摄、移动通信回传、智能组网回传等多种功能的红外相机设备，这些功能可有效满足不同监测对象与目的的监测需求。然而，在针对体型更小的野生动物，更精细的动物行为、形态等方面的监测与研究需求上，还需要进一步研发新的红外相机设备。

（3）进一步完善红外相机大数据管理平台，推进监测数据的智能化存储与管理。利用大数据平台来存储与管理红外相机海量监测数据是科技社会发展、时代进步、监测工作智能化需求的发展趋势。以四川省为例，2018年研发的CDMS自应用以来已经助力了40多个自然保护地红外相机监测数据的规范存储、科学管理与专业分析。未来，随着人工智能、大数据等技术的发展与应用，可进一步完善平台的影像文件智能识别、深度智能分析等功能，为今后以国家公园为主体的自然保护地体系下多类群野生动物的动态监测、研究和评估提供关键技术支持。

（4）强化数据分析模型的理论研究与应用。目前，以占域模型、空间标记–重捕模型等为代表的分析模型已有效应用到红外相机监测数据的分析应用中。然而，随着红外相机数据的不断积累，数据处理与分析的理论算法也需要不断完善，以提高解决具体科学问题的能力。未来，一方面需要不断完善有关的理论模型，提高结果的可靠性；另一方面需要合理整合包括红外相机数据、声纹数据、样线调查数据、DNA分子检测数据等相关数据信息，强化更深层次运算模型的研究与应用，提高模型的科学性、准确性与稳定性。

（5）持续科学地强化红外相机技术推广与应用。随着我国生态文明建设的不断推进，保护我国自然生态系统及其生物多样性成为了建设以国家公园为主体的自然保护地体系的根本目标。当前，以国家公园为主体的自然保护地体系建设及生物多样性保护已成为生态文明建设的重要内容。强化红外相机技术的推广与应用，不断完善以自然资源本底数据和长期观测数据为主的红外相机监测数据库，不仅可为我国野生动物资源的有效保护与管理提供重要的基础数据，还能为生态文明建设、生态安全保障和生态环境保护提供重要的数据支撑。

（6）强化技术技能培训，加强专业人才队伍建设。随着我国生态保护事业的不断发展，许多自然保护地的基础条件得到了很大改善，但仍有大部分自然保护地面临专业人才缺乏、技术人员技术技能水平薄弱等问题。因此，为促进红外相机监测技能水平的提升，有效保障我国各级自然保护地的基本科研监测能力，需要科学强化相关的技术技能培训，积极培养专业技术人才，组建并优化专业调查队伍。

（7）鼓励公众积极参与，有效推动自然教育。红外相机影像资料有着直观、生动、科学、可信等特点，将红外相机设备及其拍摄的精美影像资料应用到自然教育的课程设计中已十分普遍。未来，可以以公众科学为基础，加强公众参与自然教育和科学传播服务，将红外相机有效融入自然教育中。这样的话，一方面可充分发挥公众在数据收集、数据处理中的积极作用；另一方面可优化保护工作形式，推广保护知识传播和增强公众的保护意识。

主要参考文献

[1] 常丽. 卧龙保护区拍到全球首例白色大熊猫［J］. 新长征：党建版，2019，（09）：1.

[2] 陈本平，陈建武，凌征文，等. 四川老君山国家级自然保护区林下鸟兽多样性及动态变化数据集［J］. 生物多样性，2023，31（05）：135–144.

[3] 陈立军，束祖飞，肖治术. 应用红外相机数据研究动物活动节律——以广东车八岭保护区鸡形目鸟类为例［J］. 生物多样性，2019，27（03）：266–272.

[4] 陈尔骏，官天培，李晟. 四川岷山小麂的种群性比、社会结构和活动节律［J］. 兽类学报，2022，42（01）：1–11.

[5] 陈云梅，田关胜，徐凉燕，等. 四川申果庄自然保护区鸟兽多样性新记录［J］. 四川林业科技，2022，43（02）：88–94.

[6] 程松林，雷平，胡尔夷，等. 江西武夷山自然保护区黄腹角雉昼间行为的红外相机监测［J］.动物学杂志，2015，50（05）：695–702.

[7] 刁鲲鹏，李明富，潘世玥，等. 基于红外相机研究脊椎动物在唐家河国家级自然保护区动物尸体分解过程中的作用［J］. 四川动物，2017，36（06）：616–623.

[8] 邓玥，彭科，杨旭，等. 基于红外相机监测四川白水河国家级自然保护区林下鸟兽多样性及其变化［J］. 四川动物，2022，41（02）：185－195.

[9] 封托，吴晓民，张洪峰. 秦岭不同等级公路周边有蹄类动物分布规律及影响因素研究［J］.陕西林业科技，2019，47（05）：1–6.

[10] 高风华，何家昶，吴明耀，等. 红外相机技术在血吸虫病野生动物传染源调查中的应用初探［J］. 中国血吸虫病防治杂志，2019，31（03）：291-293.

[11] 葛志勇. 黄泥河自然保护区有蹄类动物冬季栖息地选择［D］. 吉林农业大学，2012.

[12] 郭洪兴，程林，程松林，等. 基于红外相机视频的猪獾交配行为观察［J］. 兽类学报，2019，39（03）：344-346.

[13] 黄蜂，何流洋，何可，等. 拖乌山大熊猫廊道人类干扰的空间与时间分布格局——红外相机阵列调查［J］. 动物学杂志，2017，52（03）：403-410.

[14] 韩雪松，董正一，赵格，等. 基于视频监控系统的欧亚水獭活动节律初报及红外相机监测效果评估［J］. 生物多样性，2021，29（06）：770-779.

[15] 侯金，严淋露，黎亮，等. 野生大熊猫行为谱及PAE编码系统［J］. 兽类学报，2020，40（05）：446-457.

[16] 胡锦矗，Schaller G B，潘文石，等. 卧龙的大熊猫［M］. 成都：四川科学技术出版社，1985.

[17] 贾国清，杨旭，李永东，等. 同域分布水鹿和毛冠鹿活动节律的比较研究——基于红外相机数据［J］. 四川林业科技，2022，43（02）：38-46.

[18] 蒋志刚，纪力强. 鸟兽物种多样性测度的G-F指数方法［J］. 生物多样性，1999，7（03）：61-66.

[19] 蒋忠军，叶信初，胡加云，等. 基于红外相机对四川千佛山国家级自然保护区兽类及鸟类多样性的初步调查［J］. 四川动物，2019，38（01）：99-106.

[20] 李飞，郑玺，蒋学龙，等. 云南盈江发现野生马来熊（*Helarctos*

malayanus）［J］. 动物学研究，2017，38（04）：206–207.
［21］李生强. 广西弄岗和花坪保护区鸟兽多样性的比较研究［D］. 广西师范大学，2017.
［22］李生强，李叶，向阳，等. 青藏高原东部大中型兽类多样性及时空分布格局［J］. 四川林业科技，2024，45（02）：48–62.
［23］李生强，汪国海，施泽攀，等. 广西藏酋猴种群数量、分布及威胁因素的分析［J］. 广西师范大学学报（自然科学版），2017，35（02）：126–132.
［24］李建亮，李佳琦，王亮，等. 基于红外相机技术分析极旱荒漠有蹄类动物的活动节律［J］. 兽类学报，2020，40（02）：120–128.
［25］李晟，王大军，肖治术，等. 红外相机技术在我国野生动物研究与保护中的应用与前景［J］. 生物多样性，2014，22（06）：685–695.
［26］李晟. 中国野生动物红外相机监测网络建设进展与展望［J］. 生物多样性，2020，28（09）：1045–1048.
［27］李学友，胡文强，普昌哲，等. 西南纵向岭谷区兽类及雉类红外相机监测平台：方案、进展与前景［J］. 生物多样性，2020，28（09）：1090–1096.
［28］李永东，杨旭，贾国清，等. 四川贡嘎山国家级自然保护区白马鸡与血雉的时空生态位分化［J］. 四川林业科技，2022，43（02）：47–55.
［29］李治霖，康霭黎，郎建民，等. 探讨基于红外相机技术对大型猫科动物及其猎物的种群评估方法［J］. 生物多样性，2014，22（06）：725–732.
［30］林柳，金延飞，杨鸿培，等. 西双版纳亚洲象的栖息地评价［J］. 兽类学报，2015，35（01）：1–13.
［31］Liu Liangyun. GLC_FCS30D：1985–2022年全球30米精细土地覆盖动态监测数据集［DB］. 北京：可持续发展大数据国际研究中心，2023.
［32］刘佳，林建忠，李生强，等. 利用红外相机对贵州茂兰自然保护区兽类

和鸟类资源的初步调查［J］. 兽类学报，2018，38（03）：323–330.

［33］刘鹏，付明霞，齐敦武，等. 利用红外相机监测四川大相岭自然保护区鸟兽物种多样性［J］. 生物多样性，2020，28（07）：905–912.

［34］刘雪华，武鹏峰，何祥博，等. 红外相机技术在物种监测中的应用及数据挖掘［J］. 生物多样性，2018，26（08）：850–861.

［35］罗华林，郑天才，尼玛降措，等. 四川察青松多白唇鹿国家级自然保护区野生兽类的红外相机初步监测［J］. 四川林业科技，2021，42（03）：24–34.

［36］吕环鑫，夏少霞，顾婧婧，等. 基于MaxEnt模型的仙居县大型兽类和珍稀鸟类栖息地适宜性评价［J］.生态学杂志，2023，42（11）：2797–2805.

［37］马国飞，杨万吉，王晓菊，等. 神农架国家公园鸟兽多样性的红外相机调查［J］. 四川动物，2021，40（05）：581–590.

［38］马德龙，李超，周若冰，等. 基于规则集遗传算法模型的斑体花蜱在中国适生区预估［J］. 中国媒介生物学及控制杂志，2022，33（02）：262–267.

［39］马克平. 生物群落多样性的测度方法 Ⅰ α多样性的测度方法（上）［J］. 生物多样性，1994，2（03）：162–168.

［40］马克平，刘玉明. 生物群落多样性的测度方法 Ⅰ α多样性的测度方法（下）［J］. 生物多样性，1994，2（04）：231–239.

［41］彭波，李生强，伏勇，等. 基于红外相机技术的四川小寨子沟国家级自然保护区野生兽类种类与分布［J］.四川林业科技，2022，43（03）：25–35.

［42］Pielou E C. 数学生态学引论［M］. 卢泽愚，译. 北京：科学出版社，1978.

［43］齐增湘，徐卫华，熊兴耀，等. 基于MAXENT模型的秦岭山系黑熊潜在

生境评价［J］. 生物多样性，2011，19（03）：343-352.
［44］史晓昀，付强，王磊，等. 四川鞍子河保护区发现红腹锦鸡与白腹锦鸡的自然杂交［J］. 动物学杂志，2018，53（04）：660-663.
［45］史晓昀，施小刚，胡强，等. 四川邛崃山脉雪豹与散放牦牛潜在分布重叠与捕食风险评估［J］. 生物多样性，2019，27（09）：951-959.
［46］苏宇晗，蔡琼，朱自煜，等. 利用红外相机技术监测道路对野生动物丰富度的影响——以观音山国家级自然保护区道路为例［J］. 兽类学报，2022，42（01）：49-57.
［47］宋大昭，王卜平，蒋进原，等. 山西晋中庆城林场华北豹及其主要猎物种群的红外相机监测［J］. 生物多样性，2014，22（06）：733-736.
［48］宋政，代军，陈娇，等. 利用红外相机对四川小河沟自然保护区兽类和鸟类资源的初步监测［J］. 四川动物，2022，41（03）：321-332.
［49］王东，赛青高娃，王子涵，等. 长江源区同域分布兔狲、藏狐和赤狐的时空重叠度［J］. 生物多样性，2022，30（09）：123-132.
［50］王天明，冯利民，杨海涛，等. 东北虎豹生物多样性红外相机监测平台概述［J］. 生物多样性，2020，28（09）：1059-1066.
［51］王云，关磊，朴正吉，等. 应用红外相机技术监测长白山区公路对大中型兽类出现率的影响［J］. 四川动物，2016，35（04）：593-600.
［52］王云，关磊，陈济丁，等. 青藏高速公路格拉段野生动物通道设计参数研究［J］. 公路交通科技，2017，34（09）：146-152.
［53］王剑颖，丁红秀，邵明勤，等. 基于MaxEnt模型预测中华秋沙鸭在江西省的潜在分布区［J］. 应用与环境生物学报，2023，29（01）：117-124.
［54］魏辅文. 中国兽类分类与分布［M］. 北京：科学出版社，2022.
［55］吴建国. 未来气候变化对7种荒漠植物分布的潜在影响［J］. 干旱区地理，2011，34（01）：70-85.

[56] 武鹏峰，刘雪华，蔡琼，等. 红外相机技术在陕西观音山自然保护区兽类监测研究中的应用［J］. 兽类学报，2012，32（01）：67-71.

[57] 夏继红，秦如照，窦传彬，等. 中小河流鱼类生境适宜性评估模型与等级分区［J］. 水利水电科技进展，2022，42（03）：9-13+31.

[58] 肖治术. 我国森林动态监测样地的野生动物红外相机监测［J］. 生物多样性，2014，22（06）：808－809.

[59] 肖治术，李欣海，王学志，等. 探讨我国森林野生动物红外相机监测规范［J］. 生物多样性，2014，22（06）：704-711.

[60] 肖治术. 红外相机技术促进我国自然保护区野生动物资源编目调查［J］. 兽类学报，2016，36（03）：270-271.

[61] 肖治术，李学友，向左甫，等. 中国兽类多样性监测网的建设规划与进展［J］. 生物多样性，2017，25（03）：237-245.

[62] 肖治术. 红外相机技术在我国自然保护地野生动物清查与评估中的应用［J］. 生物多样性，2019a，27（03）：235－236.

[63] 肖治术. 自然保护地野生动物及栖息地的调查与评估研究——广东车八岭国家级自然保护区案例分析［M］. 北京：中国林业出版社，2019b.

[64] 肖治术，肖文宏，王天明，等. 中国野生动物红外相机监测与研究：现状及未来［J］. 生物多样性，2022，30（10）：234-259.

[65] 肖文宏，束祖飞，陈立军，等. 占域模型的原理及在野生动物红外相机研究中的应用案例［J］. 生物多样性，2019，27（03）：249-256.

[66] 肖文宏，冯利民，赵小丹，等. 吉林珲春自然保护区东北虎和东北豹及其有蹄类猎物的多度与分布［J］. 生物多样性，2014，22（06）：717-724.

[67] 肖梅，何芳，杨旭，等. 唐家河国家级自然保护区四川羚牛（*Budorcas tibetanus*）活动节律及季节变化［J］. 四川林业科技，2022，43（03）：36-43.

［68］徐强，吕文刚，吴海荣，等. 密花豚草的入侵风险及预警防控［J］. 植物保护，2023，49（02）：83–91.

［69］徐凉燕，田关胜，艾永斌，等. 利用红外相机对四川申果庄自然保护区兽类和鸟类资源的初步监测［J］. 四川林业科技，2023，44（03）：78–87.

［70］姚维，汪国海，林建忠，等. 同域分布鼬獾和食蟹獴活动节律的比较［J］. 兽类学报，2021，41（02）：128–135.

［71］杨彪，李生强，杨旭，等. 四川自然保护红外相机数据管理系统的研发及其应用［J］. 四川林业科技，2021，42（01）：141–148.

［72］杨轩，柏永青. 1985—2020年中国区域TM–30m土地覆被分类产品数据集［DB］. 北京：中国科学院空天信息创新研究院，2023.

［73］杨旭，陈鑫，王大勇，等. 利用红外相机对四川冶勒自然保护区兽类和鸟类资源的初步监测［J］. 四川林业科技，2022，43（06）：24–33.

［74］杨福成，洪兆春，丁红秀，等. 基于最大熵模型的鸳鸯潜在越冬分布区预测［J］. 湿地科学，2024，22（01）：60–71.

［75］杨子诚，陈颖，李俊松，等. 基于红外相机技术对亚洲象个体识别和种群数量的评估［J］. 兽类学报，2018，38（01）：18–27.

［76］原宝东，孔繁繁. 哺乳动物活动节律研究进展［J］. 安徽农业科学，2011，39（02）：1056–1058+1162.

［77］于丹丹，吕楠，傅伯杰. 生物多样性与生态系统服务评估指标与方法［J］. 生态学报，2017，37（02）：349–357.

［78］余梁哥，陈敏杰，杨士剑，等. 利用红外相机调查屏边县大围山倭蜂猴、蜂猴及同域兽类［J］. 四川动物，2013，32（06）：814–818.

［79］张德丞，和延龙，冯一帆，等. 四川勿角自然保护区野生鸟兽的红外相机初步监测［J］. 四川动物，2020，39（02）：221–228.

［80］张兴旺，李垚，方炎明. 麻栎在中国的地理分布及潜在分布区预测

[J]. 西北植物学报，2014，34（08）：1685–1692.

[81] 张鑫，郑雄，吉帅帅，等. 四川九顶山自然保护区兽类多样性的红外相机初步监测[J]. 四川林业科技，2020，41（04）：129–136.

[82] 张西阳，宁曦，莫雅茜，等. 基于广义可加模型的珠江口中华白海豚栖息地偏向性研究[J]. 四川动物，2015，34（06）：824–831.

[83] 赵定，吕鑫平，吴勇，等. 四川雪宝顶国家级自然保护区野生鸟兽的红外相机初步监测[J]. 四川动物，2021，40（01）：23–33.

[84] 赵玉泽，王志臣，徐基良，等. 利用红外照相技术分析野生白冠长尾雉活动节律及时间分配[J]. 生态学报，2013，33（19）：6021–6027.

[85] 赵青山，楼瑛强，孙悦华. 动物栖息地选择评估的常用统计方法[J]. 动物学杂志，2013，48（05）：732–741.

[86] 邹丽丽，陈晓翔，何莹，等. 基于逻辑斯蒂回归模型的鹭科水鸟栖息地适宜性评价[J].生态学报，2012，32（12）：3722–3728.

[87] 郑光美. 中国鸟类分类与分布名录[M]. 4版. 北京：科学出版社，2023.

[88] 邹博研，罗概，朱博伟，等. 川西高原三种雉类与其捕食者赤狐的空间关系[J]. 生物多样性，2021，29（07）：918–926.

[89] Alexander J S，Shi K，Tallents L A，et al. On the high trail：examining determinants of site use by the Endangered snow leopard Panthera uncia in Qilianshan，China[J]. Oryx，2016，50（02）：231–238.

[90] Azevedo F C，Lemos F G，Freitas–Junior M C，et al. Puma activity patterns and temporal overlap with prey in a human - modified landscape at Southeastern Brazil[J]. Journal of Zoology，2018，305（04）：246–255.

[91] Azlan J M，Sharma D S K. 2006. The diversity and activity patterns of wild felids in a secondary forest in Peninsular Malaysia[J]. Oryx，40（01）：36–41.

[92] Bailey L L，Simons T R，Pollock K H. Spatial and temporal variation in

detection probability of Plethodon salamanders using the robust capture-recapture design [J] . Journal of Wildlife Management, 2004, 68 (01) : 14-24.

[93] Beaudrot L, Ahumada J A, O'Brien T, et al. Standardized assessment of biodiversity trends in tropical forest protected areas: The end is not in sight [J] . PLoS Biology, 2016, 14 (01) : e1002357.

[94] Benitez-Lopez, Alkemade, Schipper, et al. The impact of hunting on tropical mammal and bird populations [J] . Science, 2017, 356: 180-183.

[95] Chen Y, Xiao Z, Zhang L, et al. Activity Rhythms of Coexisting Red Serow and Chinese Serow at Mt. Gaoligong as Identified by Camera Traps [J] . Animals, 2019, 9 (12) : 1071.

[96] Chen Z, Wande L, Tremaine G, et al. Arboreal camera trapping: a reliable tool to monitor plant - frugivore interactions in the trees on large scales [J] . Remote Sensing in Ecology and Conservation, 2021, 8 (01) : 92-104.

[97] Culbert D P, Radeloff C V, Flather H C, et al. The Influence of Vertical and Horizontal Habitat Structure on Nationwide Patterns of Avian Biodiversity [J] . The Auk, 2013, 130 (04) : 656-665.

[98] Costa G C, Nogueira C, Machado R B, Colli G R. Sampling bias and the use of ecological niche modeling in conservation planning: a field evaluation in a biodiversity hotspot [J] . Biodiversity and Conservation, 2010, 19: 883-899.

[99] Dirzo R, Young S H, Galetti M, et al. Defaunation in the Anthropocene [J] . Science, 2014, 345 (6195) : 401-406.

[100] Di Marco M, Boitani L, Mallon D, et al. A retrospective evaluation of the global decline of carnivores and ungulates [J] . Conservation biology: the journal of the Society for Conservation Biology, 2014, 28 (04) : 1109-18.

[101] Elith J, Graham C H, Anderson R P, et al. Novel methods improve

prediction of species' distributions from occurrence data [J]. Ecography, 2006, 29 (02): 129-151.

[102] Fang W, McShea J W, Wang D J, et al. Evaluating landscape options for corridor restoration between giant panda reserves [J]. PloS One, 2014, 9: e105086.

[103] Fiske I J, Chandler R B. Unmarked: An R package for fitting hierarchical models of wildlife occurrence and abundance [J]. Journal of Statistical Software, 2011, 43 (10): 1-23.

[104] Galetti M, Brocardo R C, Begotti A R, et al. Defaunation and biomass collapse of mammals in the largest Atlantic forest remnant [J]. Animal Conservation, 2017, 20 (03): 270-281.

[105] Gu H F, Zhao Q J, Zhang Z B. Does scatter-hoarding ofseeds benefit cache owners or pilferers? [J]. IntegrativeZoology, 2017, 12 (06): 477-488.

[106] Guisan A & Zimmermann N E. Predictive habitat distribution models in ecology [J]. Ecological modelling, 2000, 135: 147-186.

[107] Hammond A L, Institute W R. Environmental indicators: a systematic approach to measuring and reporting on environmental policy performance in the context of sustainable development [M]. World Resources Institute, 1995.

[108] Hijmans R J, Cameron S E, Parra J L, et al. Very high resolution interpolated climate surfaces for global land areas [J]. International journal of climatology, 2005, 25: 1965-1978.

[109] Hull V, Zhang J D, Zhou S Q, et al. Space use by endangered giant pandas [J]. Journal of Mammalogy, 2015, 96 (01): 230-236.

[110] Jaccard P. Distribution delay florealpine dansle Bassindes Dranseset

damsquelque region vasines [J] . Bull. Soc. Vaud. Sci. Nat., 1901, 37: 241–272.

[111] Keinath A D, Doak F D, Hodges E K, et al. A global analysis of traits predicting species sensitivity to habitat fragmentation [J] . Global Ecology and Biogeography, 2017, 26 (01) : 115–127.

[112] Li H D, Tang L F, Jia C X, et al. The functional roles of species inmetacommunities, as revealed by metanetwork analyses of bird–plant frugivory networks [J] . Ecology Letters, 2020, 23 (08) : 1252–1262.

[113] Li Y X, Bleisch V W, Liu W X, et al. Human disturbance and prey occupancy as predictors of carnivore richness and biomass in a Himalayan hotspot [J] . Animal Conservation, 2020, 24 (01) : 64–72.

[114] Li X Y, Hu W Q, Bleisch W V, et al. Functional diversity loss and change in nocturnal behavior of mammals under anthropogenic disturbance [J] . Conservation Biology, 2021, 36: e13839.

[115] Li S, McShea W J, Wang D J, et al. Retreat of large carnivores across the giant panda distribution range [J] . Nature Ecology & Evolution, 2020, 4: 1327–1331.

[116] Luo K, Hu Y, Lu Z, et al. Interspecific feeding at a bird nest: Snowy–browed Flycatcher (Ficedula hyperythra) as a helper at the Rufous–bellied Niltava (Niltava sundara) nest, Yunnan, Southwest China [J] . The Wilson Journal of Ornithology, 2018, 130 (04) : 1003–1008.

[117] MacKenzie D I, Bailey L L. Assessing the fit of site–occupancy models [J] . Journal of Agricultural Biological and Environmental Statistics, 2004, 9: 300–318.

[118] MacKenzie D I, Nichols J D, Royle J A, et al. Occupancy Estimation and Modeling: Inferring Patterns and Dynamics of Species Occurrence [M] .

Academic Press, San Diego, 2006.
[119] MacKenzie D I, Nichols J D, Lachman G B, et al. Estimating site occupancy rates when detection probabilities are less than one [J]. Ecology, 2002, 83: 2248-2255.
[120] MacKenzie D I, Nichols J D, Royle J A, et al. Occupancy Estimation and Modeling: Inferring Patterns and Dynamics of Species Occurrence, 2nd edn [M]. Academic Press, San Diego, 2017.
[121] MacKenzie D I, Royle J A. Designing occupancy studies: General advice and allocating survey effort [J]. Journal of Applied Ecology, 2005, 42 (06): 1105-1114.
[122] Meredith M, Ridout M. Overlap: Estimates of coefficientof overlapping for animal activity patterns [EB/OL]. [2019-01-07]. https: //CRAN.R-project.org/package=overlap.
[123] Mokany K, Jones M M, Harwood T D, et al. Scaling pairwise β - diversity and α - diversity with area [J]. Journal of Biogeography, 2013, 40 (12): 2299-2309.
[124] O'Brien T G, Kinnaird M F, Wibisono H T. Crouching tigers, hidden prey: Sumatran tiger and prey populations in a tropical forest landscape [J]. Animal Conservation, 2010, 6 (02): 131-139.
[125] O'Connell A F, Nichols J D, Karanth K U. Camera Traps in Animal Ecology: Methods and Analyses [M]. Springer Tokyo, Tokyo. 2011.
[126] Oliveira-Santos L, Zucco C A, Agostinelli C. Using conditional circular kernel density functions to test hypotheses on animal circadian activity [J]. Animal Behaviour, 2013, 85 (01): 269-280.
[127] Parolo G, Rossi G, Ferrarini A. Toward improved species niche modelling: Arnica montana in the Alps as a case study [J]. Journal of

Applied Ecology，2008，45：1410–1418.

[128] Phillips S J，Miroslav Dudik. Modeling of species distributions with Maxent：new extensions and a comprehensive evaluation [J] . Ecography，2008，31（02）：161–175.

[129] Rahman A F，Sims D A，Cordova V D，EI–Masri B Z. Potential of MODIS EVI and surface temperature for directly estimating per–pixel ecosystem C fluxes [J] . Geophysical Research Letters，2005，32（19）：156–171.

[130] Ridout M S，Linkie M. Estimating overlap of daily activity patterns from camera trap data [J] . Journal of Agricultural Biological & Environmental Statistics，2009，14（03）：322–337.

[131] Rowcliffe M. Activity：Animal Activity Statistics [EB/OL] . [2019–01–07] . https：//CRAN.R–project. org/package=activity.

[132] Shannon G，Lewis J S，Gerber B D. Recommended survey designs for occupancy modelling using motion–activated cameras：Insights from empirical wildlife data [J] . PeerJ，2014，2：e532.

[133] Shen X L，Li S，McShea wi，et al. Effectiveness of management zoning designed for flagship species in protecting sympatric species [J] . Conservation Biology，2020，34（01）：158–167.

[134] Simpson E H. Measurement of diversity [J] . Nature，1949，163：688.

[135] Solberg K H，Bellemain E，Drageset O M，et al. An evaluation of field and non–invasive genetic methods to estimate brown bear （Ursus arctos） population size [J] . Biological Conservation，2006，128（02）：158–168.

[136] Sorensen T A. A method of establishing groups of equal amplitude in plant sociology based on similarity of species content. And its application to analyses of the vegetation on Danish commons [J] . Biol. Skr. K. danske Vidensk. Selsk，1948，5（04）：1–34.

[137] Swets J A. Measuring the accuracy of diagnostic systems [J]. Science, 1998, 240: 1285-1293.

[138] Tuanmu M N, Vina A, Roloff G J, et al. Temporal transferability of wildlife habitat models: implications for habitat monitoring [J]. Journal of Biogeography, 2011, 38: 1510-1523.

[139] Wang D, Li S, Jin T, et al. How important is meat in the diet of giant pandas, the most herbivorous bear? [J]. International Bear News, 2012, 21: 7-9.

[140] Wang F, McShea W J, Li S, Wang D J. Does one size fit all? A multispecies approach to regional landscape corridor planning [J]. Diversity and Distributions, 2018, 24: 415-425.

[141] Wearn O R, Glover-Kapfer P. Camera-trapping for Conservation: A Guide to Best-Practices [M]. WWF-UK, Woking, United Kingdom. 2017.

[142] Wen D S, Qi J Z, Long Z X, et al. Conservation potentials and limitations of large carnivores in protected areas: A case study in Northeast China [J]. Conservation Science and Practice, 2022, 4 (06): e12693.

[143] White G C, Burnham K P. Program MARK: Survival estimation from populations of marked animals [J]. Bird Study, 1999, 46 (01): 120-139.

[144] Xiao W H, Hebblewhite M, Robinson H, et al. Relationships between humans and ungulate prey shape Amur tiger occurrence in a core protected area along the Sino-Russian border [J]. Ecology and evolution, 2018, 8 (23): 11677-11693.

[145] Xue Y D, Li J, Sagen G L, et al. Activity patterns and resource partitioning: seven species at watering sites in the Altun Mountains, China [J]. Journal of Arid Land, 2018, 10 (06): 959-967.

[146] Zhang L, Lian X, Yang X. Population density of snow leopards (Panthera

uncia) in the Yage Valley Region of the Sanjiangyuan National Park: Conservation implications and future directions [J]. Arctic Antarctic and Alpine Research, 2020, 52(01): 541-550.

[147] Zhang Y, Li Y Y, Wang M, et al. Seed dispersal in Neuwiedia singapureana: novel evidence for avian endozoochory in the earliest diverging clade in Orchidaceae [J]. 2021, 62: 3.